Ludwig Boltzmann

Populäre Schriften

Eingeleitet und ausgewählt
von Engelbert Broda

Friedr. Vieweg & Sohn   Braunschweig/Wiesbaden

CIP-Kurztitelaufnahme der Deutschen Bibliothek

Boltzmann, Ludwig:
[Sammlung]
Populäre Schriften/Ludwig Boltzmann. Eingel.
u. ausgew. von Engelbert Broda. – Braunschweig,
Wiesbaden: Vieweg, 1979.
ISBN 3-528-08442-1

1979
Alle Rechte vorbehalten
© Friedr. Vieweg & Sohn Verlagsgesellschaft mbH, Braunschweig 1979

Die Wiedergabe des Textes aus der Originalausgabe von 1905 erfolgt mit freundlicher Genehmigung des Verlages von Johann Ambrosius Barth, Leipzig.

Die Vervielfältigung und Übertragung einzelner Textabschnitte, Zeichnungen oder Bilder, auch für Zwecke der Unterrichtsgestaltung, gestattet das Urheberrecht nur, wenn sie mit dem Verlag vorher vereinbart wurden. Im Einzelfall muß über die Zahlung einer Gebühr für die Nutzung fremden geistigen Eigentums entschieden werden. Das gilt für die Vervielfältigung durch alle Verfahren, einschließlich Speicherung und jede Übertragung auf Papier, Transparente, Filme, Bänder, und andere Medien.

Satz: Vieweg, Braunschweig
Druck: E. Hunold, Braunschweig
Buchbinderische Verarbeitung: W. Langelüddecke, Braunschweig
Umschlagentwurf: P. Morys, Salzhemmendorf
Printed in Germany

ISBN 3-528-08442-1

Inhaltsverzeichnis

Einleitung (von Engelbert Broda) 1
Literatur 12
Titelseite der Originalausgabe von 1905 13
Widmung 14
forwort 15
Über die Methoden der theoretischen Physik
   (unwesentlich gekürzt)   1892 17
Der zweite Hauptsatz der mechanischen Wärmetheorie
   (gekürzt)   1886 26
Gustav Robert Kirchhoff (gekürzt)   1887 47
Über die Bedeutung von Theorien   1890 54
Josef Stefan (gekürzt)   1895 59
Ein Wort der Mathematik an die Energetik (gekürzt)   1896 ... 67
Zur Energetik (gekürzt)   1896 77
Über die Unentbehrlichkeit der Atomistik in der
   Naturwissenschaft (gekürzt)   1897 78
Über die Frage nach der objektiven Existenz der Vorgänge
   in der unbelebten Natur (unwesentlich gekürzt)   1897 94
Über die Entwicklung der Methoden der theoretischen
   Physik in neuerer Zeit   1899 120
Zur Erinnerung an Josef Loschmidt (gekürzt)   1895 150
Über die Grundprinzipien und Grundgleichungen der
   Mechanik (gekürzt)   1899 160
Über die Prinzipien der Mechanik (gekürzt)   1900 und 1902 .. 170
Ein Antrittsvortrag zur Naturphilosophie   1903 199
Über statistische Mechanik   1904 206
Entgegnung auf einen von Prof. Ostwald über das Glück
   gehaltenen Vortrag   1904 225
Über eine These Schopenhauers   1905 240
Reise eines deutschen Professors ins Eldorado   1905 258

Einleitung

von *Engelbert Broda*

Man kann die Behauptung wagen, daß Boltzmann einer der drei größten Physiker der klassischen Epoche gewesen ist. Isaac Newton hat die Mechanik als ein einheitliches Gedankengebäude begründet, James Clerk Maxwell machte durch den Feldbegriff die Erscheinungen des Elektromagnetismus einschließlich des Lichtes verständlich und Ludwig Boltzmann deutete durch seine molekularstatistischen Arbeiten die Wärmelehre, also die Thermodynamik. Obwohl jeder der drei Männer, um einen Ausdruck Newtons zu gebrauchen, auf den Schultern von Riesen stand, waren doch sie es, die die Vielfalt der Erscheinungen einheitlich erklärten und zusammenfaßten.

Übrigens standen die drei Männer damit in Wechselwirkung mit der technischen Praxis ihrer Zeiten. Die Kenntnis der Mechanik war für Maschinenbau und Schiffahrt nötig, die der Elektrizitätslehre für Starkstrom- und Nachrichtentechnik, und die der Thermodynamik für den Bau von Wärmekraftmaschinen und chemischen Fabriken. Die Erklärungen der Physiker, wieso in wichtigen Bereichen der Natur Prozesse ablaufen, hatten auch weitreichende praktische Folgen.

Die „Populären Schriften" Boltzmanns enthalten natürlich keine systematische Darstellung seiner physikalischen Theorien. Diese ist in Boltzmanns wissenschaftlichen Abhandlungen und Büchern zu finden, auf die im Literaturverzeichnis hingewiesen wird. Wohl aber enthalten die „Populären Schriften" die meist für eine breitere Öffentlichkeit bestimmten Folgerungen Boltzmanns aus seinen wissenschaftlichen Erkenntnissen und seine Stellungnahmen zu weiteren aktuellen Problemen.

Einige Teile der ursprünglichen Ausgabe der „Populären Schriften" mußten leider fortgelassen werden, um den vorgesehenen Umfang dieses Bändchens einzuhalten. Vorwiegend betrifft dies Kapitel, die an Aktualität verloren haben, z.B. Boltzmanns Vorträge über die Röntgenstrahlen und die Luftschiffahrt. Auch wurden einige der Fußnoten gestrichen.

Andererseits sei der Leser auf einige der wichtigsten wissenschaftlichen Artikel Boltzmanns und anderer Pioniere der Wärmetheorie in den Bänden 65 und 67 der Reihe WTB-Wissenschaftliche Taschenbücher verwiesen[1]. Sie wurden von S. G. Brush ausgewählt und mit einer tiefschürfen-

Einleitung

den Einleitung versehen, in der auch einige der Wechselwirkungen der Ideen Boltzmanns mit der traditionellen Ideenwelt unserer Zivilisation zur Sprache kommen.

Die „Populären Schriften", die bei ganz verschiedenartigen Gelegenheiten und für unterschiedliche Zuhörerkreise verfaßt wurden, sind in ungleichem Maß „populär". Zu beachten ist auch die Weite des Feldes, das Boltzmann behandelte, ohne daß man jemals das Gefühl bekäme, es mit einem Dilettanten zu tun zu haben. Boltzmann war kein enger physikalischer Spezialist, sondern er nahm auch an Problemen der Biologie und der Philosophie ebenso fachkundigen wie leidenschaftlichen Anteil. Sicher wird der Leser nicht nur eine Fülle tiefer Gedanken kennenlernen, sondern auch den titanenhaften Geist bewundern, der sie ausgesprochen hat. Um die Würdigung zu erleichtern, sei nun noch ein kurzer zusammenfassender Überblick über Boltzmanns Leben und besonders über sein Werk vorausgeschickt.

Ludwig Eduard Boltzmann[2] wurde 1844 in Wien als Sohn eines Staatsbeamten geboren und verlor den Vater im Alter von 15 Jahren. Nach Schulbesuch in Wien, Wels und Linz studierte er an der Universität Wien Physik, und zwar hauptsächlich unter dem bedeutenden Josef Stefan. Bereits 1869 ging er als Professor der mathematischen Physik an die Universität Graz und 1873 als Mathematiker an die Universität Wien. 1876 wurde er als Direktor des Physikalischen Institutes nach Graz geholt. Obwohl ihm schon vorher eine ehrenvolle Berufung als Nachfolger Kirchhoffs nach Berlin zuteil geworden war, entschloß sich Boltzmann erst 1890, ins Ausland zu übersiedeln; er ging nach München, wo er erstmals Professor der theoretischen Physik war. 1894 kehrte er als Nachfolger Stefans nach Wien zurück. Von seinem Freund Wilhelm Ostwald bewogen, verbrachte er die Jahre 1900 bis 1902 an der Universität Leipzig, doch übernahm er dann als sein eigener Nachfolger wieder die Professur in Wien. Dort vertrat er auch statt des krankheitshalber ausgeschiedenen Ernst Mach die Lehre der Naturphilosophie. Im Jahre 1906 machte Boltzmann während eines Sommeraufenthaltes in Duino bei Triest seinem Leben ein Ende.

Boltzmann schlug durch seine Persönlichkeit jedermann in seinen Bann. Zwar in seiner äußeren Erscheinung robust und schwerfällig, war er der Gegenstand von Bewunderung und Liebe, allerdings auch von seinen wissenschaftlichen Gegnern wegen der treffenden Schärfe seiner Polemik gefürchtet. Arnold Sommerfeld[2] berichtete über den Zusammenstoß zwischen dem Atomisten Boltzmann und dem „Energetiker" Wilhelm Ostwald auf der Naturforschertagung in Lübeck 1895: „Der Kampf zwischen Boltzmann und Ostwald glich, äußerlich und innerlich, dem Kampf des Stiers mit dem geschmeidigen Torero. Aber der Stier besiegte diesmal den Torero trotz all seiner Fechtkunst. Die Argumente Boltzmanns schlugen durch."

Boltzmann war warmherzig und wohlwollend und liebte die Schönheit der Natur, die Musik und das Drama, wie der Leser erkennen wird. Wundervoll war sein freilich oft bissiger Humor. So hatte ein pedantischer Professor der Mechanik dargelegt, daß unter den deformierbaren Körpern einer sei, der seine Deformation mit Bewußtsein erzeugen könne: „Das ist der Mensch. Indem er ...". Boltzmann schrieb an den Rand des Buches: „Seinen Körper mit Bewußtsein deformieren kann auch das Schwein, aber solchen Stiefel schreiben kann allerdings nur der Mensch".

Boltzmann war ein ausgezeichneter Experimentator, dem man z.B. wichtige Versuche über den Zusammenhang von elektrischen und optischen Eigenschaften von Stoffen, nämlich Dielektrizitätskonstante und Brechungsindex, verdankt. Doch liegen seine Hauptleistungen auf dem Gebiet der Theorie, und er fühlte sich auch, wie man sehen wird, durch und durch als Theoretiker. Die theoretischen Arbeiten hatten vor allem zwei Ausgangspunkte, nämlich einerseits Maxwells Theorie des elektromagnetischen Feldes und anderseits die kinetische Theorie der Stoffe, die zwar schon älter war, die aber Mitte des vorigen Jahrhunderts durch Helmholtz, Maxwell und Clausius besondere Fortschritte gemacht hatte. Nach einer fundamentalen Aussage dieser Theorie, auch als mechanische Wärmetheorie bekannt, besteht die Wärme in der regellosen Bewegung des Atoms. Während die Ableitung des Ersten Hauptsatzes der Wärmelehre, des von J. R. Mayer, Joule und Helmholtz aufgestellten Gesetzes der Erhaltung der Energie auf Grundlage der Atomistik bekannt war, besteht die überragende Leistung Boltzmanns in der atomistischen Begründung des von Carnot, William Thomson und Clausius aufgestellten Zweiten Hauptsatzes, des Gesetzes von der Zunahme der Entropie[3].

Durch seine ersten Arbeiten auf dem Gebiet der Wärmelehre entwickelte Boltzmann Gedanken Maxwells (1859, 1867) weiter, der gezeigt hatte, daß keineswegs alle Atome (bei mehratomigen Gasen: Moleküle) in einem Gas gleiche Energie haben. Vielmehr stellt sich im Gleichgewicht aufgrund der regellosen Zusammenstöße, bei denen

Energie übertragen wird, statistisch eine bestimmte Verteilung ein. Manche Atome bewegen sich schneller, andere langsamer. Maxwell suchte die Bedingungen auf, unter denen die regellos verlaufenden Stöße keine Änderung der Verteilung mehr bewirken können, also ein Gleichgewicht eintritt. Diese molekularkinetischen Rechnungen wurden von Boltzmann (1968)[4] verallgemeinert, so daß man heute von einer Maxwell-Boltzmannschen Verteilung der Energie über die Atome spricht. Bei diesen Arbeiten kam Boltzmann seine Meisterschaft in der Mathematik zustatten; er schreckte freilich nicht vor Formeln zurück, die eine ganze Seite ausfüllen.

Ein weiterer Schritt Boltzmanns war die molekularkinetische Analyse der Annäherung von nicht im Gleichgewicht befindlichen Gasen an dieses. Es gelang ihm die Herausarbeitung einer Größe, die bei allen natürlichen Stoßprozessen nur abnehmen kann und die er später durch den Buchstaben H bezeichnete. Dies ist das H-Theorem (1872)[5], das demnach ebenfalls statistisch begründet ist. Boltzmann identifizierte diese Größe – abgesehen von Zahlenfaktoren – mit der Größe S, der Entropie.

Die Entropie war von Clausius 1865 aufgrund rein makroskopisch-thermodynamischer Überlegungen eingeführt worden, hatte also zunächst keine atom- oder molekularstatistische Begründung. Nach Clausius kann der Gesamtwert der Entropie bei allen in abgeschlossenem System ablaufenden realen Naturprozessen nur zunehmen. Diese Prozesse sind also irreversibel. Lediglich bei den streng reversiblen Prozessen, die aber eben in der Natur nicht vorkommen, bleibt die Entropie konstant. Die Gedanken von Clausius haben unermeßliche Bedeutung gewonnen und die Entropie ist zu einer der wichtigsten Größen bei der Beschreibung der Naturprozesse geworden, einschließlich auch der Prozesse in Lebewesen sowie der technischen Prozesse. Eine Deutung des Wesens der Entropie wurde aber eben erst durch Boltzmann gegeben.

Weiter wurden – ebenfalls noch 1872 – Erscheinungen erfaßt, die nicht auf abgeschlossene Systeme beschränkt sind und wo Gleichgewichte nicht erreicht werden, vielmehr ein dauernder Transport im Raume stattfindet. Der Transport kann stationär erfolgen. Auch einem solchen Nicht-Gleichgewichts-Zustand ist eine ganz bestimmte Entropie zuzuschreiben. Durch Lösungen der berühmten „Transportgleichung" wurden die Geschwindigkeiten des Transports von Stoff, Wärme und Impuls berechnet; d.h. die Koeffizienten der Diffusion, der Wärmeleitung und der Viskosität wurden ermittelt. Die Transportgleichung hat für viele Zweige der modernen Physik zentrale Bedeutung gewonnen. Gegen die Ergebnisse Boltzmanns wurden freilich auch Bedenken geltend gemacht, deren Diskussion sich dann als fruchtbar erwies. Wir nennen zunächst den „Umkehreinwand", der von William Thomson[6] und auch Boltzmanns älterem Freund Josef Loschmidt (1821–1895)[7] ausgesprochen wurde. Dieser hervorragende Physiker und Chemiker, Professor in Wien, dem man übrigens auch (1865) die erste Abschätzung der Größe der Atome verdankt, verwies darauf, daß die mechanischen Gesetze gegen Zeitumkehr invariant sind, daß also die mechanisch bestimmten Bewegungen der Teilchen ebenso gut auch in umgekehrter Richtung ablaufen können. Wenn man nun in einem realen Prozeß die Bewegungsrichtungen aller Teilchen gedanklich umkehrt, hätte dies zur Konsequenz, daß auf wahrscheinlichere unwahrscheinlichere Zustände folgen. Diesem Einwand wurde von Boltzmann (1877)[8] durch die Annahme der „molekularen Unordnung" begegnet, d.h. es wurden die höchst speziellen Ausgangssituationen, die allein solche antientropische Prozesse ergeben würden, als irreal ausgeschlossen. Unter rein zufälligen Anfangsbedingungen sind derartige anomale Ausgangssituationen immens unwahrscheinlich.

Jedoch fühlte Boltzmann das Bedürfnis nach weiterer Konsolidierung seiner Ergebnisse. Diese erfolgte durch die Begründung der statistischen Mechanik (1877)[8], die er parallel zu dem Amerikaner J. Willard Gibbs, aber unabhängig von diesem, vornahm; die Bezeichnung stammt von Gibbs. Bei den statistisch-mechanischen Verfahren wird nicht berücksichtigt, auf welche Weise (also durch Stoßprozesse, aber auch durch Strahlung usw.) Energie übertragen wird, doch erreicht das System jedenfalls den der maximalen Wahrscheinlichkeit entsprechenden Makrozustand. Für die Berechnung der Wahrscheinlichkeiten dienen geeignete Annahme über die Eigenschaften der Atome und Moleküle. In vielen Fällen erfordern die Berechnungen freilich die Berücksichtigung der Ergebnisse der Quantentheorie, die erst 1900 – von Max Planck – aufgestellt wurde. Die statistische Mechanik ist zu einer besonders leistungsfähigen Methode der modernen Physik und Chemie geworden. Der Zustand des Gleichgewichtes ist natürlich auch der Zustand maximaler Entropie.

Die Wahrscheinlichkeit ist in diesem Zusammenhang durch die Zahl der Realisierungsmöglichkeiten des Makrozustandes durch die

6 Einleitung

möglichen verschiedenen Mikrozustände gleicher Energie gegeben. Jeder Mikrozustand ist dabei durch eine bestimmte räumliche Verteilung der Atome sowie eine bestimmte Verteilung der Energie über die Atome gekennzeichnet; jedem Mikrozustand kommt a priori die gleiche Wahrscheinlichkeit zu. Zwischen der Wahrscheinlichkeit W und der Entropie S gilt nun, wie im Wesentlichen eben von Boltzmann 1877 gezeigt wurde, die überraschend einfache Beziehung, von Einstein als Boltzmannsches Prinzip bezeichnet:

$$S = k \log W.$$

Diese Formel, die übrigens in dieser Form erstmalig von Max Planck angeschrieben wurde, ist auch auf dem Ehrengrab Boltzmanns auf dem Zentralfriedhof zu Wien eingemeißelt. Das Grab ist das Ziel von Pilgerfahrten von Wissenschaftlern geworden. Die Größe k wird als die Boltzmann-Konstante bezeichnet. Boltzmanns Schüler, der bedeutende F. Hasenöhrl, nannte die Beziehung „einen der allertiefgehendsten, schönsten Sätze der theoretischen Physik, ja der gesamten Naturwissenschaften".

Erwähnt sei auch eine „wahre Perle der theoretischen Physik", wie sie der große Niederländer H. A. Lorentz nannte. Anknüpfend an Gedanken A. Bartolis in Florenz über den Strahlungsdruck zeigte Boltzmann[9] 1884, daß man dem elektromagnetischen Strahlungsfeld nicht nur bestimmte Energie, sondern auch bestimmte Entropie zuschreiben muß. Auf dieser Grundlage wurde das von Stefan vorher empirisch abgeleitete Gesetz über die Proportionalität der Intensität der schwarzen Strahlung mit der 4. Potenz der Temperatur begründet. Der Begriff der Strahlungsentropie hat sich, worauf noch zurückzukommen ist, auch in Biophysik bewährt. Er wurde auch 1900 von Planck aufgegriffen und zur Aufstellung seiner berühmten Strahlungsformel und damit der Quantentheorie herangezogen.

Dennoch stieß Boltzmann auch nach der Begründung der statistischen Mechanik auf Widerspruch. Ernst Zermelo, ein Assistent des jungen Planck, brachte 1896 den Wiederkehrsatz des französischen Mathematikers Henri Poincaré (1890) ins Spiel[10]. Nach diesem in seiner Richtigkeit nicht bestrittenen Satz muß (abgesehen von irrelevanten Ausnahmen) jedes aus vielen Teilchen bestehende Makrosystem im Laufe der Zeiten zufällig — immer wieder — jeden ihm möglichen Mikrozustand annehmen, also auch Zustände verminderter Wahrscheinlichkeit. Da nun die Zunahme der Entropie ein experimentell gesichertes Naturgesetz sei, könne es nach Zermelo nicht durch das regellose Verhalten von Atomen begründet werden. Boltzmann[11] antwortete auf den „Wiederkehreinwand" temperamentvoll, ja aggressiv. Antientropische Prozesse werden durch die statistische Theorie tatsächlich nicht nur zugelassen, sondern sogar gefordert. Sie treten aber nur innerhalb von unvorstellbar langen Zeiträumen auf und sind daher für die reale Naturbeschreibung irrelevant.

Die Überlegungen zeigen jedenfalls, daß sich der Zweite Hauptsatz gemäß seiner statistischen Deutung insofern prinzipiell von anderen Naturgesetzen unterscheidet, als seine makroskopischen Vorhersagen zwar mit höchster Wahrscheinlichkeit, aber doch nicht mit absoluter Sicherheit wirklich eintreffen. Ein Verhalten entgegen dem Zweiten Hauptsatz, mit Abnahme der Entropie, wird als eine „Fluktuation" bezeichnet. Boltzmann machte selbst in seiner Duplik gegen Zermelo noch im Jahre 1896[11] in atemberaubenden Spekulationen von der Vorstellung von Fluktuationen Gebrauch. Die Frage war, wieso in der Welt ein Zustand maximaler Wahrscheinlichkeit und Entropie, in dem dann überhaupt keine Prozesse mehr ablaufen können, noch nicht erreicht ist. Ein solcher Zustand war von Clausius als der des „Wärmetods" bezeichnet worden. Boltzmann bezeichnete die Vorstellung eines Wärmetods als „abgeschmackt". Natürlich könnte sein, daß seit einem (freilich geheimnisvollen) „Anfang" der Welt noch nicht genug Zeit vergangen ist. Es könnte aber auch sein, daß die Welt zwar seit unendlicher Zeit besteht, daß aber durch eine riesenhafte Fluktuation vorübergehend ein Zustand verminderter Entropie wiederhergestellt wurde, den wir nun genießen.

Durch die Annahme des Satzes von Poincaré und von Fluktuationen hat Boltzmann übrigens die „Wiederkehr des Gleichen" angenommen, die dann unendlich oft erfolgen muß[12]. Er verwies aber mit Nachdruck darauf, daß eine Wiederkehr innerhalb auch nur vorstellbarer Zeiträume nicht eintritt.

Merkwürdigerweise hat Boltzmann offenbar nicht gesehen, daß die Wahrscheinlichkeit von Fluktuationen gar nicht so klein ist, falls man nur ein sehr kleines System betrachtet. So haben der junge Albert Einstein in Bern sowie Stefans Schüler Marian von Smoluchowski in Lemberg 1905 bzw. 1906 unabhängig gezeigt, daß die den Botanikern damals schon seit fast 80 Jahren bekannte chaotische „Brownsche Bewegung" winziger, in Flüssigkeit suspendierter Teilchen, die unter dem Mikroskop zu beobachten ist, durch die unregelmäßigen, zufälligen

Stöße von Molekülen bewirkt wird. Obwohl Boltzmann damals noch am Leben war, ist nicht bekannt, daß er von dieser wundervollen Bestätigung seiner Ideen Notiz genommen hätte.

Ja, noch erstaunlicher: Schon im Jahre 1900 hat Planck, wie erwähnt, die Quantentheorie aufgestellt. Dies gelang durch Anwendung der Boltzmannschen statistischen Methoden auf die Wechselwirkung eines Körpers mit einem elektromagnetischen Strahlenfeld, obwohl Planck vorher der Molekularstatistik und überhaupt der Atomistik gegenüber Zurückhaltung gezeigt und sich deshalb auch nicht der besonderen Sympathie Boltzmanns erfreut hatte. Also auch hier ein Triumph Boltzmanns. Aber öffentliche Äußerungen Boltzmanns über den mit seinen Methoden erzielten Durchbruch Plancks liegen nicht vor. Wir wissen nur aus Plancks Selbstbiographie von einem ermutigenden Privatbrief Boltzmanns. Er ist aber leider im letzten Kriege verlorengegangen. Auch die Erscheinungen der Radioaktivität (seit 1896), gleichfalls nur atomistisch zu deuten, wurden von Boltzmann nur nebenbei erwähnt.

Möglicherweise nahmen in Boltzmanns letzten Jahren bereits andere Probleme in seinem Kopf den ersten Platz ein. Dem vorliegenden Bändchen ist zu entnehmen, daß für ihn die Abstammungslehre Darwins (1859) geradezu das wichtigste Ereignis des 19. Jahrhunderts war. Er setzte sich für diese zunächst in weiten Kreisen durchaus unerwünschte Theorie kompromißlos ein. Hier handelte es sich für Boltzmann sicherlich nicht um ein Steckenpferd, sondern er fühlte das Bedürfnis, die belebte ebenso wie die unbelebte Natur durch „mechanische" Gesetze einheitlich auf letzte Grundlagen zurückzuführen. Dabei ist das von Boltzmann so häufig gebrauchte Wort „mechanisch" freilich nicht in einem engen Sinne zu verstehen, sondern es dient als Synonym für „naturgesetzlich" (S. 87, 111, 115). Boltzmann war auf der Suche nach einem widerspruchsfreien Weltbild; er fühlte sich erleichtert, daß die belebte Natur nicht, wie es wohl vor Darwin scheinen konnte, einen Fremdkörper im Bereich des Universums bildet.

Übrigens hat Boltzmann nicht nur gewissermaßen als Prophet Darwins (wie vorher als Prophet Maxwells) gewirkt, sondern er hat selbst auch wesentliche gedankliche Beiträge zur Biologie erbracht. Boltzmann majestätische Worte über die Ausnützung der Differenz zwischen Zufluß und Abfluß von Entropie zu und von der Erde durch Lebewesen (S. 40) sind einer der Ausgangspunkte der heutigen Bioenergetik. Ähnlich sind seine Worte über Vorlebensformen (S. 229) als eine Pionierleistung der Wissenschaft von der Entstehung des Lebens zu betrachten. Der Titel eines der letzten Vorträge Boltzmanns war „Erklärung des Entropiesatzes und der Liebe aus den Prinzipien der Wahrscheinlichkeitsrechnung"[13]. Bemerkenswert ist schließlich, daß nach Boltzmann nur solche geistige Denkprozesse sich bei den Tieren und insbesondere beim Menschen entwickeln und behaupten konnten, die der realen Außenwelt entsprachen und sich daher in der Praxis des Kampfes ums Dasein bewährten. Der Erfolg in der Praxis ist der Prüfstein der Wahrheit.

(Mit aller Ehrfurcht darf ein Punkt (S. 176) kritisch angemerkt werden: Darwinsche [physiologische] Selektion hat in der historischen, geschichteten menschlichen Gesellschaft nur mehr untergeordnete Bedeutung. Die ethischen und ästhetischen Normen werden nicht physiologisch von menschlichen Populationen, sondern von gesellschaftlichen Formationen entwickelt. Sie werden auch nicht im biologischen Sinn von den Eltern auf Kinder vererbt. Wir unterscheiden uns von den alten Ägyptern genetisch wohl nur geringfügig. Schon die Geschwindigkeit der Veränderungen in der Ideenwelt beweist, daß es sich hier um Erscheinungen anderer Art handelt.)

Mit zunehmendem Lebensalter wandte sich Boltzmann schließlich immer stärker Fragen der Philosophie zu, die er ja auch in wesentlichen Aspekten ab 1902 an der Wiener Universität offiziell vertrat. In seinen philosophischen Anschauungen ging Boltzmann von seinen Erfahrungen und Ergebnissen als exakter Wissenschaftler aus. Dabei wurde eine in der Praxis der Physik gewonnene Erkenntnistheorie gelehrt, darin aber auch dem von Darwin übernommenen Entwicklungsgedanken ein zentraler Platz eingeräumt.

Mit solchen Auffassungen setzte sich Boltzmann freilich in Gegensatz zu der traditionellen Schulphilosophie. Als „größte Narrheit, die je ein Menschenhirn ausgebrütet hat", wurde in Boltzmanns „Reise ins Eldorado" der subjektive Idealismus des Bischofs Berkeley bezeichnet, der logisch zum Solipsismus führt. Für Boltzmann stand die Realität der Außenwelt, unabhängig vom erkennenden Subjekt, außer Zweifel. Er hob hervor, daß die verschiedensten Erfahrungen verschiedener Menschen sowie auch die Erfahrungen des gleichen Menschen zu verschiedenen Zeiten immer wieder zu den gleichen Schlüssen über die Außenwelt führen. Boltzmann bezeichnete sich als Realisten, ja sogar als (philosophischen) Materialisten. Die objektiven Idealisten Hegel und Schopenhauer wurden ebenso wie die subjektiven Idealisten energisch bekämpft.

Boltzmann polemisierte aber nicht nur gegen die Idealisten der Vergangenheit, sondern auch gegen die zeitgenössischen Positivisten, deren bedeutendster Vertreter Boltzmanns geistreicher Wiener Zeitgenosse Ernst Mach war. Mach betrachtete als Aufgabe der Wissenschaft nicht die Erkenntnis einer objektiven Außenwelt, deren Realität nicht behauptet werden dürfe, sondern bloß die denkökonomische Ordnung der subjektiven Empfindungen. Insofern war es zum subjektiven Idealismus nicht weit. Bezeichnenderweise lehnte Mach die Atomistik ab, übrigens mindestens am Ende seines Lebens – lange nach Boltmanns Tod – auch Einsteins Relativitätstheorie. Boltzmanns methodische Vorgangsweise bestand umgekehrt darin, Modelle der Außenwelt aufzustellen, ihre Konsequenzen zu berechnen und dann die Ergebnisse mit den experimentellen Erfahrungen zu konfrontieren.

Boltzmann wurde als Physiker bereits zu Lebzeiten hoch geschätzt, und zwar innerhalb wie außerhalb seines Vaterlandes. Seine akademische Laufbahn konnte er nach Wunsch einrichten. Er wurde zum Mitglied oder sogar Ehrenmitglied vieler Akademien der Wissenschaften gewählt. Wichtige und ehrenvolle Einladungen ergingen an ihn, so auch mehrfach nach Amerika, was zu jener Zeit ungewöhnlich war. Doch zogen sich über seinem Haupt dunkle Wolken zusammen.

Boltzmanns Selbstmord, ein Verzweifungsakt in einem Augenblick der Krise, ist vielfach seinem schlechten Gesundheitszustand zugeschrieben worden. Es soll nicht bestritten werden, daß körperliche Leiden und auch eine Neigung zu Melancholie, die oft unvermittelt mit fröhlicher Stimmung abwechselte, Komponenten bildeten. Gleichzeitig aber wirkt die Feindschaft gegen Boltzmanns Ideen. Zwar konnten die Gegner der Atomistik ihre Lehre nicht mehr mit der Todesstrafe bedrohen, wie sie das noch 1624 in Frankreich getan hatten. Aber die Widerstände gegen die Atomistik versteiften sich. Wie von S.G. Brush betont, handelte es sich weniger um Tatsachenfragen der Wissenschaft als um eine allgemeine philosophische Reaktion gegen mechanistische oder „materialistische" Wissenschaft. Boltzmann[14] sprach von einer feindseligen Stimmung gegen die Atomistik. Die Abstammungslehre, Boltzmann so wert, wurde als religions- und damit auch als staatsfeindlich bekämpft, wie zu jener Zeit auch ihr Vorkämpfer Ernst Haeckel in

Jena erfahren mußte. Schließlich setzte sich Boltzmann auch durch seine philosophische Denkrichtung zu mächtigen Kräften innerhalb und außerhalb der Hochschulen in Gegensatz.

Es ist nun wohl richtig, daß die Gegnerschaft den kampfgewohnten Boltzmann nicht zur Strecke gebracht hätte, wäre er noch im Vollbesitz seiner Kräfte gewesen. Dies umso weniger, als seine Ansprachen und Schriften bis zum Schluß größtes Interesse in weiten Kreisen der Öffentlichkeit fanden. Offenbar aber wurde ihm in seinem Zustand des Leidens die zunehmende Anfeindung und Isolierung zur allzuschweren Last.

Das Werk Boltzmanns jedoch ist nicht nur lebendig geblieben, sondern seine Bedeutung innerhalb der Wissenschaften nimmt ständig zu. Nicht nur bewähren sich die Boltzmannschen Anschauungen und Formeln in Physik, Chemie und Biologie, sondern ganze neue Zweige, wie die Informationstheorie, gehen auf Boltzmanns Statistik zurück. Der scheinbare Gegensatz zwischen der ordnenden Tendenz des Lebens und der wachsenden Unordnung bei den irreversiblen Prozessen ist zu einer Quelle fruchtbarer theoretischer Überlegungen geworden. Auch findet die überragende Persönlichkeit Boltzmanns in ihrer Wechselwirkung mit den Zeitgenossen zunehmende Beachtung im Rahmen der Geschichte der Wissenschaft.

Literatur

1 S. G. Brush, Kinetische Theorie, Bd. 1 und 2, Akademie-Verlag, Berlin, Pergamon Press, Oxford, und Vieweg und Sohn, Braunschweig, 1970.

2 Betreffend ausführlichere Angaben über Boltzmanns Lebenslauf und Werk s. G. Jäger, Neue österr. Biogr., Amalthea-Verlag, Wien, Bd. 2 (1925); A. Sommerfeld, Wiener Chemiker-Zeitung **47**, 25 (1944); L. Flamm, ibid **47**, 28 (1944); E. Broda, Ludwig Boltzmann – Mensch, Physiker, Philosoph, Deuticke-Verlag, Wien 1955 und Deutscher Verlag d. Wiss., Berlin (DDR) 1956; sowie die Beiträge von D. Flamm, E. Broda und M. J. Klein in: E.G.D. Cohen und W. Thirring, Hsgg., The Boltzmann Equation, Springer-Verlag, Wien 1973.

3 Zusammenfassende Darstellung bei L. Boltzmann, Vorlesungen über Gastheorie, J. A. Barth, Leipzig, Teil I, 1896, Teil II, 1898.

4 s. S. G. Brush[1], Bd. 2, p. 17.

5 s. S. G. Brush[1], Bd. 2, p. 115.

6 s. S. G. Brush[1], Bd. 2, p. 226.

7 s. S. G. Brush[1], Bd. 2, p. 26.

8 s. S. G. Brush[1], Bd. 2, p. 240.

9 L. Boltzmann, Wied. Ann. **22**, 31, 291 (1884).

10 s. S. G. Brush[1], Bd. 2, p. 264 und 290.

11 s. S. G. Brush[1], Bd. 2, p. 276 und 301.

12 s. S. G. Brush[1], Bd. 2, p. 27.

13 s. Physik. Blätter **32**, 337 (1976).

14 L. Boltzmann, siehe[3], Vorwort zu Teil II.

Populäre Schriften

von

Dr. Ludwig Boltzmann
o. Professor an der Universität Wien

Leipzig
Verlag von Johann Ambrosius Barth
1905

Den Manen Schillers

des unübertroffenen Meisters der naturwahren Schilderung
echter, aus tiefstem Herzen kommender Begeisterung

gewidmet

hundert Jahre nach
dessen Eingang in die Unsterblichkeit

forwort.

ich musste mir in meinen lezten büchern di neue ortografi gefallen lassen, di zu erlernen ich zu alt bin; so möge man sich hir im forworte di neueste ortografi gefallen lassen. ich glaube, man soll di abweichungen fon der fonetik, wenn man si nicht ganz ferschonen will, dann schon alle hinrichten. wenn man dem hunde den schwanz nicht lassen will, schneide man in mit einem griffe ganz ab!

ich habe im forligenden buche über eine fom ferleger an mich ergangene aufforderung meine populären schriften zusammengestellt. si sind fon ser ferschidenem inhalte, teils reden, teils populärwissenschaftliche forträge, abhandlungen mer filosofischen inhalts, rezensionen etc.

obwol natürlich meine anschauungen im ferlaufe der zeit modifikazionen erfaren haben, und ich heute fileicht nicht mer alles so schreiben würde, so habe ich doch alles unferändert gelassen, da es offenbar immer nur ein bild meiner damaligen anschauungen geben kann und soll.

di forangestellte widmung ist keine frase. ich danke den werken göthe's, dessen faust fileicht das grösste aller kunstwerke ist und dem ich di mottos meiner ersten bücher entnommen, shakespeares etc. di höchste geistige erhebung; aber bei schiller ist es etwas anders, durch schiller bin ich geworden, one in könnte es einen mann mit gleicher bart- und nasenform wi ich, aber nimals mich geben.

wenn ein zweiter einen einfluss von gleicher grössenordnung auf mich ausgeübt hat, so ist es beethoven. aber ist es nicht karakteristisch, dass lezterer in seinem grössten werke zum schlusse schillern, und zwar nicht dem ausgereiften, sondern dem in jugendlicher begeisterung sprudelnden schiller das wort erteilt?

Wien, den 8. Juni 1905.

Ludwig Boltzmann.

Über die Methoden der theoretischen Physik.

Von der Redaktion des Katalogs aufgefordert, dieses Thema zu behandeln, sah ich alsbald, daß nur wenig Neues zu sagen bleibt; so vieles und gediegenes wurde gerade in neuerer Zeit hierüber geschrieben. Ist ja doch für unsere Zeit eine fast übertriebene Kritik der Methoden der naturwissenschaftlichen Forschung charakteristisch; eine potenzierte Kritik der reinen Vernunft möchte man sagen, wenn dieses Wort nicht vielleicht all zu unbescheiden wäre. Es kann auch nicht meine Absicht sein, diese Kritik nochmals zu kritisieren; nur einige orientierende Worte will ich für jene bringen, welche diesen Fragen ferner stehen, aber doch Interesse dafür hegen.

In der Mathematik und Geometrie war es zunächst unzweifelhaft das Bedürfnis nach Arbeitersparnis, welches von den rein analytischen wieder zu den konstruktiven Methoden sowie zur Veranschaulichung durch Modelle führte. Scheint dieses Bedürfnis auch ein rein praktisches, selbstverständliches, so befinden wir uns doch gerade hier schon auf einem Boden, wo eine ganze Gattung modern methodologischer Spekulationen emporwuchs, die in der präzisesten, geistreichsten Weise von Mach zum Ausdrucke gebracht wurden. Dieser behauptet geradezu, der Zweck der Wissenschaft sei nur Arbeitersparnis.

Fast mit gleichem Rechte könnte man, bemerkend, daß bei Geschäften die größte Ersparnis wünschenswert ist, diese einfach für den Zweck der Verkaufsbuden und des Geldes erklären, was ja in gewissem Sinne in der Tat richtig wäre. Doch wird man nur ungern, wenn die Distanzen und Bewegungen, die Größe, physikalische und chemische Beschaffenheit der Fixsterne ergründet, wenn Mikroskope erfunden und damit die Urheber unserer Krankheiten entdeckt werden, dies als bloße Sparsamkeit bezeichnen.

Allein es ist am Ende Sache der Definition, was man als Aufgabe, was als Mittel zu deren Erreichung bezeichnet. Hängt es ja sogar von der Definition der Existenz ab, was existiert, ob die Körper, ob deren lebendige Kraft, oder überhaupt deren Eigenschaften, so daß wir vielleicht noch einmal unsere eigene Existenz einfach hinweg definieren können.

Doch genug hiervon; das Bedürfnis nach der äußersten Ausnützung der Mittel unserer Auffassungskraft existiert, und da wir mit dem Auge die größte Fülle von Tatsachen auf einmal erfassen (wir sagen charakteristisch genug übersehen) können, so folgt hieraus das Bedürfnis, die Resultate des Kalküls anschaulich zu machen und zwar nicht bloß für die Phantasie, sondern auch sichtbar für das Auge, greifbar für die Hand, mit Gips und Pappe.

Wie wenig geschah in dieser Beziehung noch in meinen Studienjahren! Mathematische Instrumente waren fast unbekannt, und die physikalischen Experimente wurden häufig so angestellt, daß niemand davon etwas sehen konnte, als der Vortragende selbst. Da ich obendrein wegen Kurzsichtigkeit auch die Schrift und Zeichnung auf der Schultafel nicht sah, so wurde meine Einbildungskraft stets in Atem gehalten, fast hätte ich gesagt zu meinem Glücke. Doch letztere Behauptung liefe ja dem Zweck dieser Katalogstudie zuwider, der nur die Anpreisung des unendlichen Rüstzeuges von Modellen in der heutigen Mathematik sein kann, und sie wäre auch vollständig unrichtig. Denn hatte auch meine Vorstellungsgabe gewonnen, so war es doch nur auf Kosten des Umfangs der erworbenen Kenntnisse geschehen. Damals war die Theorie der Flächen zweiten Grades noch der Gipfelpunkt geometrischen Wissens und zu ihrer Versinnlichung genügte ein Ei, ein Serviettenreif, ein Sattel. Welche Fülle von Gestalten, Singularitäten, sich aus einander entwickelnden Formen hat der Geometer von heute sich einzuprägen, und wie sehr wird er dabei durch Gipsformen, Modelle mit fixen und beweglichen Schnüren, Schienen und Gelenken aller Art unterstützt.

Daneben gewinnen aber auch die Maschinen immer mehr an Boden, welche nicht zur Versinnlichung dienen, sondern an Stelle des Menschen die Mühe der Ausführung wirklicher

Rechnungsoperationen übernehmen, von den vier Spezies angefangen bis zu den kompliziertesten Integrationen.

Daß beide Gattungen von Apparaten auch von den an die stete Handhabung von Instrumenten ohnedies gewöhnten Physikern in der ausgedehntesten Weise verwendet werden, ist selbstredend. Alle möglichen mechanischen Modelle, optische Wellenflächen, thermodynamische Flächen aus Gips, Wellenmaschinen aller Art, Apparate zur Versinnlichung der Gesetze der Lichtbrechung und anderer Naturgesetze sind Beispiele von Modellen erster Art. In der Konstruktion von Apparaten zweiter Art ging man soweit, daß Versuche gemacht wurden, die Werte der Integrale von Differential-Gleichungen, welche in gleicher Weise für ein schwer zu beobachtendes Phänomen, wie die Gasreibung, und ein leicht meßbares, wie die Verteilung des elektrischen Stromes in einem leitenden Körper von entsprechend gewählter Gestalt gelten, durch Beobachtung des letzteren Phänomens einfach abzulesen und dann zur Berechnung der Reibungskonstante aus dem ersteren Phänomen zu verwerten. Man erinnere sich auch der graphischen Auswertung der in der Theorie der Gezeiten, in der Elektrodynamik usw. vorkommenden Reihen und Integralen durch Lord Kelvin, welcher in seinen „lectures of molecular dynamics" sogar die Idee der Gründung eines mathematischen Instituts für solche Rechnungen ausspricht.

In der theoretischen Physik kommen jedoch noch Modelle zur Verwendung, welche ich einer dritten besondern Gattung zuzählen möchte, da sie ihren Ursprung einer besonderen Methode verdanken, die gerade in jenem Wissenszweige immer mehr zur Anwendung kommt. Ich glaube, daß dies mehr dem praktisch physikalischen Bedürfnisse als erkenntnis-theoretischer Spekulationen zu verdanken ist. Trotzdem aber hat diese Methode vielfach ein eminent philosophisches Gepräge, und wir müssen daher neuerdings den Boden der Erkenntnistheorie betreten.

Auf der von Galilei und Newton geschaffenen Grundlage hatten namentlich die großen Pariser Mathematiker um die Zeit der französischen Revolution und später eine scharf definierte Methode der theoretischen Physik geschaffen. Es wurden mechanische Voraussetzungen gemacht, woraus mittels der zu einer Art von geometrischer Evidenz gelangten Prinzipien der Mechanik eine Gruppe von Naturerscheinungen erklärt wurde. Man war sich zwar bewußt, daß die Voraussetzungen nicht mit apodiktischer Gewißheit als richtig bezeichnet werden konnten, aber man hielt es doch bis zu einem gewissen Grade für wahrscheinlich, daß sie der Wirklichkeit genau entsprächen und nannte sie deshalb Hypothesen. So dachte man sich die Materie, den zur Erklärung der Lichterscheinungen notwendigen Lichtäther und die beiden elektrischen Fluida als Summen mathematischer Punkte. Zwischen je zwei solchen Punkten dachte man sich eine Kraft wirksam, deren Richtung in ihre Verbindungslinie fällt und deren Intensität eine noch zu bestimmende Funktion ihrer Entfernung sein sollte (Boscovic). Ein Geist, dem alle Anfangspositionen und Anfangsgeschwindigkeiten aller dieser materiellen Teilchen, sowie alle Kräfte bekannt wären, und der auch alle daraus resultierenden Differentialgleichungen zu integrieren verstünde, könnte den ganzen Weltlauf voraus berechnen, wie der Astronom eine Sonnenfinsternis (Laplace). Man stand nicht an, diese Kräfte, welche man sich als das ursprünglich Gegebene, nicht weiter Erklärbare dachte, als die Ursachen der Erscheinungen, die Berechnung derselben aus den Differentialgleichungen als ihre Erklärung zu bezeichnen.

Dazu kam später die Hypothese, daß diese Teilchen auch in ruhenden Körpern in Bewegungen begriffen seien, welche zu den Wärmeerscheinungen Veranlassung geben, und deren Natur besonders in den Gasen sehr genau definiert wurde (Clausius). Ihre Theorie führte zu überraschenden Vorausberechnungen, so der Unabhängigkeit der Reibungskonstante vom Drucke, gewisser Beziehungen zwischen Reibung, Diffusion und Wärmeleitung usw. (Maxwell).

Die Gesamtheit dieser Methoden war so erfolgreich, daß es geradezu als Aufgabe der Naturwissenschaft bezeichnet wurde, die Naturerscheinungen zu erklären, und die früher so genannten beschreibenden Naturwissenschaften triumphierten, als ihnen die Hypothese Darwins erlaubte, die Lebensformen und Erscheinungen nicht bloß zu beschreiben, sondern ebenfalls zu erklären. Sonderbarerweise machte fast gleichzeitig die Physik die entgegengesetzte Schwenkung.

Namentlich Kirchhoff schien es zweifelhaft, ob die bevorzugte Stellung, welche man den Kräften dadurch zuwies, daß man sie als Ursachen der Erscheinungen bezeichnete, eine berechtigte sei.

Ob man mit Kepler die Gestalt der Bahn eines Planeten und die Geschwindigkeit in jedem Punkte oder mit Newton die Kraft an jeder Stelle angebe, beides seien eigentlich nur verschiedene Methoden, die Tatsachen zu beschreiben und das Verdienst Newtons sei nur die Entdeckung, daß die Beschreibung der Bewegung der Himmelskörper besonders einfach wird, wenn man die zweiten Differentialquotienten ihrer Koordinaten nach der Zeit angibt (Beschleunigung, Kraft). Mit einer halben Seite waren die Kräfte aus der Natur hinwegdefiniert und die Physik zur eigentlich beschreibenden Naturwissenschaft gemacht. Das Gebäude der Mechanik war zu fest, als daß diese Veränderung der Außenseite sein Inneres hätte wesentlich beeinflussen können. Auch die auf die Vorstellung von Molekülen verzichtenden Elastizitätstheorien waren schon älter (Stokes, Lamé, Clebsch). Doch auf die Entwickelung anderer Zweige der Physik (Elektrodynamik, Theorie der Pyro- und Piëzoelektrizität usw.) gewann die Ansicht großen Einfluß, daß es nicht Aufgabe der Theorie sein könne, den Mechanismus der Natur zu durchschauen, sondern bloß von möglichst einfachen Voraussetzungen ausgehend (daß gewisse Größen lineare oder sonst einfache Funktionen seien usw.), möglichst einfache Gleichungen aufzustellen, die die Naturerscheinungen mit möglichster Annäherung zu berechnen erlauben; wie sich Hertz charakteristisch ausdrückt, nur die direkt beobachteten Erscheinungen nackt durch Gleichungen darzustellen, ohne die bunten, von unserer Phantasie ihnen umgehängten Mäntelchen der Hypothesen.

Indessen waren mehrere Forscher schon früher dem alten Systeme von Kraftzentren und Fernkräften von einer andern Seite noch empfindlicher zu Leibe gegangen; man könnte sagen von der entgegengesetzten, weil sie das bunte Mäntelchen der mechanischen Veranschaulichung besonders liebten;

man könnte sagen von benachbarter, da sie ebenfalls auf die Erkenntnis eines den Erscheinungen zugrunde liegenden Mechanismus verzichteten und in den von ihnen ersonnenen Mechanismen nicht diejenigen der Natur erblickten, sondern bloße Bilder oder Analogien. Mehrere Männer, an der Spitze Faraday, hatten sich eine ganz verschiedene Naturanschauung gebildet. Während das alte System bloß die Kraftzentra für das Reale, die Kräfte für mathematische Begriffe gehalten hatte, sah Faraday deutlich das Weben und Wirken der letzteren von Punkt zu Punkt im Zwischenraume; das Potential, früher eine nur die Rechnung erleichternde Formel, war ihm das im Raume real existierende Band, die Ursache der Kraftwirkung. Faradays Ideen waren viel unklarer, als die früheren mathematisch genau präzisierten Hypothesen, und mancher Mathematiker aus der alten Schule schätzte Faradays Theorien gering, ohne jedoch durch die Klarheit seiner Anschauungen zu gleich großen Entdeckungen zu gelangen.

Bald wurde namentlich in England allenthalben nach möglichst anschaulicher und greifbarer Darstellung der Begriffe und Vorstellungen getrachtet, die früher nur in der Analyse eine Rolle gespielt hatten. Diesem Streben nach Anschaulichkeit entsprang die graphische Darstellung der Grundbegriffe der Mechanik in Maxwells „matter and motion", die geometrische Darstellung der Superposition zweier Sinusbewegungen, alle durch die Quaterionentheorie bedingten Veranschaulichungen, so die geometrische Deutung des Symbols

$$\triangle = \frac{d^2}{dx^2} + \frac{d^2}{dy^2} + \frac{d^2}{dz^2}.$$

Dazu kam ein zweiter Umstand. Die überraschendsten und weitgehendsten Analogien zeigten sich zwischen scheinbar ganz disparaten Naturvorgängen. Die Natur schien gewissermaßen die verschiedensten Dinge genau nach demselben Plane gebaut zu haben oder, wie der Analytiker trocken sagt, dieselben Differentialgleichungen gelten für die verschiedensten Phänomene.

So geschieht die Wärmeleitung, die Diffusion und die Verbreitung der Elektrizität in Leitern nach denselben Gesetzen. Dieselben Gleichungen können als Auflösung eines Problems der Hydrodynamik und der Potentialtheorie betrachtet werden. Die Theorie der Flüssigkeitswirbel, sowie die der Gasreibung zeigt die überraschendste Analogie mit der des Elektromagnetismus usw. Vergl. hierüber auch Maxwell „scient. pap.", vol. 1, pag. 156.

Solche Einflüsse drängten auch Maxwell, als er an die mathematische Ausarbeitung der Faradayschen Vorstellungen ging, von vorne herein in eine ganz neue Bahn. Schon Thomson hatte eine Reihe von Analogien zwischen Problemen der Elastizitätstheorie und solchen des Elektromagnetismus hervorgehoben. Maxwell erklärte schon in seiner ersten Abhandlung über Elektrizitätslehre , daß er keine Theorie der Elektrizität zu geben beabsichtige, d. h. daß er selbst nicht an die Realität der inkompressibeln Flüssigkeit und der Widerstandskräfte glaube, die er dort annimmt, sondern daß er bloß ein mechanisches Beispiel zu geben beabsichtigt, welches große Analogie mit den elektrischen Erscheinungen zeigt und die letzteren auf eine Form bringen will, in der sie der Verstand möglichst leicht erfassen kann. In seiner zweiten Schrift geht er noch viel weiter und konstruiert aus Flüssigkeitswirbeln und Friktionsrollen, die sich innerhalb Zellen mit elastischen Wänden bewegen, einen bewunderungswürdigen Mechanismus, welcher als mechanisches Modell für den Elektromagnetismus dient. Dieser Mechanismus wurde natürlich von jenen verspottet, welche ihn wie Zöllner für eine Hypothese im alten Sinne des Wortes hielten und meinten, Maxwell schreibe ihm Realität zu, was dieser selbst doch so entschieden ablehnt und nur bescheiden hofft, „daß durch derartige mechanische Fiktionen weitere Forschungen auf dem Gebiete der Elektrizitätslehre mehr gefördert als gehindert sein würden". Und sie waren gefördert; denn Maxwell gelangte durch sein Modell zu jenen Gleichungen, deren eigentümliche, fast unbegreifliche Zaubermacht der hierzu Berufenste, nämlich Heinr. Hertz, in seinem Vortrage über die Beziehungen zwischen Licht und Elektrizität pag. 11 so drastisch schildert. Ich möchte den Worten Hertz' nur beifügen, daß Maxwells Formeln lediglich Konsequenzen seiner mechanischen Modelle waren und

Hertz' begeistertes Lob in erster Linie nicht der Analyse Maxwells, sondern dessen Scharfsinn in der Auffindung mechanischer Analogien gebührt. Erst in Maxwells dritter wichtiger Schrift und in seinem Lehrbuche schälen sich die Formeln mehr von dem Modelle los, welcher Prozeß dann durch Heavyside, Poynting, Rowland, Hertz, Cohn vollendet wurde. Maxwell benutzt noch immer die mechanische Analogie oder, wie er sagt, die dynamische Illustration. Aber er spezialisiert sie nicht mehr ins Detail, sondern er sucht vielmehr die allgemeinsten, mechanischen Voraussetzungen auf, welche auf dem Elektromagnetismus analoge Erscheinungen zu führen geeignet sind. Thomson wurde durch Erweiterung seiner schon zitierten Ideen auf den quasielastischen und den quasilabilen Äther, sowie auf dessen Veranschaulichung durch das gyrostatisch-adynamische Modell geführt.

Natürlich übertrug Maxwell die gleiche Behandlungsweise auch auf andere Zweige der theoretischen Physik. Als mechanische Analogien sind zum Beispiele auch Maxwells Gasmoleküle aufzufassen, die sich mit einer der fünften Potenz ihrer Entfernung verkehrt proportionalen Kraft abstoßen, und es fehlte in der ersten Zeit wieder nicht an Forschern, welche, Maxwells Tendenz mißverstehend, seine Hypothese für unwahrscheinlich und absurd erklärten.

Allmählich jedoch fanden die neuen Ideen in allen Gebieten Eingang. Aus dem Gebiete der Wärmetheorie erwähne ich hier nur Helmholtz' berühmte Abhandlungen über die mechanischen Analogien des zweiten Hauptsatzes der Wärmetheorie. Ja, es zeigte sich, daß sie dem Geiste der Wissenschaft besser entsprachen, als die alten Hypothesen und auch für den Forscher selbst bequemer waren. Denn die alten Hypothesen konnten nur aufrecht erhalten werden, so lange alles klappte; jetzt aber schadeten einzelne Nichtübereinstimmungen nicht mehr, denn einer bloßen Analogie kann man es nicht übel nehmen, wenn sie in einzelnen Punkten hinkt. Daher wurden bald auch die alten Theorien, so die elastische Theorie des Lichtes, die Gastheorie, die Schemata der Chemiker für die Benzolringe usw., nur mehr als mechanische Analogien aufgefaßt, und endlich generalisierte die Philosophie

Maxwells Ideen bis zur Lehre, daß die Erkenntnis überhaupt nichts anderes sei, als die Auffindung von Analogien. Damit war die alte wissenschaftliche Methode wieder hinwegdefiniert und die Wissenschaft sprach nur mehr in Gleichnissen.

Alle diese mechanischen Modelle bestanden vorerst freilich nur im Gedanken, es waren dynamische Illustrationen in der Phantasie, und sie konnten auch in dieser Allgemeinheit nicht praktisch ausgeführt werden. Doch reizte ihre große Bedeutung dazu an, wenigstens ihre Grundtypen auch praktisch zu verwirklichen.

Über einen von Maxwell selbst und einen vom Schreiber dieser Zeilen unternommenen derartigen Versuch ist im zweiten Teile dieses Katalogs berichtet. Auch das Modell Fitzgeralds befindet sich gegenwärtig auf der Nürnberger Ausstellung, sowie das Modell Bjerknes', welche ähnlichen Tendenzen ihren Ursprung verdanken. Weitere hierher zu zählende Modelle wurden von Oliver Lodge, Lord Rayleigh und andern konstruiert.

Sie alle zeigen, wie die neue Richtung den Verzicht auf vollständige Kongruenz mit der Natur durch um so schlagenderes Hervortreten der Ähnlichkeitspunkte wettmacht. Ihr gehört ohne Zweifel die nächste Zukunft; doch ebenso verfehlt, als es früher war, die alte Methode für die allein richtige zu halten, ebenso einseitig wäre es, sie, die so viel geleistet, jetzt für vollständig abgetan zu halten und nicht neben der neuen zu kultivieren.

München, August 1892.

Der zweite Hauptsatz der mechanischen Wärmetheorie.[1]

Als mich die Reihe traf, bei feierlicher Gelegenheit in dieser Versammlung, wo so viele sitzen, denen ich meine wissenschaftliche Erziehung zu verdanken habe, zu sprechen, da war ich mir der Schwierigkeit der übernommenen ehrenvollen Pflicht wohl bewußt, und nur mit Zögern ging ich daran, sie auf mich zu nehmen. Verzeihen Sie daher, wenn ich schon der Wahl meines Themas einige entschuldigende Worte widmen zu müssen glaube. Leichter noch wird diese dem Philosophen, Historiker, welche im steten Kontakte mit dem Publikum bleiben. In den Naturwissenschaften war es häufig Gepflogenheit, allgemeinere Gegenstände von sogenanntem philosophischen oder metaphysischen Inhalte zu besprechen. Wenn ich mich heute von dieser Gepflogenheit entferne, so möchte ich ja nicht in den Verdacht kommen, als ob mir diese allgemeinen Fragen unbedeutend oder unwichtig erschienen gegenüber den zahllosen Spezialfragen, welche die heutige Naturwissenschaft aufwirft. Nur die Art und Weise, wie sie bisher behandelt wurden, in manchen Fällen möchte ich fast sagen, daß sie überhaupt jetzt schon behandelt wurden, scheint mir verfehlt; daher die eigentümliche Erscheinung, daß, während auf den Spezialgebieten die Arbeit oft so reichlich lohnte, in allgemeinen Fragen die angestrengtesten Bemühungen häufig jedes Erfolges bar sind, während auf ersterem Gebiete bei allen Kontroversen über einzelnes doch Einigkeit in der Hauptsache herrscht, auf letzteren Gebieten die widersprechendsten Ansichten ihre Ver-

---

[1] Vortrag, gehalten in der feierlichen Sitzung der Kaiserlichen Akademie der Wissenschaften am 29. Mai 1886.

fechter finden und diejenigen sich absolut nicht mehr verstehen, welche in Spezialfragen einmütig zusammen arbeiteten.

Nirgends weniger als in der Naturwissenschaft bewahrheitet sich der Satz, daß der gerade Weg der kürzeste ist. Wenn ein Feldherr eine feindliche Stadt zu erobern gedenkt, so wird er nicht die kürzeste Straße dahin auf der Landkarte aufsuchen; er wird vielmehr die mannigfaltigsten Umwege zu machen gezwungen sein, jeder Flecken auch ganz abseits vom Wege, wenn er ihn nur bezwingen kann, wird ihm zu einer wichtigen Stütze werden; uneinnehmbare Orte wird er zernieren. Gerade so fragt der Naturforscher nicht: welche Fragen sind die wichtigsten, sondern welche sind augenblicklich lösbar oder auch nur bei welchen ist ein kleiner reeller Fortschritt erreichbar? So lange die Alchimisten bloß den Stein der Weisen suchten, die Kunst des Goldmachens anstrebten, waren alle ihre Versuche fruchtlos; erst die Beschränkung auf scheinbar wertlosere Fragen schuf die Chemie. So verliert die Naturwissenschaft die großen allgemeinen Fragen scheinbar ganz aus dem Auge, aber um so großartiger ist der Erfolg, wenn sich bei mühsamem Tasten im Dickicht der Spezialfragen plötzlich eine kleine Lücke auftut, die einen bisher nicht geahnten Ausblick auf das Ganze gestattet.

Die Fallrinne Galileis, die Stevinsche Kette sind mächtige Stützpunkte geworden, von denen aus die Mechanik nicht bloß in die äußeren Beziehungen der Körper, nein, auch in das Wesen der Materie und Kraft eindringt. Die merkwürdigen Tatsachen, welche die Chemiker von Tag zu Tag finden, sind ebenso viele neue Beweise des Atomismus. Die Versuche Joules haben die alten Kontroversen über das Wesen der Arbeit, des Antriebes und der lebendigen Kraft definitiv entschieden. Die große Frage: Woher sind wir gekommen? Wohin werden wir gehen? wurde schon seit Jahrtausenden von den größten Genien diskutiert, in der geistreichsten Weise hin- und hergewendet; ich weiß nicht, ob mit irgend einem Erfolge, aber jedenfalls ohne einen wesentlichen, unleugbaren Fortschritt. Ein solcher wurde erst in unserem Jahrhundert zur vollendeten Tatsache durch höchst sorgfältige Studien und vergleichende Versuche über die Zucht von Tauben und anderen Haustieren, über die Färbung fliegender und schwimmender Tiere, durch Forschungen über die frappante Ähnlichkeit unschädlicher Tiere mit giftigen, durch mühevolle Vergleiche der Blumengestalten mit den Formen der sie befruchtenden Insekten; gewiß lauter Forschungsgebiete von scheinbar untergeordneter Bedeutung, aber auf ihnen konnten wirkliche Erfolge erzielt werden, und gerade sie wurden die feste Operationsbasis für einen Feldzug ins Gebiet der Metaphysik von in der Geschichte der Wissenschaft einzig dastehendem Erfolge.

Schiller bemerkt von den Forschern seiner Zeit: „Die Wahrheit zu fangen ziehen sie aus mit Netzen und Stangen; aber mit Geistestritt schreitet sie mitten hindurch." Wie sehr würde er erst beim Anblicke des Rüstzeuges der heutigen Physik oder Chemie bezweifelt haben, ob mit solchem Chaos von Apparaten die Wahrheit gefangen werden könne, und ähnlich sieht es heutzutage in den Arbeitsstätten der Mineralogen, Botaniker, Zoologen, Physiologen usw. aus. Nicht bloß Vorrichtungen, um die Naturkräfte in neuer Weise dienstbar zu machen, sehe ich in jenen Apparaten, nein, mit weit größerer Ehrfurcht betrachte ich sie, ich wage es zu sagen, daß ich darin die wahren Vorrichtungen erblicke, um das Wesen der Dinge zu entschleiern. Manche Probleme sind dabei freilich nach Art der einst an einen Maler gerichteten Frage, welches Bild er hinter einem großen Vorhange verborgen halte: „Der Vorhang selbst ist das Bild!" erwiderte jener, denn aufgefordert, Kenner durch seine Kunst zu täuschen, hatte er ein Bild gemalt, welches einen Vorhang darstellte. Gleicht nicht vielleicht der Schleier, der uns das Wesen der Dinge verhüllt, jenem gemalten Vorhange?

Betrachten wir die Apparate der experimentellen Naturwissenschaften als Werkzeuge zur Erringung praktischer Vorteile, so können wir ihnen gewiß den Erfolg nicht absprechen. Ungeahntes wurde da erzielt, was die Phantasie unserer Vorfahren in ihren Märchen geträumt, überboten durch die Wunder, welche die Wissenschaft im Vereine mit der Technik vor unseren staunenden Augen wirklich machte. Durch Erleichterung des Verkehrs der Menschen, Dinge und der Gedanken wurde die Erhöhung und Ausbreitung der Zivilisation in einer Weise gefördert, die in früheren Jahrhunderten höchstens in der Erfindung der Buchdruckerkunst ein Seitenstück hat. Und wer möchte dem fortschreitenden Menschengeiste ein Ziel setzen! Ist doch die Erfindung eines lenkbaren Luftschiffes kaum mehr als eine Frage der Zeit. Dennoch glaube ich, daß es nicht diese Errungenschaften sind, welche unserem Jahrhundert die Signatur aufdrücken. Wenn Sie nach meiner innersten Überzeugung fragen, ob man es einmal das eiserne Jahrhundert oder das Jahrhundert des Dampfes oder der Elektrizität nennen wird, so antworte ich ohne Bedenken, das Jahrhundert der mechanischen Naturauffassung, das Jahrhundert Darwins wird es heißen.

Nach diesem Geständnis werden Sie es mit mehr Nachsicht aufnehmen, wenn ich es wage, Ihre Aufmerksamkeit für eine ganz geringfügige eng begrenzte Frage in Anspruch zu nehmen, und Sie werden mich nicht der Geringschätzung großer allgemeiner Fragen beschuldigen, wenn ich mich Dingen zuwende, welche heute damit noch in keinem Zusammenhange stehen. So ganz ohne Interesse dürfte übrigens die Behandlung eines eng begrenzten Fachgegenstandes vor einem größeren Publikum doch nicht sein. Die Zeiten haben ja längst aufgehört, wo ein Sterblicher alle oder auch nur eine größere Anzahl von Wissenschaftszweigen umfassen konnte; heute ist nicht nur Beschränkung auf einen bestimmten Wissenschaftszweig, sondern selbst in diesem noch Beschränkung auf ein engeres Gebiet desselben geboten. Dabei wird aber das Ineinandergreifen der verschiedenen Wissenschaftszweige nur immer inniger, so daß trotz der ausgedehntesten Arbeitsteilung der einzelne niemals die fremden Gebiete aus dem Auge verlieren darf, und dies ist leider ohne zeitweilige, wenigstens flüchtige Blicke auf die Details der fremden Gebiete nicht möglich.

Man hat ehemals die Gesamtheit der Naturwissenschaften in zwei Hauptkomplexe geteilt: den einen bezeichnete man als die beschreibenden Naturwissenschaften, den andern, welcher Physik, Chemie, Astronomie, Physiologie, und soweit man sie zur Naturwissenschaft rechnete, auch Mathematik, Geometrie und Mechanik umfaßt, müßte man dann konsequent die erklärenden Naturwissenschaften nennen. Es darf uns nicht wundern, daß die naturhistorischen Disziplinen längst gegen den ersterwähnten, ihre Aufgabe so sehr beschränkenden Titel Protest eingelegt haben. Seit dem mächtigen Aufschwung der Geologie, Physiologie usw., namentlich aber seit der allgemeinen Aufnahme der Ideen Darwins wagen sie sich kühnen Mutes daran, die Mineralformen, sowie die organischen Lebensformen zu erklären. Aber merkwürdig ist es, fast zur gleichen Zeit auf der andern Seite die entgegengesetzte Wendung sich vollziehen zu sehen. Mit der größten Klarheit stellt sich Kirchhoff in seinem umfassenden Werke über Mechanik lediglich die Aufgabe, die Naturerscheinungen möglichst einfach und übersichtlich zu beschreiben, auf jede Erklärung verzichtend, und seither wurde wiederholt in der Physik das, was man früher eine Erklärung nannte, als eine bloße Beschreibung der Tatsachen bezeichnet. Es geschieht dies, weil man eine Unbestimmtheit, welche dem Begriffe des Erklärens anhaftet, vermeiden will. Wenn man Bewegungen aus Kräften, Kräfte aus dem Wesen der Dinge, Erscheinungen aus Dingen an sich erklären will, so scheint man da immer von der Auffassung auszugehen, als ob die Erklärung erfordere, daß das zu Erklärende auf ein ganz neues, außer ihm liegendes Prinzip zurückgeführt werde. Diese Auffassung ist der Naturwissenschaft fremd. Diese löst bloß Komplexe in einfachere, aber gleichartige Bestandteile auf, führt kompliziertere Gesetze auf fundamentalere zurück. Wenn nun dieser Prozeß oft gelingt, so wird er uns so zur Gewohnheit, daß wir auch dort nicht stillstehen wollen, wo er naturgemäß zu Ende ist. Man pflegt wohl gar darin eine Beschränkung unseres Intellektes zu erblicken, daß, wenn es uns gelungen wäre, die einfachsten Grundgesetze zu finden, wir diese dann doch nicht mehr erklären oder begründen, d. h. weiter in einfachere zerlegen könnten; daß wir die Existenz der elementarsten Wesen doch nicht begreifen, d. h. auf noch elementarere zurückführen können. Sind wir da nicht wieder vor den früher erwähnten gemalten Vorhang gestellt? Wird man darin eine Beschränktheit unseres Gesichtssinnes erblicken, daß niemand angeben kann, welches Bild hinter dem Vorhange steckt? Wir werden das Wort „erklären", beibehalten können, wenn wir vom Anfange an alle derartigen Hintergedanken fern halten.

Wir erschließen die Existenz aller Dinge bloß aus den Eindrücken, welche sie auf unsere Sinne machen. Einer der schönsten Triumphe der Wissenschaft ist es deshalb, wenn es uns gelingt, die Existenz einer großen Gruppe von Dingen zu erschließen, welche unserer Wahrnehmung größtenteils entzogen sind; so gelang es den Astronomen aus oft sparsamen Lichtresten fast mit völliger Gewißheit die Existenz zahlloser Himmelskörper zu erschließen, welche die Dimensionen unserer Erde oft tausend-, ja millionenfach übertreffen und sich in Entfernungen befinden, bei deren bloßer Vorstellung uns Schwindel erfaßt. Wenn ich daher unter den Werkzeugen, denen die Metaphysik Dank schuldet, die der astronomischen Observatorien von dem einfachsten Diopter der alten Ägyptier bis zu den Fernrohren Galileis und Keplers und bis zu den Rieseninstrumenten Alwan Clarks nicht nannte, so beweist dies nur, wie lückenhaft mein Verzeichnis war. Was der Astronomie in größtem Maßstabe, ist ähnlich auch im allerkleinsten geglückt. Alle Beobachtungen weisen übereinstimmend auf Dinge von solcher Kleinheit, daß sie nur zu Millionen geballt unsere Sinne zu erregen vermögen. Wir nennen sie Atome und Moleküle. Wir sind bei Erforschung der Atome in vieler Beziehung noch weit ungünstiger daran als in der Astronomie. Die Himmelskörper können wir uns immer ähnlich wie unsere Erde denken, und wenn auch, was Größe, Aggregatzustand, Temperatur usw. betrifft, sicher die mannigfaltigsten Unterschiede bestehen, so können wir auch da an eine geschmolzene Metallmasse, an große glühende Gaskugeln denken, wobei noch die Spektralanalyse nähere Anhaltspunkte bietet. Über die Beschaffenheit der Atome aber wissen wir noch gar nichts und werden auch solange nichts wissen, bis es uns gelingt, aus den durch die Sinne beobachtbaren Tatsachen eine Hypothese zu formen. Merkwürdigerweise ist hier am ersten wieder von der Kunst Erfolg zu hoffen, welche sich auch bei Erforschung der Himmelskörper so mächtig erwies, von der Spektralanalyse. Daß derartige winzige Einzeldinge bestehen, deren Zusammenwirken erst die sinnlich wahrnehmbaren Körper bildet, ist freilich nur eine Hypothese, gerade so wie es nur Hypothese ist, daß das, was wir am Himmel sehen, durch so große so weit entfernte Weltkörper bewirkt wird, wie es im Grunde genommen auch nur eine Hypothese ist, daß außer mir noch andere Lust und Schmerz empfindende Menschen, daß auch Tiere, Pflanzen und mineralische Naturkörper existieren. Vielleicht wird einmal eine Hypothese, nach welcher die Sterne bloße Licht-

32 Der zweite Hauptsatz der mechanischen Wärmetheorie

funken sind, die Himmelserscheinungen noch besser erklären als unsere heutige Astronomie, vielleicht, aber nicht wahrscheinlich. Vielleicht wird die atomistische Hypothese einmal durch eine andere verdrängt werden, vielleicht, aber nicht wahrscheinlich.

Alle Gründe, welche für diese Behauptung angeführt werden könnten, namhaft zu machen, ist hier nicht der Ort. Ich brauche wohl nicht zu erinnern an die genialen Schlüsse Thomsons, welcher auf den verschiedensten Wegen immer in recht befriedigender Übereinstimmung berechnete, aus wie viel jener Einzelwesen ein Kubikmillimeter Wasser besteht. Ich brauche nicht zu erwähnen, daß, abgesehen von vielen Tatsachen der Chemie, mittelst der atomistischen Hypothese die Vorausberechnung der Abhängigkeit der Reibungskonstante der Gase von der Temperatur, des absoluten und relativen Wertes der Diffusions- und Wärmeleitungskonstante gelang, Vorhersagungen, welche sich gewiß der Berechnung der Existenz des Planeten Neptun durch Leverrier oder der Vorhersagung der konischen Refraktion durch Hamilton an die Seite stellen lassen. Es wird um so weniger notwendig sein, die Lösungen dieser beiden Probleme hier ausführlich zu besprechen, als mit jedem derselben der Name eines Mitgliedes der Akademie für immer verknüpft ist. Nur der ersten Berechnung der Reibungskonstante durch Maxwell will ich kurz gedenken.

Es leitet dieser aus seiner Theorie das Resultat ab, daß der Widerstand, den in einem Gase bewegte Körper erfahren, für eine ganze Klasse von Erscheinungen unabhängig von der Dichte des Gases ist. Jene Erscheinungen sind dadurch charakterisiert, daß dabei die Masse des Gases keine Rolle spielt im Vergleiche mit der Masse der bewegten Körper. Alle bisherigen Beobachtungen sprachen dagegen; man hatte jederzeit den Widerstand in dichter Luft viel größer gefunden als in verdünnter. Das Resultat schien auch von vornherein unwahrscheinlich, denn wenn der Widerstand von der Dichte unabhängig wäre, müßte er ja auch derselbe bleiben, wenn die Dichte gleich Null würde, also kein Gas mehr vorhanden wäre. All dies konnte Maxwell nicht entgehen, und als er sein Resultat zum ersten Male veröffentlichte, gestand er, fast lieber an einen Fehler seiner Rechnungen als an so widersinnige Konsequenzen zu glauben. Seitdem wurden viele in jene Erscheinungsklasse gehörige Fälle der Beobachtung unterzogen, und Lügen gestraft wurde nur das mangelnde Vertrauen Maxwells an die Macht seiner eigenen Waffen. Es ist kein Zweifel mehr, daß in diesen Fällen wirklich innerhalb weiter Grenzen der Widerstand von der Gasdichte unabhängig ist. Wird die Dichte zu klein, so nimmt freilich der Widerstand endlich ab und wird Null, wo kein Gas mehr vorhanden ist, allein auch hier gelang es der Theorie, die Grenze der Gültigkeit des Maxwellschen Gesetzes numerisch genau vorauszubestimmen.

Eng an die Atomistik schließt sich die Hypothese an, daß jene Elemente der Körperwelt nicht etwa ruhen und starr neben einander liegend die Materie bilden, wie Bausteine eine Mauer, sondern daß sie in reger Bewegung begriffen sind. Auch diese Hypothese, welche man als die mechanische Wärmetheorie bezeichnet, ist eine fest auf Tatsachen begründete Ansicht. Maß und Zahl verdankt sie dem vom Robert Mayer zuerst klar ausgesprochenen Prinzipe der Erhaltung der Energie. Diese vermag drei Formen anzunehmen, die sichtbare Bewegung der Körper, die der Wärme, d. h. der Bewegung der kleinsten Teile, endlich die der Arbeit, d. h. der Entfernung sich anziehender oder der Annäherung sich abstoßender Körper. Die letztere Form scheint schwerer begreiflich; einen Fingerzeig geben uns da die Arbeitsverhältnisse der Magnete und elektrischen Ströme; diese sind in so mannigfaltiger Weise von der Konfiguration abhängig, daß sich uns da unwillkürlich die Vorstellung darbietet, es möchten noch Bewegungen eine Rolle spielen, die nicht nur wie die Wärmeschwingungen der Moleküle unserem leiblichen Auge verborgen sind, sondern über deren Natur bisher auch noch keine Hypothese gemacht wurde, z. B. Bewegungen eines noch unbekannten Mediums des Lichtäthers. Bei Annäherung sich abstoßender oder Entfernung sich anziehender Körper müßten die Bewegungen in diesem Medium vermehrt werden, kein Wunder daher, daß dafür die Summe der sichtbaren und Wärmebewegung abnimmt, da ja ein Teil davon in das hypothetische Medium übergeht. Das entgegengesetzte würde für den umgekehrten Fall gelten. So wären aus einem allgemeinen Prinzipe alle

Erscheinungen leicht ableitbar. Wärme, sichtbare lebendige Kraft und Arbeit könnten beliebig aus einander erzeugt und ineinander übergeführt werden, wobei ihre Quantität immer gewahrt bleibt.

Allein diesem allgemeinen Prinzipe hat die mechanische Wärmetheorie ein zweites an die Seite gesetzt, welches das erste in einer wenig befriedigenden Weise beschränkt, den sogenannten zweiten Hauptsatz der mechanischen Wärmetheorie; dieser wird etwa folgendermaßen ausgedrückt: Arbeit und sichtbare lebendige Kraft können bedingungslos ineinander übergehen und sich bedingungslos in Wärme verwandeln, umgekehrt ist die Rückverwandlung der Wärme in Arbeit oder sichtbare lebendige Kraft entweder gar nicht oder doch nur teilweise möglich. Gleicht das Prinzip schon in dieser Fassung einem unbequemen Anhange des ersten, so wird es noch viel fataler durch seine Konsequenzen. Die Energieform, welche wir für unsere Zwecke benötigen, ist immer die der Arbeit oder sichtbaren Bewegung. Die bloßen Wärmeschwingungen entschlüpfen unseren Händen, entziehen sich unseren Sinnen, sie sind für uns gleichbedeutend mit Ruhe; daher wurde die Wärmeform der Energie öfters als dissipierte oder degradierte Energie bezeichnet, so daß der zweite Hauptsatz ein stetes Fortschreiten der Degradation der Energie verkündet, bis endlich alle Spannkräfte, die noch Arbeit leisten könnten und alle sichtbaren Bewegungen im Weltalle aufhören müßten.

Alle Versuche, das Universum von diesem Wärmetode zu erretten, blieben erfolglos; und um nicht Erwartungen zu erregen, die ich nicht erfüllen kann, will ich sogleich bemerken, daß auch ich hier keinen derartigen Versuch machen werde.

Meine Absicht ist vielmehr lediglich, den zweiten Hauptsatz von einer anderen Seite ein wenig näher zu beleuchten. Die Wärmebewegungen der Moleküle sind höchst wahrscheinlich so beschaffen, daß nicht immer eine große Gruppe benachbarter Moleküle denselben Bewegungszustand hat, sondern daß unbeschadet fortwährender gegenseitiger Beeinflussung doch jedes Molekül selbständig seinen eigenen Weg geht, gewissermaßen als selbständig handelndes Individuum auftritt. Man könnte da meinen, daß diese Selbständigkeit ihrer Bestandteile sofort in den äußeren Eigenschaften der Körper zutage treten müßte, daß etwa in einer horizontalen Metallstange bald das rechte, bald das linke Ende von selbst heißer werden müßte, je nachdem gerade an der einen oder anderen Stelle die Moleküle lebhaftere Schwingungen ausführen würden; daß in einem Gase, wenn gerade die Bewegungen sehr vieler Moleküle gegen einen bestimmten Punkt gerichtet sind, dort plötzlich eine größere Dichte auftreten müßte. Hiervon bemerken wir nun nichts, und daß wir dies niemals bemerken, daran ist nichts anderes schuld als das sogenannte Gesetz der großen Zahlen.

Bekanntlich hat Buckle statistisch nachgewiesen, daß, wenn man nur eine genügende Anzahl von Menschen in Betracht zieht, nicht bloß die Anzahl der von der Natur bedingten Vorgänge der Sterbefälle, Krankheiten usw., sondern auch die relative Zahl der sogenannten freiwilligen Handlungen, der Heiraten in einem gewissen Alter, der Verbrechen, der Selbstmorde vollkommen konstant bleibt, so lange die äußeren Umstände sich nicht wesentlich ändern. Nicht anders geht es bei den Molekülen. Der Druck eines Gases auf einen Stempel entsteht dadurch, daß bald das eine, bald das andere Molekül bald heftiger, bald schwächer, bald gerade, bald schief auf den Stempel stößt; aber vermöge der großen Zahl der stoßenden Moleküle bleibt nicht nur der Gesamtdruck fortwährend konstant, sondern auch auf jeden noch so kleinen sichtbaren oder beobachtbaren Teil des Stempels entfällt die gleiche durchschnittliche Intensität von Stößen. Bemerken wir, daß an irgend einer Stelle der Druck größer ist, so werden wir sogleich nach einer äußeren Ursache suchen, welche die Moleküle bewegt mit Vorliebe dieser Stelle zuzuströmen. Wenn nun in einem gegebenen Systeme von Körpern ein gegebenes Energiequantum enthalten ist, so wird sich diese Energie nicht willkürlich bald in der einen, bald der andern Weise transformieren, sondern sie wird immer aus unwahrscheinlichen in wahrscheinlichere Formen übergehen; wenn ihre Verteilung unter den Körpern anfangs den Wahrscheinlichkeitsgesetzen nicht entsprach, so wird dies immer mehr und mehr angestrebt werden. Gerade die Energieformen aber, welche wir praktisch zu realisieren wünschen, sind immer unwahrscheinliche. Wir wünschen beispielsweise, daß sich ein Körper als Ganzes bewegt; dazu ist erforderlich, daß alle Moleküle desselben gleiche und gleich gerichtete Geschwindigkeiten haben. Fassen wir die Moleküle als selbständige Individuen auf, so ist dies aber der denkbar unwahrscheinlichste Fall. Es ist bekannt, wie schwer von einer nur einigermaßen großen Zahl selbständiger Individuen alle dazu zu bringen sind, genau dasselbe genau in gleicher Weise auszuführen. Nur durch diese Übereinstimmung aller Bewegungen wird aber das höchste Ziel, die unbedingte Verwandelbarkeit erzielt. Jede Abweichung von der Übereinstimmung ist Degradation der Energie. Gleich unwahrscheinlich ist die Energieform der reinen, mechanischen Arbeit, wogegen bei der chemischen Arbeit schon eine den Wahrscheinlichkeitsgesetzen wenigstens teilweise entsprechende Vermischung der Atome stattfinden kann.

Was wir daher früher als degradierte Energieformen bezeichnet haben, werden nichts anders als die wahrscheinlichsten Energieformen sein, oder besser gesagt, es wird Energie sein, welche in der wahrscheinlichsten Weise unter den Molekülen verteilt ist. Denken wir uns einer Menge weißer Kugeln, ein anderes Quantum sonst gleichbeschaffener schwarzer Kugeln zugefügt. Anfangs seien an einer Stelle nur weiße, an der andern nur schwarze Kugeln vorhanden. Mischen wir sie aber mit der Hand oder setzen sie sonst einem andern ihre relative Lage fortwährend verändernden Einflusse aus, so werden wir sie nach Verlauf einiger Zeit bunt durcheinander gewürfelt finden. Nicht anders geht es, wenn wir einen Körper haben, welcher heißer als seine Umgebung ist; wir haben da ja eine größere Gruppe rascher bewegter Moleküle inmitten von Gruppen langsamer bewegter. Bringen wir den heißeren Körper direkt mit seiner kälteren Umgebung in Berührung, so stellt sich die den Wahrscheinlichkeitsgesetzen entsprechende Verteilung der Geschwindigkeiten her. Die Temperatur gleicht sich aus. Schlagen wir aber Umwege ein, so können wir die vorhandene Unwahrscheinlichkeit in der Verteilung der Energie benutzen, um auf ihre Kosten andere unwahrscheinliche Energieformen zu erzeugen, die sich nicht von selbst bilden würden. Wir können bei Gelegenheit des Wärmeübergangs von einem heißeren zu einem kälteren Körper einen Teil der übergegangenen Wärme in sichtbare Bewegung oder in Arbeit verwandeln, was z. B. bei den Dampfmaschinen oder allen kalorischen Maschinen geschieht.

Das gleiche wird jedesmal möglich sein, wenn die Energieverteilung zu Anfang nicht den Wahrscheinlichkeitsgesetzen entspricht, zum Beispiel wenn ein Körper kälter als seine Umgebung ist, wenn in einem Gase an einer Stelle die Moleküle dichter gedrängt, an einer andern dünner gesäet sind usw. Nehmen wir an, wir hätten in der untern Hälfte eines Gefäßes reinen Stickstoff, in der obern reinen Wasserstoff, beide von gleicher Temperatur und gleichem Drucke, so würde diese Verteilung nicht dem Wahrscheinlichkeitsgesetze entsprechen, welches fordert, daß alle Moleküle gleichmäßig vermischt seien, wie oben die weißen und schwarzen Kugeln. Geschieht die Vermischung der Gase direkt, so ist dies dem Falle analog, daß sich zwischen zwei verschieden warmen Körpern die Temperatur unmittelbar ausgleicht, wobei ebenfalls keine Wärme in Arbeit verwandelt wird. Es ist aber auch denkbar, daß sich die Vermischung beider Gase auf Umwegen vollzieht und dabei ein Teil der in ihnen enthaltenen Wärme in sichtbare Bewegung oder Arbeit verwandelt wird. In der Tat hat zuerst Lord Rayleigh gezeigt, daß dies wirklich realisierbar ist.

In einem einzelnen Gase werden nicht alle Moleküle genau die gleiche Geschwindigkeit besitzen, sondern einige viel größere, andere wieder kleinere Geschwindigkeiten als die mittlere haben, und es hat zuerst Maxwell bewiesen, daß die verschiedenen Geschwindigkeiten genau so verteilt sind wie die Beobachtungsfehler, welche sich immer einschleichen, wenn eine und dieselbe Größe mehrmals unter gleichen Umständen durch Messung bestimmt wird. Wir können in der Übereinstimmung dieser beiden Gesetze natürlich keinen Zufall erblicken, da ja beide durch dieselben Regeln der Wahrscheinlichkeit bestimmt werden. Wäre ein Gas herstellbar, in welchem alle Moleküle genau dieselbe Geschwindigkeit hätten, so wäre auch dies eine Energieverteilung, welche bedeutend von der wahrscheinlichsten abweichen würde. Wenn daher auch diese Energieform bisher noch niemals praktisch erzeugt werden konnte, so können wir doch schon a priori behaupten, daß ihr Übergang in gewöhnliche

Wärme ebenfalls Veranlassung zur Erzeugung unwahrscheinlicher Energieformen werden könnte, nicht anders als der Übergang der Wärme von einem heißern zu einem kältern Körper. Man ist nun nicht bloß qualitativ imstande, die eine Energieverteilung als gänzlich unwahrscheinlich, die andere als wahrscheinlich zu bezeichnen, sondern die Wahrscheinlichkeitsrechnung erlaubt auch wie in allen anderen ihr unterstehenden Fällen genau quantitativ das Maß für die Wahrscheinlichkeit irgend einer Energieverteilung aufzustellen; selbstverständlich unter der Voraussetzung, daß die mechanischen Bedingungen des Systems bekannt sind. Bezüglich der logischen Begründung der betreffenden Rechnungen vgl. Kries, die Prinzipien der Wahrscheinlichkeitsrechnung, Freiburg bei J. C. B. Mohr. Jeder Energieverteilung kommt daher eine quantitative bestimmbare Wahrscheinlichkeit zu. Da diese in den für die Praxis wichtigsten Fällen identisch ist mit der von Clausius als Entropie bezeichneten Größe, so wollen wir ihr hier ebenfalls diesen Namen geben. Alle Veränderungen, wobei die Entropie größer wird, werden, wie sich Clausius ausdrückt, von selbst vor sich gehen. Kleiner kann dagegen die Entropie nur werden, wenn dafür ein anderes System gleich viel oder noch mehr Entropie gewinnt. Wenn wir ursprünglich zwei Körper von verschiedener Temperatur hatten und sich die Temperatur zwischen ihnen ausgleicht, so läßt sich der Betrag der Wahrscheinlichkeit des früheren Zustandes, wo zwischen beiden Körpern Temperaturdifferenz herrschte, und des jetzigen, welcher der wahrscheinlichere ist, exakt berechnen und daher auch feststellen, wieviel von der übergegangenen Wärme in Arbeit verwandelt werden kann; nur wenn die Temperaturen anfangs sehr bedeutend verschieden waren, wie die der verbrennenden Kohle oder des brennenden Knallgases von unseren gewöhnlichen Temperaturen, so kann fast alle übergegangene Wärme in Arbeit verwandelt werden. In der Mathematik pflegt man da zu sagen: beim Übergange von unendlicher zu endlicher Temperatur kann alle Wärme in Arbeit verwandelt werden; es ist die unendlich vielmal höhere Temperatur gewissermaßen unendlich unwahrscheinlich. Ebenso entspricht der Fall, daß die Bewegungen aller Atome gleich und gleich gerichtet sind oder mit anderen Worten, daß ein Körper eine sichtbare fortschreitende Bewegung hat, einer unendlich unwahrscheinlichen Konfiguration der Energie, d. h. sichtbare Bewegung verhält sich wie Wärme von unendlich hoher Temperatur, sie kann ganz in Arbeit verwandelt werden.

Eine Maschine ist eine Vorrichtung, um mit Hilfe einer disponiblen Kraft eine Last zu überwinden. Man berechnet bei Maschinen immer den Fall, daß die Kraft der Last gerade das Gleichgewicht hält, obwohl dieser Fall in der Praxis noch von keinem Nutzen ist; so lange Gleichgewicht herrscht, kann die Last um keines Haares Breite weiter bewegt werden, dazu ist erforderlich, daß die Kraft noch ein wenig größer sei. Ganz analog verfährt man in der Wärmelehre: man faßt da immer solche Energietransformationen ins Auge, wobei die Wahrscheinlichkeit der Energieverteilung immer dieselbe bleibt: umkehrbare Zustandsänderungen werden sie genannt; denn da die Wahrscheinlichkeit immer gleich bleibt, so können sie auch ebensogut in der entgegengesetzten Reihe vor sich gehen; streng genommen freilich können sie weder in der einen noch in der andern Reihenfolge ablaufen, so wenig die Last im Falle des Gleichgewichtes durch die Kraft bewegt werden kann, da ja die Energietransformation nur dann wirklich stattfinden wird, wenn der Zustand des Systems durch sie wahrscheinlicher wird. Aber wenn der Wahrscheinlichkeitsunterschied sehr klein gedacht wird, so kann man sich umkehrbaren Zustandsänderungen beliebig nähern. In diesem Sinne denkt sich der Wärme-Theoretiker Wärme von einem Körper zu einem vollständig gleich warmen übergehend oder einen Stempel zurückweichend, wenn Druck und Gegendruck vollständig gleich sind; praktisch wird immer der zweite Körper ein wenig kälter, der Gegendruck ein wenig kleiner sein müssen. Umkehrbare Zustandsänderungen wurden mit den mannigfaltigsten Körpern in der mannigfaltigsten Weise ersonnen. Sie führten immer auf merkwürdige Beziehungen von Eigenschaften, deren Zusammenhang man sonst nicht vermutet hätte. Soweit diese Beziehungen experimentell geprüft wurden, haben sie sich regelmäßig bestätigt. So fand man den Zusammenhang zwischen den spezifischen Wärmen, den Kompressions- und Temperatur-Ausdehnungs-Coefficienten der Körper, die Relation zwischen der Volumveränderung beim Erstarren und der Änderung des Schmelzpunktes durch Druck, zwischen der Übersättigung der Dämpfe durch Ausdehnung und deren anderen Eigenschaften, zwischen der Löslichkeit der Salze, ihren spezifischen Gewichten und den Dampfspannungen ihrer Lösungen, zwischen magnetischen und thermischen Eigenschaften der Körper, zwischen den Verbindungswärmen, der elektromotorischen Kraft und deren Abhängigkeit von der Temperatur.

Man hat die Sonne als die Energiequelle, nicht nur des tierischen und pflanzlichen Lebens und der meteorologischen Prozesse, sondern überhaupt aller irdischen Arbeitsprozesse mit Ausnahme der Meermühlen von Agrostoli gepriesen.

Helmholtz hat gezeigt, daß auch die den Steinkohlen entstammende Wärme nur aufgespeicherte Sonnenwärme ist, aber ich weiß nicht, ob man mit genügender Klarheit darauf hingewiesen hat, warum uns gerade diese Energiequelle von so großem Nutzen ist; in den Körpern der Erdoberfläche, welche uns unmittelbar zur Hand sind, ist ja ein Energievorrat aufgespeichert, von dessen Größe wir gar keinen Begriff haben. Wenn die Wärme, welche der Niagarafall allein produziert, schon hinreichen würde, einen erheblichen Teil aller unserer Maschinen zu treiben; welchen unerschöpflichen Vorrat von Energie hätten wir dann, wenn wir imstande wären, alle in den uns umgebenden Körpern enthaltene Wärme in Arbeit zu verwandeln. Allein dies gelingt eben nicht, weil die in ihnen vorhandene Energie, soweit nicht durch Einwirkung der Sonne Temperaturungleichheiten entstehen, schon nahezu in der wahrscheinlichsten Weise verteilt ist und daher jeder Versuch, sie in anderer unseren Zwecken mehr entsprechender Weise zu verteilen, scheitert. Dagegen herrscht zwischen Sonne und Erde eine kolossale Temperaturdifferenz; zwischen diesen beiden Körpern ist daher die Energie durchaus nicht den Wahrscheinlichkeitsgesetzen gemäß verteilt. Der in dem Streben nach größerer Wahrscheinlichkeit begründete Temperaturausgleich zwischen beiden Körpern dauert wegen ihrer enormen Entfernung und Größe Jahrmillionen. Die Zwischenformen, welche die Sonnenenergie annimmt, bis sie zur Erdtemperatur herabsinkt, können ziemlich unwahrscheinliche Energieformen sein, wir können den Wärmeübergang von der Sonne zur Erde leicht zu Arbeitsleistungen benützen, wie den vom Wasser des Dampfkessels zum Kühlwasser. Der allgemeine Daseinskampf der Lebenswesen ist daher nicht ein Kampf um die Grundstoffe — die Grundstoffe aller Organismen sind in Luft, Wasser und Erdboden im Überflusse vorhanden — auch nicht um Energie, welche in Form von Wärme leider unverwandelbar in jedem Körper reichlich enthalten ist, sondern ein Kampf um die Entropie, welche durch den Übergang der Energie von der heißen Sonne zur kalten Erde disponibel wird. Diesen Übergang möglichst auszunutzen, breiten die Pflanzen die unermeßliche Fläche ihrer Blätter aus und zwingen die Sonnenenergie in noch unerforschter Weise, ehe sie auf das Temperaturniveau der Erdoberfläche herabsinkt, chemische Synthesen auszuführen, von denen man in unseren Laboratorien noch keine Ahnung hat. Die Produkte dieser chemischen Küche bilden das Kampfobjekt für die Tierwelt.

An speziellen Fällen noch weiter klar zu machen, in welcher Weise die Energieverteilung in einem Körpersysteme immer wahrscheinlichere Formen annimmt, durch Beispiele zu versinnlichen, von welcher Art die Umwege sind, durch die es gelingt, ziemlich unwahrscheinliche Energieverteilungen hervorzubringen, indem man von noch unwahrscheinlicheren aber in der Natur gegebenen ausgeht und sie künstlich in die gewünschten Bahnen lenkt, muß ich mir hier leider versagen, so verlockend es auch sein möchte; ich würde mich sonst zu sehr in Einzelheiten verwickeln, die nur den Fachmann interessieren können. Ein einziges Gebiet von etwas allgemeinerer Wichtigkeit will ich berühren; vielleicht ist es Ihnen aufgefallen, daß ich bei manchen Gelegenheiten nicht im allgemeinen von Körpern, sondern nur von Gasen gesprochen habe. Der Grund hiervon liegt darin, daß in den Gasen die Moleküle sich in so großen Distanzen befinden, daß sie keine nennenswerten Kräfte mehr aufeinander ausüben; da auch die auf Gase wirkenden äußeren Kräfte meist vernachlässigt werden können, so befinden sich ihre Moleküle in der Tat ganz in der Lage der oben beschriebenen schwarzen und weißen Kugeln. Ihre Mischung nach den Wahrscheinlichkeitsgesetzen wird durch fremde Einflüsse nicht beirrt. Jeder Punkt innerhalb des Gefäßes, jede Bewegungsrichtung ist für sie gleich wahrscheinlich. Anders verhält es sich mit den verschiedenen Werten der Größe der Geschwindigkeit. Die gesamte Energie des Gases sei gegeben. Je größer die Geschwindigkeit eines Moleküls ist, desto beschränkter wird daher die Wahl der Geschwindigkeit der übrigen Moleküle; daher sind große Geschwindigkeiten eines einzelnen Moleküles immer unwahrscheinlich bis zum extremsten unwahrscheinlichsten Falle, daß ein einziges Molekül die gesamte im Gas enthaltene lebendige Kraft, alle übrigen die lebendige Kraft Null hätten. Jedes Gasmolekül fliegt mit der Geschwindigkeit einer Kanonenkugel und stößt innerhalb einer Zeitsekunde viele millionenmal auf ein anderes. Wer könnte sich da nur ein angenähertes Bild von dem wirren Treiben der Elemente dieser Körper machen, aber die durchschnittlichen Resultate kann man mit derselben Einfachheit durch kombinatorische Analysis finden, wie die des Lottospiels.

Bei tropfbaren Flüssigkeiten und festen Körpern kommt hierzu noch die Wirksamkeit der Molekularkräfte. Tatsächlich ist zur Trennung einer flüssigen Wassermasse in die einzelnen Dampfmoleküle ein bedeutender Energieaufwand erforderlich. Man stellt sich vor, daß zwischen den Wassermolekülen anziehende Kräfte wirken, welche natürlich auch die Wahrscheinlichkeit des Beisammenseins der Wassermoleküle erhöhen.

Man könnte auch, wie schon oben angedeutet, diese Kräfte einem Medium in die Schuhe schieben. Trennung zweier Wassermoleküle müßte die Energie dieses Mediums vermehren. Der betreffende Mechanismus ist uns freilich gänzlich unbekannt; doch wird auch die Energie gewöhnlicher tropfbarer Flüssigkeiten durch relative Lagenänderungen von Wirbeln oder festen Ringen in denselben verändert. Die im Medium entstehende Energie aber ginge für die Wärmebewegung verloren. Die Trennung zweier Wassermoleküle wäre dann nicht wegen einer Anziehungskraft, sondern aus demselben Grunde unwahrscheinlicher, weshalb es oben größere Geschwindigkeiten eines Gasmoleküles waren. Durch diese Trennung würde nämlich die Wärmeenergie der Wassermasse herabgesetzt, daher die Anzahl der möglichen Energieverteilungen unter die übrigen Moleküle vermindert.

Ich kann hier nur in wenigen Strichen das Endergebnis skizzieren. Eine Flüssigkeit befinde sich in einem großen allseitig geschlossenen Gefäße, dessen Raum sie nicht völlig erfüllt. Ist darin sehr wenig Energie enthalten, so kann es geschehen, daß diese nicht einmal zur Abtrennung eines einzigen Moleküles ausreichen würde; dann müssen alle Moleküle aneinander geballt bleiben; wenn auch dieser Fall vielleicht wirklich niemals realisiert wird, so genügt es, daß die Abtrennung verhältnismäßig weniger Moleküle schon die ganze Energie konsumieren würde, um zu bewirken, daß über der Flüssigkeit nur verschwindend wenig Dampf steht. Bei steigender Temperatur wird sich dieser mehr und mehr verdichten, die Flüssigkeit sich mehr und mehr lockern. Betrachten wir aber jetzt den anderen extremen Fall; die gesamte Energie sei eine sehr große, dann werden ihr gegenüber die kleinen Energiemengen, welche bei Vereinigung oder Trennung zweier Moleküle aus dem Medium gewonnen werden oder in dieses übergehen, im Vergleich mit der Gesamtenergie verschwinden (die Arbeit der Molekularkräfte wird verschwinden), und die ganze Masse muß sich bei beliebig kleiner und beliebig großer Dichte wie ein Gas verhalten. Die Grenze beider Zustände ist das, was man die „kritische Temperatur" nennt; wenig unterhalb derselben ist noch tropfbare Flüssigkeit und Dampf vorhanden, aber beide unterscheiden sich nur wenig, die Arbeit der Molekularkräfte fällt nicht mehr stark ins Gewicht, oberhalb derselben ist alles gleichmäßig, man kann nicht sagen, ob tropfbar oder gasförmig, da beide Zweige ineinander laufen.

Werden zwei verschiedene Flüssigkeiten gemischt, so erfolgt Wärmeerzeugung, wenn ihre gegenseitige Anziehung überwiegt, Kälteentwicklung im umgekehrten Fall. Es wäre nicht richtig, zu glauben, daß im ersten Falle sich die Flüssigkeiten von selbst mischen, im letzten nicht, denn die gleichmäßige Mischung ist viel wahrscheinlicher, als die vollständige Trennung, wie bei den oft erwähnten schwarzen und weißen Kugeln. Daher tritt auch bei Gasen immer Mischung ein, obwohl dieselbe von keiner irgendwie bemerkbaren Wärmeerzeugung begleitet ist. Entsteht bei der Vermischung tropfbarer Flüssigkeiten Wärme, so werden sie sich umsomehr von selbst vermengen, entsteht aber Kälte, so kann noch immer die überwiegende Wahrscheinlichkeit des gemischten Zustandes den Ausschlag geben. Erst durch bedeutendes

Überwiegen der Kohäsionskräfte wird die Tendenz nach Mischung überwunden. Da ein gegebenes System von Körpern von selbst niemals in einen absolut gleich wahrscheinlichen Zustand übergehen kann, sondern immer nur in einen wahrscheinlicheren, so ist es auch nicht möglich, ein Körpersystem zu konstruieren, welches, nachdem es verschiedene Zustände durchlaufen hat, periodisch wieder zum ursprünglichen Zustand zurückkehrt: ein perpetuum mobile. Und wir sind hiermit dort angelangt, wo man bei Betrachtung des zweiten Hauptsatzes gewöhnlich ausgeht. Man stellt als Axiom auf, daß es unmöglich sei, aus einer endlichen Zahl von Körpern ein perpetuum mobile zu konstruieren, dieses Axiom faßt man in Gleichungen, welche die Grundgleichungen des zweiten Hauptsatzes heißen, und nun wundert man sich, daß unter der Annahme, die Welt sei ein großes System einer endlichen Zahl von Körpern, aus diesen Gleichungen folgt, daß auch die ganze Welt kein perpetuum mobile sein könne, was doch schon in der Annahme lag. So verlockend derartige Ausblicke auf das Universum auch sein mögen, und so anregend sie sich auch oft unstreitig erweisen, ich glaube dennoch, daß wir da nur Erfahrungssätze weit über deren natürliche Grenze ausdehnen.

Boltzmann schließt Überlegungen über Anwendung der Atomistik auf die Chemie an.

Da uns die Atome auf allen Gebieten der Physik und Chemie so treue Dienste leisteten, so entsteht noch die Frage, ist eine Aussicht, ja eine Möglichkeit vorhanden, aus ihnen auch die Erscheinungen des tierischen Lebens respektive das Denken und Empfinden zu erklären? Ich weiß nicht, zu wem heute noch wie einst zu Herbarth das unmittelbare Bewußtsein zweifellos sagt, daß das „Ich" ein einfaches Wesen sei; aber die Empfindungen, die Elemente unseres ganzen Denkens, sind doch sicher etwas Einfaches? Ich glaube auch hierüber kann uns unser Bewußtsein nichts sagen; dies läßt die Empfindung vollkommen undefiniert, es sagt uns nur, daß eine Rotempfindung etwas anderes als eine Blauempfindung ist, nicht aber, ob beide einfache Elemente sind oder komplizierte Dislokationen zahlloser Atome, etwa den Wellenbewegungen vergleichbar. Wir können rot empfinden, was aber die Empfindung sei, können wir nicht empfinden.

Vielleicht widerstrebt es unserem Gefühle, das, was sich uns schon bot, ehe wir zu denken vermochten, als das Zusammengesetzte, das mühevoll Erschlossene als das Einfache vorzustellen. Aber dem Gefühle möchte ich in wissenschaftlichen Fragen das Wort entziehen: ebenso waren sich die Zeitgenossen Copernikus' unmittelbar bewußt, sie fühlten es, daß sich die Erde nicht dreht. Der direkteste Weg wäre freilich, von unseren Empfindungen unmittelbar auszugehen und zu zeigen, wie wir durch sie zur Kenntnis des Universums gelangten. Aber da dies nicht zum Ziele führen will, laßt uns den umgekehrten Weg wandeln, den der Naturwissenschaft. Wir machen die Hypothese, es hätten sich Atomkomplexe entwickelt, die im Stande waren, sich durch Bildung gleichartiger um sich herum zu vermehren. Von den so entstandenen größeren Massen waren jene am lebensfähigsten, die sich durch Teilung zu vervielfältigen vermochten, dann jene, denen eine Tendenz innewohnte, sich nach Stellen günstiger Lebensbedingungen hin zu bewegen.

Dies wurde sehr gefördert durch Empfänglichkeit für äußere Eindrücke, chemische Beschaffenheit und Bewegung des umgebenden Mediums, Licht und Schatten usw. Die Empfindlichkeit führte zur Entwicklung von Empfindungsnerven, die Beweglichkeit zu Bewegungsnerven; Empfindungen, an welche sich durch Vererbung die fortwährende mächtig zwingende Meldung an die Zentralstelle knüpft, sie zu fliehen, nennen wir Schmerzen. Ganz rohe Zeichen für äußere Gegenstände blieben im Individuum zurück, sie entwickelten sich zu komplizierten Zeichen für verwickelte Verhältnisse, nach Bedürfnis wohl auch zu ganz rohen wirklichen inneren Nachahmungen des Äußeren, wie der Algebraiker die Größen mit beliebigen Buchstaben bezeichnen kann, aber mit Vorliebe die Anfangsbuchstaben entsprechender Wörter wählt. Ist für das Individuum selbst ein entwickeltes derartiges Erinnerungszeichen vorhanden, so definieren wir dies als Bewußtsein. Dabei ist von den eng damit verknüpften klar bewußten Vorstellungen bis zu dem im Gedächnis aufgespeicherten, bis zu den unbewußten Reflexbewegungen eine kontinuierliche Brücke. Sagt uns unser Gefühl da nicht wieder, daß das Bewußtsein noch etwas ganz anderes ist? Aber ich habe dem Gefühle das Wort entzogen. Erklärt die Hypothese alle betreffenden Erscheinungen, so wird es sich fügen müssen, wie es in der Frage der Achsendrehung der Erde geschah. Eine viel spätere, aber nur auf diesem Wege lösbare Frage wird es dann sein, wie wir aus den Empfindungen, welche für unser Denken die einfachsten Elemente sind, zur Hypothese gelangen konnten. Doch ich muß enden, will ich nicht meinem Vorsatze, die Metaphysik beiseite zu lassen, untreu werden. Von dem, was ich sagte, entspricht vielleicht vieles nicht der Wahrheit, aber alles meiner Überzeugung. Nur dadurch, daß jeder, wo und wie er eben kann, weiter arbeitet, können wir der Wahrheit näher kommen oder, wie der Dichter sagt, durch „Beschäftigung, die nie ermattet, die langsam schafft, doch nie zerstört, die zu dem Bau der Ewigkeiten zwar Sandkorn nur für Sandkorn reicht, doch von der großen Schuld der Zeiten Minuten, Tage, Jahre streicht".

So bin auch ich befriedigt, wenn mein heutiger Vortrag zur Verbreitung der Naturkenntnis ein Sandkorn beigetragen hat.

Gustav Robert Kirchhoff.[1)]

Zunächst würdigt Boltzmann die Persönlichkeit Kirchhoffs.

Wie Faust dem Weltgeiste, so steht der Sterbliche zitternd der abstrakten Wissenschaft gegenüber; ihre unergründliche Tiefe erschreckt ihn; was er auch errungen, ein Blick in den Sternenraum, ein Gedanke an die Urgesetze des Geschehens und des Lebens, und es verschwindet. So gerne ruht da das Auge, geblendet vom Glanze der Unendlichkeit, aus auf einem Helden der Wissenschaft, der uns in ihrer Bewältigung ein Vorbild ist, und doch Mensch wie wir; und wer könnte uns da ein besseres Vorbild sein, als der große Fürst im Reiche des Gedankens, der erst vor wenigen Wochen der Welt entrissen wurde, Gustav Robert Kirchhoff? Mein Verzeichnis der Berufsgenossen, denen ich meine Schriften zusende, wie viele schwarze Striche weist es bereits auf! Aber noch nie machte ich einen neuen mit so schwerem Herzen als im verflossenen Oktober. — Möge es meiner schwachen Kraft gelingen in dieser flüchtigen Stunde sein erhabenes Bild in unsere Mitte zu bannen und an seinem Geiste unseren Geist zu beleben. —

---

1) Festrede zur Feier des 301. Gründungstages der Karl-Franzens-Universität zu Graz, gehalten am 15. November 1887. Kirchhoff ist am 12. März 1824 in Königsberg geboren und am 17. Oktober 1887 in Berlin gestorben.

Nicht der Flitter äußeren Glanzes ist es, den ich Ihnen da vorzuführen habe, äußerer Prunk war Kirchhoffs Sache nicht, in desto reinerem Sinne aber war er mit jenem geistigen Prunkgewande angetan, von dem ich eingangs sprach; in seiner edlen Bescheidenheit und herzgewinnenden Güte war er so recht das Urbild des deutschen Gelehrten. Seine hochgewölbte Denkerstirne, seine vornehm ruhigen Züge, sein mildes blaues Auge, das so feurig, so bezaubernd blicken konnte, ruhen nun im Grabe, — hätte ich den Pinsel Raphaels, die Zunge Homers, ich könnte sie nicht vor Sie hinzaubern. Nur sein geistiges Bild, das Bild seiner Werke will ich zagend zu entwerfen suchen.

Wenn auch das Kämpfen und Ringen auf dem Arbeitsfelde der Wissenschaft stets nur das Vorrecht weniger sein wird, das Errungene selbst ist heute längst das Gemeingut aller geworden. Daher gibt es wohl kaum einen Gebildeten, vor dessen Seele bei Nennung des Namens Kirchhoff nicht das Bild des noch so jungen, aber bereits so mächtigen, an der Grenze der Physik, der Chemie und der Astronomie emporgewachsenen Wissenschaftszweiges träte — der Spektralanalyse. Soll ich da nicht längst Bekanntes wiederholen, so muß ich mich kurz fassen, und doch verbietet zu große Kürze die Schwierigkeit des Gegenstandes. Möge ich das richtige treffen.

Boltzmann erklärt Wesen und Leistungen der von Kirchhoff und Bunsen erfundenen Spektralanalyse.

Sucht die Experimentalphysik neue Erscheinungen zu finden, so geht das Bestreben der theoretischen dahin, die gegebenen Erscheinungen qualitativ und quantitativ in ihrem ganzen Verlaufe zu erfassen. Die einfachsten können durch gewöhnliche Zahlen gemessen werden; größere Allgemeinheit erzielt die Algebra, aber ein wahres Erfassen des kontinuierlichen Verlaufes von Naturerscheinungen wird erst durch die Mathematik des Kontinuums, die Infinitesimalrechnung möglich. — Da gelang es nun nicht etwa zuerst von dem Unbedeutendsten, wie von den Geheimnissen des Wachstums eines Grashalmes oder der Gestaltveränderungen einer im Wasser aufsteigenden Luftblase den Schleier zu lüften, nein! Zuerst gelang die Auffassung der Bewegung der Himmelskörper im Weltenraume so genau, daß wir sie durch mathematische Formeln treu wiederspiegeln und für alle Zukunft vorausberechnen können. Mühsam stieg dann die theoretische Physik vom Himmel auf die Erde herab. Die Dimensionen der Himmelskörper, wenn auch noch so kolossal, sind doch verschwindend im Vergleich mit ihren gegenseitigen Distanzen, man kann sie daher als einzelne Massenpunkte betrachten, die sich im unendlichen Raume bewegen; die komplizierten irdischen Erscheinungen suchte man nun in zweifacher Weise mathematisch zu erfassen; erstens, man sah die irdischen Körper auch als Aggregate von Massenpunkten, den Molekülen, an, auf die man mit gewissen Modifikationen die Bewegungsgesetze der Himmelskörper übertrug, nur, daß man da in einem Wassertropfen schon ungezählte Millionen annehmen mußte; zweitens, man suchte neue mathematische Begriffe zu bilden, welche die Körper, wie sie sich dem Auge darbieten, als kontinuierlich mit Masse erfüllt darstellen. — Die erstere Anschauung dringt tiefer in das Wesen der Dinge ein, die zweite ist freier von unbeweisbaren Hypothesen. —

Boltzmann gibt Beispiele für die Anwendungen der beiden Anschauungen.

Traf in allen diesen Fällen die Analyse Kirchhoffs gerade die brennendsten Fragen der Physik, so sind andere Arbeiten Kirchhoffs, wie man zu sagen pflegt, wieder bloß von mathematischem Interesse, das heißt, ihre Wichtigkeit liegt nicht in dem Resultate, sondern in der Vervollkommnung der mathematischen Methode. — Derjenige, dem solche Leistungen unwichtig erscheinen, gleicht jenem griechischen

Philosophen, der die Untersuchungen Archimedes über die Eigenschaften der Ellipse als Spielereien erklärte, da diese außer ihrer gefälligen Form doch gar keine Wichtigkeit habe.

Wie kurzsichtig ist diese Beschränkung auf das momentan nützliche, und wie richtig hatte Archimedes das universell Bedeutende erfaßt! Seine Forschung wurde die Grundlage aller späteren astronomischen Entdeckungen, welche heutzutage Tausende von Schiffen im Meere vor sicherem Untergange bewahren. Wer die Schwierigkeiten kennt, die mathematischen Formeln zu finden, welche die Naturerscheinungen genau zu beschreiben und voraus zu berechnen erlauben, der begreift, daß dieses Ziel nur durch schrittweises Vordringen erreicht werden kann, und schätzt den Vorteil jeder Vervollkommnung der mathematischen Methode, wenn er auch zugibt, daß Dirichlet die Größe einer Entdeckung zu ausschließlich nach dem dabei aufgewandten mathematischen Scharfsinne taxierte, welcher die Berechnung der Klassenzahl aller quadratischen Formen als die größte Entdeckung unseres Jahrhunderts gepriesen haben soll.

Gerade unter den zuletzt erwähnten Abhandlungen Kirchhoffs sind einige von ungewöhnlicher Schönheit. Schönheit, höre ich Sie da fragen; entfliehen nicht die Grazien, wo Integrale ihre Hälse recken, kann etwas schön sein, wo dem Autor auch zur kleinsten äußeren Ausschmückung die Zeit fehlt? — Doch —; gerade durch diese Einfachheit, durch diese Unentbehrlichkeit jedes Wortes, jedes Buchstaben, jedes Strichelchens kommt der Mathematiker unter allen Künstlern dem Weltenschöpfer am nächsten; sie begründet eine Erhabenheit, die in keiner Kunst ein Gleiches, — Ähnliches höchstens in der symphonischen Musik hat. Erkannten doch schon die Pythagoräer die Ähnlichkeit der subjektivsten und der objektivsten der Künste. — Ultima se tangunt. Und wie ausdrucksfähig, wie fein charakterisierend ist dabei die Mathematik. Wie der Musiker bei den ersten Takten Mozart, Beethoven, Schubert erkennt, so würde der Mathematiker nach wenigen Seiten, seinen Cauchy, Gauß, Jacobi, Helmholtz unterscheiden. Höchste äußere Eleganz, mitunter etwas schwaches Knochengerüste der Schlüsse charakterisiert die Franzosen, die größte dramatische Wucht die

Engländer, vor allen Maxwell. Wer kennt nicht seine dynamische Gastheorie? — Zuerst entwickeln sich majestätisch die Variationen der Geschwindigkeiten, dann setzen von der einen Seite die Zustandsgleichungen, von der anderen die Gleichungen der Zentralbewegung ein, immer höher wogt das Chaos der Formeln; plötzlich ertönen die vier Worte: „Put n=5." Der böse Dämon V verschwindet, wie in der Musik eine wilde, bisher alles unterwühlende Figur der Bässe plötzlich verstummt; wie mit einem Zauberschlage ordnet sich, was früher unbezwingbar schien. Da ist keine Zeit, zu sagen, warum diese oder jene Substitution gemacht wird; wer das nicht fühlt, lege das Buch weg; Maxwell ist kein Programmmusiker, der über die Noten deren Erklärung setzen muß. Gefügig speien nun die Formeln Resultat auf Resultat aus, bis überraschend als Schlußeffekt noch das Wärmegleichgewicht eines schweren Gases gewonnen wird und der Vorhang sinkt.

Ich erinnere mich noch, wie Kirchhoff mir im Gespräche über diese Abhandlung die Bemerkung machte: „so muß man über Gastheorie schreiben." — Kirchhoff selbst schrieb nie über Gastheorie;[1]) seine ganze Richtung war eine andere, und ebenso auch deren treues Abbild, die Form seiner Darstellung, welche wir neben der Eulers, Gauß, Neumanns usw. wohl als Prototyp der deutschen Behandlungsweise mathematisch-physikalischer Probleme hinzustellen berechtigt sind. Ihn charakterisiert die schärfste Präzisierung der Hypothesen, feine Durchfeilung, ruhige, mehr epische Fortentwicklung mit eiserner Konsequenz ohne Verschweigung irgend einer Schwierigkeit, unter Aufhellung des leisesten Schattens. Um nochmals zu meiner Allegorie zurückzugreifen, er glich dem Denker in Tönen: Beethoven. — Wer in Zweifel zieht, daß mathematische Werke künstlerisch schön sein können, der lese seine Abhandlung über Absorption und Emission oder den der Hydrodynamik gewidmeten Abschnitt seiner Mechanik.

Verzeihen Sie, wenn ich besonders im letzten Teile unverständlich oder unanschaulich wurde, gewiß, ich möchte

---

[1]) Dagegen findet sich in seinen später erschienenen gedruckten Vorlesungen ein meisterhafter Abschnitt über Gastheorie.

lieber an der Hörsaaltafel den Ideengang einer Kirchhoffschen Abhandlung entwickeln, anstatt über sie zu schwatzen, wie ein Kapellmeister lieber eine Symphonie Beethovens aufführt, als alle neun in Worten schildert.

Nun habe Dank geliebter Schatten für deine Führung. — Wie leicht wandelt es sich an deiner sanften Hand auf den steilen Pfaden der Wissenschaft. Kehre zurück, wo du mit so vielen großen Geistern weilst, der größten einer. — Fürwahr, die späteste Nachwelt wird den großen Männern, die unser Jahrhundert zeugte, die Bewunderung nicht versagen. Wenn etwas ihr gleichen könnte, so wäre es höchstens die Verwunderung, daß dasselbe Jahrhundert so viel lächerliches Zopftum, so viel überkommenen Unsinn und törichten Aberglauben nicht los werden konnte. — Erlauben Sie mir, daß ich Sie da an ein Sonett erinnere, das von einem Dichter stammt, der auch Naturforscher war, und dessen altmodische Derbheit in unserer Zeit der Glacéhandschuhe freilich etwas wunderlich klingt. Es lautet:

> Die Wahrheit, sie besteht in Ewigkeit,
> Wenn erst die blöde Welt ihr Licht erkannt,
> Der Lehrsatz nach Pythagoras benannt
> Gilt heute, wie er galt zu seiner Zeit.
>
> Ein Opfer hat Pythagoras geweiht
> Den Göttern, die den Lichtstrahl ihm gesandt;
> Es taten kund, geschlachtet und verbrannt,
> Einhundert Ochsen seine Dankbarkeit.
>
> Die Ochsen seit dem Tage, wenn sie wittern,
> Daß eine neue Wahrheit sich enthülle,
> Erheben ein unmenschliches Gebrülle.
>
> Pythagoras erfüllt sie mit Entsetzen,
> Und machtlos sich dem Licht zu widersetzen
> Verschließen sie die Augen und erzittern.

Fast scheint es, als ob dieses Gedichtchen gerade so ewig wahr bleiben sollte, wie der pythagoräische Lehrsatz, den es besingt.

Tönt es nicht heute lauter denn je, das Gebrülle aller Dunkelmänner, aller Feinde der freien Meinungsäußerung und

Forschung wider den neuen pythagoräischen Lehrsatz, die Lehre Darwins?

Aber wohl uns; es ist der Sturm, der das Nahen des Frühlings verkündet. — Doch bis dahin kommt der leichtfertige Spott zu früh, bis dahin rüstet den bittern blutigen Kampf, der zwar nicht mit Pulver und Blei ausgefochten wird, aber doch Tausende dahinraffte, Tausende der Edelsten. — Wer zählt die Gräber, auf die alle die Grabschrift gesetzt werden könnte, die Schiller für Rousseaus Grab dichtete? Wann wird doch die alte Wunde narben?

In diesem Kampfe der Geister nicht die letzte zu sein, das sei deine Aufgabe Alma Mater Graecensis im vierten Jahrhunderte deines Lebens, und sollte dieses den Mauern unserer Stadt wieder einen Kepler bringen, so sei nicht seine Gegnerin, sondern er sei dein!

Über die Bedeutung von Theorien.[1)]

Hochansehnliche Versammlung!

Als ich vor einigen Tagen erfuhr, daß die heutige Feier geplant werde, war es anfangs meine feste Absicht, Sie zu bitten, davon abzustehen. Denn, fragte ich mich, wie kann ein einzelner solche Ehrung verdienen? Wir sind doch alle nur Mitarbeiter an einem großen Werke, und jedem, der an seinem Posten seine Pflicht tut, gebührt gleiches Lob. Wenn daher ein einzelner aus der Allgemeinheit hervorgehoben wird, so kann dies nach meiner Auffassung niemals seiner Persönlichkeit gelten, sondern nur der Idee, die er vertritt; nur dadurch, daß der einzelne sich ganz einer Idee hingibt, kann er erhöhte Bedeutung gewinnen.

Ich entschloß mich daher erst, von meiner Bitte abzustehen, als ich alle Auszeichnungen nicht auf meine bescheidenen persönlichen Verdienste bezog, sondern auf die Idee, welche mein Sinnen und Wirken erfüllt, den Ausbau der Theorie. Ihr zum Preise ist mir kein Opfer zu groß, sie, die den Inhalt meines ganzen Lebens ausmacht, sei auch der Inhalt meiner heutigen Dankesworte.

Ich wäre kein echter Theoretiker, wenn ich nicht zuerst fragen würde: Was ist die Theorie? Dem Laien fällt daran zunächst auf, daß sie schwer verständlich, mit einem Wust von Formeln umgeben ist, die für den Uneingeweihten keine Sprache haben. Allein diese sind nicht ihr Wesen, der wahre Theoretiker spart damit soviel er kann; was sich in Worten sagen läßt, drückt er mit Worten aus, während ge-

---

1) Erwiderung auf die Abschiedsworte von A. T e w e s und H. S t r e i n t z bei der Berufung nach München, am 16. Juli 1890 in Graz gesprochen.

rade in den Büchern der Praktiker Formeln zum bloßen Schmucke nur allzu häufig figurieren.

Ein Freund von mir definierte den Praktiker als denjenigen, der von der Theorie nichts versteht, den Theoretiker als einen Schwärmer, der überhaupt gar nichts versteht. Auch der hierin zugespitzten Ansicht wollen wir entgegentreten.

Ich bin der Meinung, daß die Aufgabe der Theorie in der Konstruktion eines rein in uns existierenden Abbildes der Außenwelt besteht, das uns in allen unseren Gedanken und Experimenten als Leitstern zu dienen hat, also gewissermaßen in der Vollendung des Denkprozesses, der Ausführung dessen im großen, was sich bei Bildung jeder Vorstellung im kleinen in uns vollzieht.

Es ist ein eigentümlicher Trieb des menschlichen Geistes, sich ein solches Abbild zu schaffen und es der Außenwelt immer mehr und mehr anzupassen. Wenn daher auch oft zur Darstellung eines kompliziert gewordenen Teiles des Abbildes verwickelte Formeln notwendig sind, so bleiben letztere doch immer nur unwesentliche, wenn auch höchst brauchbare Ausdrucksformen, und in unserem Sinne sind Kolumbus, Robert Mayer, Faraday echte Theoretiker. Denn nicht die Suche nach dem praktischen Nutzen, sondern das Abbild der Natur in ihrem Geiste war ihr Leitstern.

Der erste Ausbau, die stete Vervollkommnung dieses Abbildes ist nun die Hauptaufgabe der Theorie. Die Phantasie ist immer ihre Wiege, der beobachtende Verstand ihr Erzieher. Wie kindlich waren die ersten Theorien des Universums von Pythagoras und Plato bis auf Hegel und Schelling. Die Phantasie war damals überproduktiv, die Selbstprüfung durch das Experiment fehlte. Kein Wunder, daß diese Theorien zum Gespötte der Empiriker und Praktiker wurden, und doch enthielten sie bereits die Keime aller späteren großen Theorien: der des Kopernikus, der Atomistik, der mechanischen Theorie der Imponderabilien, des Darwinismus usw.

Trotz alles Spottes war der Trieb, uns eine theoretische Anschauung der Außendinge zu bilden, in der Menschenbrust unbezwingbar und entsproßten ihm stets neue Blüten. Wie Kolumbus seine Fahrzeuge immer, immer nach West, so steuerte dieser Trieb uns unverwandt jenem großen Ziele zu.

Als dann noch der nüchterne, experimentelle Verstand und die zur Handhabung der vielen erfundenen Apparate und Maschinen nötige Handfertigkeit immer mehr in ihre gebührenden Rechte traten, wurden die alten bunten Gebilde der Phantasie gesichtet und ausgefeilt, sie gewannen überraschend schnell an Naturtreue und Bedeutung, und heute kann man sagen, daß die Theorie die Welt erobert hat.

Wer sieht nicht mit Bewunderung, wie sich die ewigen Gestirne sklavisch den Gesetzen beugen, die ihnen der Menschengeist zwar nicht gegeben, aber doch abgelauscht hat? Und je abstrakter, desto mächtiger wird die theoretische Forschung. Wenn wir dem Pfade noch nicht ganz trauend, auf welchem wir mehr von den Formeln geleitet, als sie leitend zu einem Theoreme der Arithmetik gelangt sind, dieses an Zahlenbeispielen prüfen, so beschleicht uns noch mehr dieses Gefühl, daß sich die Zahlen willenlos unseren Formeln beugen müssen, auch nicht eine ausgenommen.

Doch auch wer in der Theorie nur die zu melkende Kuh schätzt, kann ihre Macht nicht mehr bezweifeln. Sind nicht bereits alle Disziplinen der Praxis von der Theorie durchdrungen, folgen sie nicht schon alle ihrem sicheren Leitsterne? Die Formen Keplers und Laplace weisen nicht nur den Sternen ihre Bahnen am Himmel, sie zeigen vereint mit den erdmagnetischen Rechnungen von Gauß und Thomson auch den Schiffen ihren Weg auf dem Ozean. Der Riesenbau der Brooklyner Brücke, welche sich unabsehbar in die Länge, und der des Eiffelturms, der sich endlos in die Höhe erstreckt, sie beruhen nicht bloß auf dem festen Gefüge des Schmiedeeisens, sondern auf dem festeren der Elastizitätstheorie. Theoretische Chemiker sind durch praktische Anwendung ihrer Synthesen zu reichen Männern geworden. Und erst der Elektrotechniker! Bringt er nicht schon der Theorie seine stete Huldigung dar, indem ihm nebst Mark und Pfennig die Namen Ohm, Ampère usw. die geläufigsten sind, die Namen lauter großer Theoretiker, von denen freilich keinem das glückliche Los der vorerwähnten Chemiker zufiel; denn ihre Formeln trugen erst nach ihrem Tode Früchte für die Praxis. Ja, vielleicht ist die Zeit nicht mehr ferne, in der jede Haushaltungsrechnung jene großen Elektriker verherrlichen wird, und im künftigen Jahrhundert weiß vielleicht jede Köchin mit wie viel „Volt-Ampère" das Fleisch zu braten ist, und wieviel „Ohm" ihre Lampe hat. Gerade der praktische Techniker behandelt die verwickelten Formeln der Elektrizitätslehre in der Regel mit größerer Sicherheit, als so mancher angehende Gelehrte, da er jeden Irrtum nicht bloß mit einer Rüge seines Lehrers, sondern mit barem Gelde büßen muß. Sogar fast jeder Bautischler, jeder Kunstschlosser weiß heutzutage schon, wie sehr durch Kenntnis der darstellenden Geometrie, Maschinenlehre usw. seine Konkurrenzfähigkeit wächst. Gedenken muß ich noch des herrlichen Gebietes der medizinischen Wissenschaften, wo auch die Theorie allmählich zur Geltung zu kommen scheint.

Fast wäre man versucht, zu behaupten, daß, ganz abgesehen von ihrer geistigen Mission, die Theorie auch noch das denkbar praktischste, gewissermaßen die Quintessenz der Praxis sei, da die Präzision ihrer Schlüsse durch keine Routine im Schätzen oder Probieren zu erreichen ist, freilich bei der Verborgenheit ihrer Wege nur für den, der diese ganz sicher wandelt. Ein einziger Zeichenfehler kann das Resultat vertausendfachen, während der Empiriker nie so weit irrt; es werden daher die Fälle wohl auch nie ganz aussterben, wo der in seine Ideen versunkene, immer aufs allgemeine blickende Denker von dem geschickten, auf sich selbst bedachten Praktiker übertrumpft wird, wie Archimedes, der dem stürmenden Römer zum Opfer fiel, wie ein anderer griechischer Philosoph, der, als er nach den Sternen sah, über einen Stein stolperte. Verstumme, du landläufige, allem abstrakteren Streben entgegengeschleuderte Frage, wozu es eigentlich nütze? Wozu nützt, möchte man entgegenfragen, die bloße Förderung des Lebens durch Gewinnung praktischer Vorteile auf Kosten dessen, was allein Leben dem Leben gibt, was es allein lebenswert macht, der Pflege des Idealen?

Doch ist die Theorie von jeder Selbstüberschätzung ferne; in ihrem Wesen begründet sind auch ihre Mängel und sie selbst ist es, die ihre Fehler aufdeckt, wie schon Sokrates das Hauptgewicht auf die Erkenntnis der Lücken seines eigenen Wissens legte. Alle unsere Vorstellungen sind rein subjektiv. Daß sogar unsere Ansicht über Sein und Nichtsein subjektiv ist, beweist der Buddhismus, welcher das Nichts als das eigentlich Seiende verehrt. Ich nannte die Theorie ein rein geistiges inneres Abbild, und wir sahen, welch hoher Vollendung dasselbe fähig ist. Wie sollte es da nicht kommen, daß man bei fortdauernder Vertiefung in die Theorie das Bild für das eigentlich Existierende hielte? In diesem Sinne soll schon Hegel bedauert haben, daß die Natur sein philosophisches System in dessen ganzer Vollkommenheit nicht zu verwirklichen vermöge.

So kann es dem Mathematiker geschehen, daß er, fortwährend beschäftigt mit seinen Formeln und geblendet durch ihre innere Vollkommenheit, die Wechselbeziehungen derselben zu einander für das eigentlich Existierende nimmt und von der realen Welt sich abwendet. Was der Dichter klagt, das gilt dann auch von ihm, daß seine Werke mit seinem Herzblute geschrieben sind und die höchste Weisheit an den größten Wahn grenzt. In diesem Sinne deute ich auch den, wenn man von Theorie spricht, nicht zu umgehenden Ausspruch Goethes, der ja selbst durch und durch Theoretiker nach unserer Auffassung war, freilich jene Verirrung vermeidend. Übrigens legt Goethe den Ausspruch dem Teufel in den Mund, der später höhnisch sagt: „Verachte nur etc."

Habe ich mich eingangs als Vertreter der Theorie hingestellt, so will ich auch nicht leugnen, daß ich diese üblen Folgen ihres Bannes an mir selbst erfuhr. Was aber wäre wirksamer gegen diesen Bann, was könnte mächtiger in die Realität zurückziehen, als der lebendige Kontakt mit einer so hochansehnlichen Versammlung wie diese? Für diese Wohltat, die Sie mir erwiesen, sage ich Ihnen allen meinen Dank: zuvörderst Ihnen, Herr Rektor magnificus, der Sie dieses Fest veranstalteten, dann dem Herrn Festredner, allen Kollegen und Gästen, welche seinem Rufe gefolgt sind, und endlich den wackeren Söhnen unserer Alma mater, deren Feuereifer und edle Begeisterung durch 18 Jahre meine Stütze waren. Möge die Grazer Universität wachsen und blühen, möge sie das sein und immerdar bleiben, was in meinen Augen das höchste ist: „Ein Hort der Theorie."

Josef Stefan.[1)]

Zunächst würdigt Boltzmann die Persönlichkeit Stefans.

Stefan war vor allem theoretischer Physiker, und schon die Fassung dieses Begriffs ist nicht ganz ohne Schwierigkeit. Die Physik ist heutzutage durch ihre vielen praktischen Anwendungen populär geworden. Von der Tätigkeit eines Mannes, der durch Versuche ein neues Gesetz in der Wirkungsweise der Naturkräfte entdeckt oder auch bekannte Gesetze bestätigt und erweitert, dürfte man sich eine Vorstellung machen können. Aber was ist ein theoretischer Physiker? Da letzterer gründliche mathematische Kenntnisse besitzen muß, pflegt man seine Tätigkeit häufig die mathematische Physik zu nennen, jedoch nicht ganz entsprechend; denn auch die Auswertung komplizierter physikalischer Experimente, ja selbst die Lösung technischer Probleme, kann weitschweifige und schwierige Rechnungen erfordern, ist aber doch nicht der theoretischen Physik zuzuzählen. Die theoretische Physik hat vielmehr, wie man früher sagte, die Grundursachen der Erscheinungen aufzusuchen oder wie man heute lieber sagt, sie hat die gewonnenen experimentellen Resultate unter einheitlichen Gesichtspunkten zusammenzufassen, übersichtlich zu ordnen und möglichst klar und einfach zu beschreiben, wodurch die Erfassung derselben in ihrer ganzen Mannigfaltigkeit erleichtert, ja eigentlich erst ermöglicht wird. Deshalb wird sie in England auch natural philosophy genannt.

---

1) Rede, gehalten bei der Enthüllung des Stefan-Denkmals am 8. Dez. 1895. Josef Stefan ist am 24. März 1835 in St. Peter bei Klagenfurt in Kärnten geboren und am 7. Jan. 1893 in Wien gestorben.

Der Laie stellt sich da vielleicht die Sache so vor, daß man zu den aufgefundenen Grundvorstellungen und Grundursachen der Erscheinungen immer neue hinzufügt und so in kontinuierlicher Entwicklung die Natur immer mehr und mehr erkennt. Diese Vorstellung ist aber eine irrige, die Entwicklung der theorethischen Physik war vielmehr stets eine sprungweise. Oft hat man eine Theorie durch Jahrzehnte, ja durch mehr als ein Jahrhundert immer mehr entwickelt, so daß sie ein ziemlich übersichtliches Bild einer bestimmten Klasse von Erscheinungen bot. Da wurden neue Erscheinungen bekannt, die mit dieser Theorie im Widerspruch standen; vergeblich suchte man sie diesen anzupassen. Es entstand ein Kampf zwischen den Anhängern der alten und denen einer ganz neuen Auffassungsweise, bis endlich letztere allgemein durchdrang. Man sagte da früher, die alte Vorstellungsweise wurde als falsch erkannt. Es klingt dies so, als ob die neue absolut richtig sein müsse und anderseits, als ob die alte (weil falsch) völlig nutzlos gewesen wäre. Um den Schein dieser beiden Behauptungen zu vermeiden, sagt man heutzutage bloß: Die neue Vorstellungsweise ist ein besseres, ein vollkommeneres Abbild, eine zweckmässigere Beschreibung der Tatsachen. Damit ist klar ausgedrückt, daß auch die alte Theorie von Nutzen war, indem auch sie teilweise ein Bild der Tatsachen gab; sowie, daß die Möglichkeit nicht ausgeschlossen ist, daß die neue wiederum durch eine noch zweckmäßigere verdrängt werden kann. Zur Erläuterung hiervon dürfte wohl kein Beispiel geeigneter sein, als die Entwicklung der Theorie der Elektrizität.

Im Jahre 1820 machte Oerstedt die Entdeckung, daß ein in der Nähe einer Kompaßnadel vorbeigeleiteter elektrischer Strom eine kleine Bewegung derselben verursacht. Neben der Entdeckung, daß geriebener Bernstein kleine Körperchen anzieht, und daß der Magneteisenstein Stücke aus weichem Eisen festhält, ist Oerstedts Entdeckung wohl das leuchtendste Beispiel, von welcher Wichtigkeit die unscheinbarste, völlig neue Tatsache sein kann.

Dies war eine rein experimentelle Entdeckung. Die Magnetnadel machte in der Nähe des Stromes eine kleine Bewegung. Wie groß und wohin gerichtet dieselbe bei jeder Lage

und Entfernung von Strom und Nadel ausfällt, war damit
noch nicht ausgedrückt; aber in kurzer Zeit entwarf Biot
eine genaue Theorie dieser Erscheinung. Ampère zog den
Schluß, daß auch zwei Drähte, in denen Ströme fließen, Kräfte
aufeinander ausüben müssen, und als sich dies bestätigte,
stellte er, von gewissen Prämissen ausgehend, eine aus 25
Buchstaben bestehende Formel auf, welche für die unendliche
Mannigfaltigkeit der Form, Lage und Beweglichkeit, deren die
beiden Stromkreise fähig sind, die Wirkung mit derselben
mathematischen Exaktheit zu berechnen gestattet, mit welcher
der Astronom eine Sonnenfinsternis berechnet. Diese Theorie
Ampères wurde mit Recht wegen ihres außerordentlichen
Scharfsinns bewundert und lange als die einzig mögliche
Theorie dieser Wirkungen hingenommen. Freilich hatte schon
Graßmann, von einer andern Ansicht als Ampère ausgehend, eine andere Formel gefunden, welche dasselbe leistet,
aber erst Stefan war es vorbehalten, in dieser Sache vollkommene Klarheit zu schaffen. Er analysierte alle möglichen
Vorstellungen, die man sich von der Wechselwirkung zweier
Stromelemente machen kann, und zeigte, daß weder die Am-
pèresche, noch die Graßmannsche Theorie den Gegenstand
erschöpft, daß es vielmehr unendlich viele verschiedene Theorien gibt, welche alle mit der Erfahrung in gleicher Weise
übereinstimmen, und wovon die beiden genannten nur ganz
spezielle Fälle sind. Damit war der große Wert der Ampèreschen Entdeckung keineswegs geschmälert, aber das Ansehen der alten Theorie war doch erschüttert; es war gezeigt, daß ihr Weg zu einem eindeutigen Resultat nicht führen
kann, und damit nahegelegt, einen andern zu betreten. Die
Vorbereitungen hierzu waren schon längst in England gemacht worden. Faraday und Maxwell hatten diesen andern Weg schon angebahnt; sie konnten der ganzen bis dahin
üblichen Vorstellung, daß es zwei elektrische Fluida gebe,
deren Teilchen in die Ferne aufeinander wirken und welche,
gleichförmig gemischt, sich aufheben, keinen Geschmack abge-
winnen, und letzterer hatte, von ganz anderen Vorstellungen ausgehend, eine neue Theorie der Elektrizität entwickelt.
Er nahm an, daß die Elektrizität kein Fluidum, sondern
ein Bewegungszustand ist, welcher vom elektrischen Körper

auf ein eigentümliches umgebendes Medium, den Lichtäther, übergeht. Letzterer übt dann Kräfte auf die darin eingetauchten Körper aus und erzeugt so den Schein, als ob dieselben direkt in die Ferne aufeinander wirkten.

Man hatte sich am Kontinente an die alte Theorie der beiden Fluida so sehr gewöhnt, daß die neuen Ideen wenig Beachtung fanden. So hat Kirchhoff bis an sein Lebensende die Maxwellsche Theorie nur nebenher erwähnt. Nur zwei Physiker des Kontinentes waren es, welche sofort deren Bedeutung erkannten. Helmholtz und Stefan. Als ich (noch Universitätsstudent) in vertrauteren Umgang mit Stefan trat, war sein erstes, daß er mir Maxwells Abhandlungen in die Hand gab, und da ich damals kein Wort Englisch verstand, noch eine englische Grammatik dazu; ein Lexikon hatte ich von meinem Vater überkommen. Stefan hatte die Maxwellsche Theorie bereits einmal in seinen Vorlesungen behandelt, als die berühmte, an sie anschließende Arbeit Helmholtzs erschien. Da publizierte auch Stefan seine Arbeiten über die Maxwelsche Theorie, und es gelang ihm, die Helmholtzschen Ausführungen noch erheblich zu vereinfachen und zu klären. Der Zweck dieser Arbeiten Helmholtzs und Stefans war, zu zeigen, wie man aus den Maxwellschen Anschauungen wieder zu den Formeln der alten Theorie gelangen kann und so demjenigen, der an die alte Theorie gewohnt war, das Verständnis der neuen zu erschließen. Manche weitere nicht ganz unwesentliche Stütze der neueren Theorie hat die Stefansche Schule geliefert, bis der entscheidende Schlag, der der Maxwellschen Theorie definitiv zum Siege verhalf, einem Schüler Helmholtzs, dem als Professor in Bonn verstorbenen Physiker Heinrich Hertz gelang. Auch an dem weitern Ausbau der Hertzschen Ideen hat Stefan in seinen letzten Lebensjahren noch mitgewirkt. Doch würde es mich zu weit führen, hierauf näher einzugehen; nur die hervorragendste Leistung Stefans, die Entdeckung des nach ihm benannten Strahlungsgesetzes sei noch erwähnt.

Ich habe Stefan in erster Linie als theoretischen Physiker bezeichnet; doch hat er auch zahlreiche und bedeutende Experimentaluntersuchungen durchgeführt. Die hervorragendste hiervon ist die Bestimmung der Wärmeleitung der Gase. Die sogenannte Gastheorie war damals zu allgemeiner Anerkennung gelangt, d. h. die Hypothese, daß die Gase Aggregate sehr kleiner Körperchen (der Moleküle) sind, die sich in steter lebhafter Bewegung befinden. Wenn man die untere Hälfte eines Gefäßes mit einem Gase, z. B. Sauerstoff, die obere mit einem andern, z. B. Stickstoff füllt, so mischt sich der Stickstoff allmählich mit dem Sauerstoff, wie Wein, den man über Wasser gegossen hat, sich allmählich im Wasser verbreitet. Die Geschwindigkeit dieser Verbreitung (der sogenannten Diffusion) konnte aus der Gastheorie vorausberechnet werden. Aber schon den Wein vollkommen reinlich über Wasser zu gießen, ist nicht ganz leicht. Bei Gasen ist das Experiment wegen ihrer außerordentlichen Beweglichkeit so schwierig, daß sich Bunsen und Graham vergeblich bemüht hatten, die Diffusionsgeschwindigkeit genau auszumessen. Die Messung dieser Geschwindigkeit gelang zuerst Prof. Loschmidt, und sie stimmte in der Tat mit dem aus der Gastheorie voraus berechneten Werte.

Die Verbreitung der Wärme in einem Gase, die sogenannte Wärmeleitung, geschieht nun ebenfalls dadurch, daß sich die Molekülarbewegung allmählich von Molekül zu Molekül fortpflanzt, und ihre Geschwindigkeit kann ebenfalls aus der Gastheorie berechnet werden. Da war es wieder von großer Wichtigkeit, zu prüfen, ob sich die Wärme in einem Gase in der Tat mit der von der Theorie berechneten Geschwindigkeit fortpflanze. Aber gerade der genauen Messung der Wärmeleitung in einem Gase schienen sich unübersteigliche Schwierigkeiten in den Weg zu stellen. Kein geringerer Forscher als Magnus in Berlin hatte es versucht, dieses Problem zu lösen, aber so wenig Übereinstimmung erzielt, daß sich aus seinen Versuchen in einzelnen Fällen die Wärmeleitung der Luft sogar negativ ergab.

Da erfand Stefan einen Apparat von fabelhafter Einfachheit, den er Diathermometer nannte. Mittels desselben konnte er die Wärmeleitungsfähigkeit der verschiedenen Gase mit einer Genauigkeit bestimmen, die man früher nicht für möglich gehalten hätte, und es fand auch jene andere Voraussagung der Gastheorie eine glänzende Bestätigung. Aber keineswegs bloß für die Gastheorie, auch für die Experimentalphysik, ja sogar für die Praxis ist der Stefansche Apparat von Wichtigkeit. So fand Stefan mit seinem Apparate, daß Wollstoffe die Wärme ungefähr in gleichem Maße leiten, wie die Luft, so daß dieselben also nicht deshalb warm halten, weil die Wollfaser die Wärme besonders schlecht leitet, sondern weil die zwischen den Fasern eingeschlossene Luft die Wärme nur langsam durchläßt; die Leitung der Faser selbst kommt fast gar nicht in Betracht. Dieselbe hat nur die Aufgabe, die Beweglichkeit der Luft zu hemmen. Wenn der Hygieniker heute prüfen will, welche Kleidungsstoffe am besten warm halten, so bedient er sich des Stefanschen Diathermometers.

Boltzmann fährt mit der persönlichen Würdigung Stefans fort.

Ich habe bisher nur der wissenschaftlichen Anregung gedacht, die ich im alten physikalischen Institute zu Erdberg empfing. Weshalb mir das Andenken an diese Zeit für immer so teuer ist, das ließe sich nur begreiflich machen, wenn ich das Glück zurückrufen könnte, das nun auf ewig entschwunden ist, wenn ich die Schatten der beiden großen Männer zu rufen vermöchte, die damals vereint dort wirkten: Stefan und Loschmidt. Beide waren in vielen Dingen ungleich. Stefan war universell und behandelte alle Kapitel der Physik mit gleicher Liebe; Loschmidt war einseitig, wenn er über einen Gegenstand Tag und Nacht grübelte, verlor er fast ganz den Sinn für alles andere. Stefan war praktisch, er behandelte gern und mit Geschick die Anwendung seiner Wissenschaft zu technischen und gewerblichen Zwecken; Loschmidt war, obwohl einst selbst in Fabriken tätig, doch das Prototyp des unpraktischen Gelehrten. Stefan errang sich auch mehr allgemeine Anerkennung. Er wurde zum Dekan und Rektor der Wiener Universität gewählt, war Sekretär und später Vizepräsident der Akademie der Wissenschaften; Loschmidt dagegen blieb fast gänzlich unbekannt.

In einem dagegen waren sich die beiden vollkommen gleich, in der unendlichen Bedürfnislosigkeit, Einfachheit und Schlichtheit ihres Wesens. Nie suchten sie ihrer geistigen Überlegenheit durch äußere Formen Ausdruck zu verleihen. Obwohl zuerst Student und dann jahrelang Assistent, hörte ich von ihnen nie ein anderes Wort, als es der Freund zum Freunde spricht, und vollends die olympische Heiterkeit, der erhabene Humor, der dem Studenten gerade die schwierigsten Diskussionen zum unterhaltenden Spiele machte, hat sich mir so tief eingeprägt, dass er gewissermassen in mein eigenes Wesen überging. Ich ahnte damals gar nicht, daß es mir (dem Lernenden) nicht ziemte, in diesen Ton einzustimmen. Ein einziger Blick Helmholtzs klärte mich darüber auf, als ich bei meinen späteren Arbeiten im Berliner Laboratorium am ersten Tage harmlos den gewohnten Ton anschlug. Als ich dann Herrn Glan, damals Assistent, jetzt Professor, diesen Blick schilderte, erwiderte er stolz: „Sie sind hier in Berlin." Weder Stefan noch Loschmidt machten meines Wissens eine Reise außerhalb des österreichischen Vaterlandes. Jedenfalls besuchten sie nie eine Naturforscherversammlung, traten nie mit fremden Gelehrten in innigere persönliche Beziehungen. Ich kann dies nicht billigen; ich glaube, daß sie bei geringerer Abgeschlossenheit noch mehr hätten leisten können. Wenigstens hätten sie ihre Leistungen rascher bekannt und daher fruchtbringender gemacht.

Als ich vor zwei Jahren in Oxford in einer Gesellschaft auf das Unglücksjahr 1866 zu sprechen kam, glaubte mir einer der Anwesenden ein Kompliment zu machen, indem er sagte, die Österreicher waren zu gut, um zu siegen. Diese Güte und Selbstgenügsamkeit werden wir uns abgewöhnen müssen. Aber da heute Schlichtheit und Bedürfnislosigkeit immer mehr aus der Welt entschwinden, so müssen wir uns Glück wünschen, daß gerade Österreich wie einst, so noch heute Männer besitzt, deren einziger Fehler ein Übermaß dieser Tugenden ist, und mit dem höchsten Vorbilde der Genügsamkeit und Heiterkeit, mit unserem Mozart, wollen wir ausrufen:

„In unsern heiligen Mauern,
Wo der Mensch den Menschen liebt,
Kann kein Verräter lauern,
Weil man dem Feind vergibt.

Wen solche Lehren, wen die Beispiele solcher Männer nicht erfreun, der verdient nicht ein Mensch, verdient nicht ein Österreicher zu sein."

Ein Wort der Mathematik an die Energetik.[1]

Wie in jeder Wissenschaft haben auch in der theoretischen Physik die Anschauungen im Verlauf der Zeit die mannigfachsten Umwälzungen erfahren. Heutzutage strebt man zunächst eine möglichst klare, hypothesenfreie Beschreibung der Erscheinungen und Präzisierung der Gesetze derselben an; dieses Ziel haben sich Kirchhoff, von Helmholtz, Clausius (in seiner allgemeinen Wärmetheorie), Hertz, Lord Kelvin, Gibbs usw. gesteckt. Die Ansicht, daß auch Wärme, Elektrizität usw. einer mechanischen Erklärung fähig seien, wird dabei nicht zugrunde gelegt oder spielt doch keine wesentliche Rolle. Nebenbei und ohne die Wichtigkeit der ersten Methode zu leugnen, suchte man sich namentlich mit großem Erfolge von den Erscheinungen der Elastizität, des Flüssigkeitsdrucks, des Lichts und der Wärme, aber auch von denen der Elektrizität und des Magnetismus (Maxwell) möglichst anschauliche, bisher ausschließlich der Mechanik entnommene, Bilder zu machen, welche in der als Dogma längst nicht mehr anerkannten Ansicht gipfelten, daß die ganze Welt durch die Bewegung materieller Punkte darstellbar sei. Diese mechanischen Bilder blieben ihrer Natur nach unvollständig, aber auch die allgemein beschreibenden Theoreme bedurften, um sie eindeutig anwendbar zu machen, einer etwas komplizierten Begründung und Formulierung. Ich erwähne als Beispiel das Hamiltonsche Prinzip, den 2. Hauptsatz der Wärmelehre und die Gibbschen Theoreme, endlich die Maxwell-Hertzschen Fundamentalgleichungen des Elektromagnetismus.

Es glaubten nun in neuester Zeit einige Forscher alle

---

[1] Aus den Annalen der Physik und Chemie, Band 57, S. 39, 1896.

diese Komplikationen entbehren und die Fundamentalsätze in viel einfacherer Form aussprechen zu können. Da sie schließlich zur Konsequenz gelangten, daß die Energie das eigentlich Existierende sei, nannten sie sich Energetiker. Wir wissen nicht, ob unsere heutige Naturauffassung die zweckmäßigste ist; daher ist das Streben einen allgemeineren und höheren Gesichtspunkt, als den der heutigen theoretischen Physik zu erreichen, gewiß gerechtfertigt. Die heutigen Energetiker begnügen sich aber keineswegs mit diesem Streben, sondern sie behaupten, daß sie einen solchen höheren Gesichtspunkt bereits erreicht hätten, und daß daher die Ausdrucksweise und die Methoden der theoretischen Physik schon heute ganz verlassen oder doch in den wesentlichen Grundzügen verändert werden sollen, welche Behauptung ich im folgenden widerlegen zu können glaube. Die Bemerkung, daß ich die Gelehrten, deren Namen ich später erwähnen werde, persönlich zu meinen besten Freunden zählen zu dürfen hoffe, zahlreiche ihrer Leistungen zu den hervorragendsten wissenschaftlichen Arbeiten rechne und mich nur gegen ihre speziell energetischen Publikationen wende, wird genügen, um zu verhüten, daß späteren gegen irgend eine Schlußfolgerung oder mathematische Formel gerichteten Angriffen der mindeste persönliche Charakter beigelegt werde.

Boltzmann polemisiert gegen Helm und Ostwald, die die Mechanik auf die Energetik gründen wollen.

III. Über Herrn Ostwalds Vortrag über den wissenschaftlichen Materialismus.

§ 17. Nur noch einige Worte über den Vortrag, den Herr Ostwald in der letzten allgemeinen Sitzung zu Lübeck gegen den wissenschaftlichen Materialismus hielt, mögen mir gestattet sein. Derselbe ist freilich der Hauptsache nach an ein größeres Publikum gerichtet; er arbeitet mehr mit Gleichnissen und allgemeinen Betrachtungen, auf welche hier einzugehen sich von selbst verbietet, da sie, wenn auch noch so glänzend dargestellt, weder beweisen noch widerlegen. Allein manchem ist doch mit so hervorragender Beredsamkeit der Schein strenger Logik verliehen, daß ich ein näheres Eingehen wenigstens auf einzelne Punkte dieses Vortrages hier für gerechtfertigt halte.

Ich glaube dies um so mehr tun zu sollen, als bereits mehrfach junge Leute sich dem mühelosere Ernte versprechenden Gebiete der Energetik zuwenden, welche die zu einer erfolgreichen Tätigkeit auf dem Gebiete der theoretischen Physik nötige mathematische Kritik nicht besitzen.

§ 18. Wenn Herr Ostwald dagegen ankämpft, daß heute jedermann die Atome und Kräfte sich als die letzten Realitäten denke, daß man die Erreichbarkeit des Ideals der Laplaceschen Weltformel für gewiß, den Beweis dafür für erbracht halte, kämpft er gegen eine durchaus nicht mehr vorhandene Anschauung an. Die Kraft hält wohl kaum irgend jemand mehr für eine Realität; niemand behauptet, daß der Beweis erbracht worden sei, daß sich die Gesamtheit der Naturerscheinungen unzweifelhaft mechanisch erklären lasse. Läßt sich aber die Gesamtheit nicht erklären, so gilt dies auch von keinem einzelnen Erscheinungsgebiete in allen damit zusammenhängenden Gebieten und Beziehungen, da jedes mit allen anderen zusammenhängt. Ich selbst habe einmal eine Lanze für die mechanische Naturanschauung gebrochen, aber nur in dem Sinne, daß sie ein kolossaler Fortschritt gegenüber der früheren rein mystischen ist. Dagegen war die Ansicht, daß es keine andere Naturerklärung geben könne, als die aus der Bewegung materieller Punkte, deren Gesetze durch Zentralkräfte bestimmt sind, schon vor Herr Ostwalds Ausführungen längst fast allgemein verlassen.

Wir sind heute viel vorsichtiger; diese Vorstellung ist uns nur ein Bild, das wir nicht anbeten, das möglicherweise der Vollendung fähig ist, möglicherweise aber auch einst ganz zu verlassen sein wird. Heute aber ist es uns jedenfalls noch von dem größten Werte, als das einzig konsequent durchgeführte in vielen wichtigen Zügen mit der Erfahrung übereinstimmende Bild, das wir besitzen.

Die präzise Beschreibung der Naturerscheinungen möglichst unabhängig von allen Hypothesen, hält man heute allgemein für das allerwichtigste. Ich zitiere da nur Maxwells Abhandlung[1]) über Faradays Kraftlinien aus dem Jahre 1856, wo auch schon die verschiedenen optischen Hypothesen ganz im Ostwaldschen Sinne gewürdigt werden, ferner die Einleitung zu Hertz Buch „über die Ausbreitung der elektrischen Kraft" aus dem Jahre 1892, endlich die Rede, mit welcher der englische Premierminister Lord Salisbury die Oxforder Versammlung der British Association 1894 eröffnete. Auch die Gastheorie betrachtet schon lange nicht mehr die Moleküle ausschließlich als Aggregate materieller Punkte, sondern als unbekannte, durch generalisierte Koordinaten bestimmte Systeme.

Darin also, daß der Weiterbildung jeder Ansicht freier Spielraum zu gewähren sei, sind wir einig. Dagegen scheint mir alles, womit Herr Ostwald zu beweisen sucht, daß die Anschauungen der alten theoretischen Physik unhaltbar oder gar, daß ihnen die der Energetik schon heute vorzuziehen seien, unbegründet.

Es sagt im allgemeinen, daß die heute üblichen Methoden der theoretischen Physik viele Lücken aufweisen und noch weit davon entfernt sind, eine konsequente, vollkommen klare Beschreibung aller Naturerscheinungen zu liefern. Nun weist aber die Energetik noch viel größere Lücken auf, ihre Beschreibung der Naturerscheinungen ist noch viel unklarer. Daraus schließt er nicht etwa, man solle die Energetik vorläufig weiter gewähren lassen, sondern die gegenwärtigen Anschauungen der theoretischen Physik seien vollständig zu verlassen und durch die der Energetik zu ersetzen. Man solle sich überhaupt kein Bild der Wirklichkeit machen. Aber sind denn alle menschlichen Gedanken etwas anderes als Bilder der Wirklichkeit? Nur von der Gottheit soll und kann man sich kein Bild machen; diese bleibt aber deshalb auch ewig gleich unbegreiflich. Man solle auf jede Anschauung verzichten; die Gefahr, die darin liegt, haben aber eben alle im Vorhergehenden gerügten Fehlschlüsse bewiesen.

§ 19. Ich will mich nun nicht mehr mit philosophischen Allgemeinheiten beschäftigen, wie mit der Frage, ob wir den

---

1) Maxwell, Ostwalds Klassiker Nr. 69.

Stock fühlen oder dessen Energie oder Schwingungen unserer Nerven oder des Zentralorgans oder etwas, was hinter all dem liegt, oder ob ein Gläubiger zufrieden sein wird, wenn wir ihn statt mit materiellem Gelde mit gesprochener oder tätlicher Energie bezahlen. Ebensowenig frage ich, ob, wie Herr Ostwald meint, die wirkliche Welt ein Spezialfall aller möglichen, oder ob letztere nur phantastische Kombinationen des Wirklichen in etwas veränderter Anordnung sind. Auch der Schwierigkeiten, welche sich bei der Annahme einer kinetischen Energie ohne allen Träger derselben faktisch ergeben, habe ich schon in § 6 gedacht. Ich will daher jetzt nur noch nachsehen, wo sich unter den Argumenten, womit Herr Ostwald zu beweisen sucht, daß die mechanische Weltanschauung mit unzweifelhaften und allgemein erkannten Wahrheiten in Widerspruch steht, etwas sachlich Greifbares findet, und dieses dann bruchstückweise, wie ich es gerade finde, auf seine Richtigkeit prüfen.

§ 20. Daß sowohl Eisen als auch Sauerstoff aus winzig kleinen Teilchen von gänzlich unbekannter Natur bestehen, durch deren innige Mischung (Paarung) das Eisenoxydul entsteht, wurde seit jeher als eine Hypothese bezeichnet. Ihre Annahme ist imstande, uns vollständig begreiflich zu machen, daß das Gemisch eine so bedeutend andere Wirkung auf unsere Sinne ausübt und wiederum in seine Bestandteile zerlegt werden kann. Durch das Wort Hypothese ist aber schon ausgedrückt, daß diese Annahme über die beobachtete Tatsache des fast sprungweisen Wechsels der Eigenschaften hinausgeht und daß die Möglichkeit einer ganz anderen Erklärung, oder, wenn man will, einer noch einfacheren und übersichtlicheren Beschreibung dieses Wechsels nicht ausgeschlossen ist. Dabei bleibt aber umgekehrt die Möglichkeit bestehen, daß sich noch zahlreiche Konsequenzen der alten Hypothese bestätigen, daß wir dadurch eine etwas klarere Vorstellung erhalten, wie wir uns die Atome zu denken haben und daher noch lange (ob für immer, bleibt eben unentschieden) die Beibehaltung dieser Hypothese mindestens neben der bloßen Beschreibung der Gesetze der Vorgänge höchst nützlich ist.

Man muß durch die neuen erkenntnistheoretischen Dogmen ganz befangen sein, um zu behaupten, obige Hypothese zur Erklärung der chemischen Verbindungen sei von einem reinen Nonsens nicht weit entfernt. Weil die sinnfälligen Eigenschaften das einzige uns direkt Zugängliche seien, sei es absurd, zu behaupten, daß eine innige Mischung nicht auch andere sinnfällige Eigenschaften haben könne, als die Bestandteile. Hat doch schon in einem Brei das Wasser und das verwendete Pulver vieles von den sinnfälligen Eigenschaften verloren und doch sind die Teilchen des letzteren mit dem Mikroskop noch sichtbar. Beim Eisenoxydul ist die Hypothese, daß eine Mischung vorliege, natürlich viel weniger sicher, als beim Brei; die Möglichkeit, daß erstere Hypothese einmal durch eine andere verdrängt werden wird, soll zugegeben werden; aber daß sie, wenn richtig verstanden, ein Unsinn sei, das zu behaupten — ist ein Unding.

Überhaupt hat das Mißtrauen zu den aus den direkten Sinneswahrnehmungen erst abgeleiteten Vorstellungen zu dem dem früheren naiven Glauben entgegengesetzten Extreme geführt. Nur die Sinneswahrnehmungen sind uns gegeben, daher — heißt es, darf man keinen Schritt darüber hinausgehen. Aber wäre man konsequent, so müßte man weiter fragen: Sind uns auch unsere gestrigen Sinneswahrnehmungen gegeben? Unmittelbar gegeben ist uns doch nur die eine Sinneswahrnehmung oder der eine Gedanke, den wir jetzt im Moment denken. Wäre man konsequent, so müßte man nicht nur alle anderen Wesen außer dem eigenen Ich, sondern sogar alle Vorstellungen, die man zu allen früheren Zeiten hatte, leugnen. Woher weiß ich denn davon? Durch Erinnerung; aber woher weiß ich, daß nicht bloß die Erinnerung vorhanden ist, die Wahrnehmung aber, auf die ich mich erinnere, niemals vorhanden war, wie das bei Irren fortwährend und hie und da auch bei Nichtirren vorkommt. Will man also nicht zum Schlusse kommen, daß überhaupt nur die Vorstellung, die ich momentan habe und sonst gar nichts existiert, was schon durch den Nutzen des Wissens für die Handlungsweise widerlegt wird, so muß man schließlich bei aller dabei nötigen Vorsicht doch unsere Fähigkeit aus den Wahrnehmungen auf etwas, das wir nicht wahrnehmen, Schlüsse zu ziehen, zugeben, die wir freilich immer zu korrigieren haben, sobald sie mit Wahrnehmungen in Widerspruch kommen. So schließt jeder auf das Vorhandensein anderer Personen außer ihm. Betrachten wir ein anderes Beispiel. Ich halte führ wahrscheinlich, daß auf dem Mars Meere, Festlande, Schnee existieren, sogar, daß, um andere Fixsterne sich Planeten ähnlich der Erde drehen, daß unter denselben wohl noch der eine oder andere mit Lebewesen, die uns ähnlich, aber auch in manchem von uns verschieden sind, bevölkert ist. Wollte man mit Herrn Ostwald schließen, so müßte man sagen: Ich habe keine Aussicht, je davon etwas wahrzunehmen, ja, die ganze Menschheit hat keine Aussicht, von Lebewesen, die die Planeten eines anderen Fixsternes bevölkern, etwas wahrzunehmen. Nun existieren aber bloß unsere Wahrnehmungen, daher können auf den Planeten eines anderen Fixsternes keine Lebewesen existieren.

§ 21. Herr Ostwald schließt aus dem Umstande, daß man in den mechanischen Differentialgleichungen, ohne sie sonst zu ändern, das Vorzeichen der Zeit umkehren kann, daß die mechanische Weltauffassung nicht erklären könne, warum in der Natur die Vorgänge sich immer mit Vorliebe in einem bestimmten Sinne abspielen. Dabei scheint mir übersehen zu sein, daß die mechanischen Vorgänge nicht bloß durch die Differentialgleichungen, sondern auch durch die Anfangsbedingungen bestimmt sind. Im direkten Gegensatz zu Herrn Ostwald habe ich es als eine der glänzendsten Bestätigungen der mechanischen Naturanschauung bezeichnet, daß dieselbe ein außerordentlich gutes Bild von der Dissipation der Energie liefert, sobald man annimmt, daß die Welt von einem Anfangszustande ausging, der bestimmte Bedingungen erfüllt, und den ich dort als einen unwahrscheinlichen Zustand bezeichnete.[1]) Hier kann ich nur von der dabei zugrunde liegenden Idee durch ein ganz einfaches Beispiel einen Begriff zu geben suchen. In der Trommel, aus welcher beim Lottospiel die Nummern gezogen und in welcher dieselben gemischt werden, sollen zweierlei Kugeln (weiße und schwarze) ursprüng-

---

1) Vgl. mein Buch „Über Gastheorie" §§ 8 nnd 19 (J. A. Barth, Leipzig 1896).

lich geordnet liegen, z. B. oben die weißen, unten die schwarzen. Nun soll durch irgend eine Maschine die Trommel beliebig lange gedreht werden. Niemand wird zweifeln, daß wir es im Verlaufe dieser Drehung mit einem lediglich mechanischen Vorgange zu tun haben und doch werden dabei die Kugeln immer mehr gemischt werden, d. h., es wird immer die Tendenz bestehen, daß ihre Verteilung sich in einem bestimmten Sinne (der vollständigen Mischung zueilend) ändert. Gerade so wird die Welt, wenn sie von einem Zustande ausging, in welchem die Anordnung der Atome und ihrer Geschwindigkeiten gewisse Regelmäßigkeiten zeigte, durch die mechanischen Kräfte mit Vorliebe solche Veränderungen erfahren, wobei diese Regelmäßigkeiten zerstört werden. Wie diese Regelmäßigkeiten entstanden sind, kommt hierbei natürlich ebensowenig in Frage, als wie die Atome und die Bewegungsgesetze derselben entstanden sind.

§ 22. Herr Ostwald würde gewiß nicht behaupten, daß der Druck keine gerichtete Größe sei, wenn er berücksichtigte, daß bei jeder Bewegung eines Gases im allgemeinen Gasreibung auftritt. Bei derselben ist aber der Druck nicht mehr nach allen Richtungen gleich und nicht mehr senkrecht auf der gedrückten Fläche; er ist ein mit der Richtung der Normalen zu dieser Fläche nicht zusammenfallender Vektor, dessen Lage durch besondere Richtungskosinus bestimmt werden muß. Gerade diese Verhältnisse werden durch die Gastheorie sehr gut erklärt.

§ 23. Auch wer die Möglichkeit einer mechanischen Naturerklärung nicht leugnet, wird diese doch für ein äußerst schwieriges Problem halten, ja für eines der schwierigsten, welche es für den menschlichen Geist überhaupt gibt. Daß daher viele Versuche, dieses Problem zu lösen, mißglückt sind, wird niemanden wundern. So sind die Emanationstheorie des Lichtes, die Theorie des Wärmestoffes und der elektrischen und tes, die Theorie des Wärmestoffes und der elektrischen und magnetischen Fluida, von denen die letztere im Weberschen Gesetze gipfelte, zwar zur Versinnlichung gewisser Gesetze noch immer nützlich, doch sind sie als Hypothesen ein überwundener Standpunkt. Aber man kann doch keineswegs sagen, daß jede mechanische Hypothese abgewirtschaftet hat. Zu den uralten mechanischen Theorien sind auch die mechanische Theorie des Schalles, die Hypothese, daß die Sterne riesige, Millionen von Meilen weit entfernte Körper, viel größer als die Erde sind, und viele ähnliche Anschauungen zu zählen, welche ja auch ursprünglich Hypothesen waren und erst mit der Zeit allmählich fast bis zur Gewißheit sich bestätigten. Wenn wir alle Hypothesen, die zur Gewißheit wurden, nicht mitzählen und an alle zweifelhaften nicht glauben, so dürfen wir uns freilich nicht wundern, wenn nichts mehr übrig bleibt. Aber auch abgesehen hiervon sind die gewissermaßen von Demokrit datierende Atomtheorie, die von Bernoulli und Rumford stammende spezielle mechanische Wärmetheorie, die mechanischen Bilder der Chemie, Kristallographie, Elektrolyse usw. noch heute in Ansehen und in steter Entwickelung begriffen, ja selbst die Undulationstheorie des Lichtes ist durch die elektromagnetische Lichttheorie keineswegs einfach beseitigt, wenn sie auch sicher bedeutender Veränderungen bedarf. Denn, wenn die Erklärung der Elektrizität vom Standpunkte der heutigen oder wohl auch einer weiter entwickelten Mechanik gelingen sollte, wovon die Möglichkeit nicht erwiesen, aber auch nicht widerlegt ist, so können ganz gut die rasch wechselnden dielektrischen Polarisationen, welche nach der elektromagnetischen Lichttheorie das Wesen des Lichtes bilden, wieder mit einem Hin- und Herschwingen von Teilchen identisch werden. Wir haben also hier Erfolge, denen alle philosophischen Naturanschauungen von Hegel bis Ostwald einfach nichts entgegenzusetzen haben.

§ 24. Ich komme zum Schlusse. Es ist in erster Linie eine möglichst hypothesenfreie Naturbeschreibung anzustreben; dies geschieht am klarsten in der von Kirchhoff, Clausius (in seiner allgemeinen Wärmetheorie), v. Helmholtz, Gibbs, Hertz usw. ausgebildeten Form. Die Ausdrucksweise der Energetik hat sich hierzu bisher wenig geeignet erwiesen. Ebenso muß der pädagogische Wert der Energetik wenigstens in ihrer heutigen Form bestritten werden, ja ihre Weiterentwickelung in dieser Form wäre geradezu für die präzise Naturauffassung verhängnisvoll. So enthält z. B. der allgemeine Teil eines großen Lehrbuchs der Chemie infolge des Vorherrschens der energetischen Ausdrucksweise zahlreiche Stellen, welche auf den Studierenden verwirrend wirken müssen.

Neben dieser allgemeinen theoretischen Physik sind die Bilder der mechanischen Physik sowohl um neues zu finden, als auch um die Ideen zu ordnen, übersichtlich darzustellen und im Gedächtnis zu behalten, äußerst nützlich und noch heute fortzupflegen. Die Möglichkeit einer mechanischen Erklärung der ganzen Natur ist nicht bewiesen, ja, daß wir dieses Ziel vollkommen erreichen werden, kaum denkbar. Doch ist ebensowenig bewiesen, daß wir darin nicht noch vielleicht große Fortschritte machen werden, und daraus noch vielfachen neuen Nutzen ziehen können. Niemand kann weiter davon entfernt sein, als die Vertreter der heutigen theoretischen Physik, zu behaupten, daß man sicher wisse, daß die in derselben herausgebildeten Denkformen sich ewig als die passendsten erweisen werden. Niemand kann weiter davon entfernt sein, Versuchen andere Denkformen auszubilden, etwas in den Weg stellen oder sie von vornherein als verfehlt erklären zu wollen. Doch dürfen dieselben auch nicht, bevor sie wirkliche Erfolge erreicht haben, polemisch gegen die altbewährten Denkformen auftreten oder diese gar als nur wenig verschieden vom völligen Unsinn bezeichnen. Die Ausdrucksweise der allgemeinen theoretischen Physik ist vielmehr heute noch die zweckmäßigste und praktischste, die uralten Bilder der mechanischen Physik sind noch keineswegs überflüssig. Niemand weiß, ob dies immer der Fall sein wird, doch wäre es völlig müßig, sich über die Frage, welche Denkformen nach Jahrhunderten die zweckmäßigsten sein werden, schon heute den Kopf zu zerbrechen. In diesem Sinne bin ich auch weit entfernt, die Möglichkeit zu leugnen, daß die Weiterentwickelung der Energetik für die Wissenschaft noch von größtem Nutzen sein wird. Nur darf dieselbe nicht so geschehen, wie es in neuester Zeit von einigen Forschern versucht wurde, die sich (nach meiner Meinung nicht mit Recht) für Nachfolger Gibbs halten.

Wien, den 2. November 1895.

Zur Energetik.[1]

Boltzmann führt die Polemik gegen die Energetiker fort.

Daß H. Ostwald von den Vorzügen seiner Betrachtungsweise persönlich überzeugt ist und sich nicht davon wird abbringen lassen, habe ich nie bezweifelt. Unklar bewußte Impulse bei der Forschung entziehen sich selbstverständlich der Diskussion. Doch dürfte über die der Atomistik vorgeworfene Unfruchtbarkeit wohl auch mancher Chemiker anderer Ansicht sein, der die mögliche Zahl isomerer Verbindungen oder die Eigenschaft die Polarisationsebene zu drehen, direkt aus dem Bilde ableitet, das er sich von der Lagerung der Atome macht. Ich meinerseits erlaube mir, darauf hinzuweisen, daß sich Gibbs bei Begründung seiner Sätze sicher molekulare Vorstellungen machte, wenn er auch die Moleküle nirgends in die Rechnung einführte, daß die Sätze über Energie und Entropie von Gasen, verdünnten Lösungen, namentlich aber von einem Gemische eines in Dissoziation begriffenen Körpers und seiner Bestandteile nur durch die Vorstellung gefunden und begründet wurden, daß die verschiedenen Moleküle räumlich nebeneinander existieren, daß endlich auch die neueste elektrochemische Theorie ihren Ausgangspunkt in der rein molekularen Vorstellung Nernsts von der Lösungstension hatte. Erst später wurden die Sätze von ihrer molekularen Begründung getrennt und als reine Tatsache hingestellt. Der mathematische Teil der Gastheorie aber verfolgt hauptsächlich den Zweck der Weiterentwicklung der mathematischen Methodik, für deren Wertschätzung niemals die sofortige praktische Verwendbarkeit maßgebend war. Diesen Teil möge der reine Praktiker nicht lesen, aber auch nicht kritisieren.

---

[1] Aus den Annalen der Physik u. Chemie. N. F. Bd. 58. S. 595.

Über die Unentbehrlichkeit der Atomistik in der Naturwissenschaft.[1])

Außer der Atomistik in ihrer heutigen Form ist noch eine zweite Methode in der theoretischen Physik üblich, nämlich die Darstellung eines möglichst eng begrenzten Tatsachengebietes durch Differentialgleichungen. Wir wollen sie die Phänomenologie auf mathematisch-physikalischer Grundlage nennen. Da dieselbe ein neues Bild der Tatsachen gibt und es selbstverständlich vorteilhaft ist, möglichst viele Bilder zu besitzen, so ist sie natürlich neben der Atomistik in deren heutiger Gestalt von hohem Werte. Eine andere Phänomenologie, welche ich die energetische nennen möchte, wird später zur Sprache kommen. Man hat nun oft die Ansicht ausgesprochen, daß die nach der phänomenologischen Methode erhaltenen Bilder aus inneren Gründen den Vorzug vor denen der Atomistik verdienen.

Ich pflege solchen allgemein philosophischen Fragen aus dem Wege zu gehen, solange sie keine praktischen Konsequenzen haben, da sie nicht so scharf gefaßt werden können wie Spezialfragen, und daher ihre Beantwortung mehr Geschmackssache ist. Doch scheint es mir, als ob gegenwärtig die Atomistik aus dem oben angeführten, kaum stichhaltigen Grunde praktisch zurückgesetzt würde, und da glaubte ich, das Meine tun zu sollen, um den Schaden zu verhüten, der meines Erachtens der Wissenschaft daraus erwachsen könnte, wenn nun die Phänomenologie, wie früher die Atomistik, zum Dogma erhoben würde.

---

1) Aus den Annalen der Physik und Chemie. N. F. Band 60. S. 231.

Um Mißverständnisse zu vermeiden, will ich gleich zu Anfang die Beantwortung ganz bestimmter Fragen als den Zweck der folgenden Betrachtungen bezeichnen. Da der Nutzen, welchen die Atomistik in ihrer Entwickelung der Wissenschaft geleistet hat, von keinem unbefangenen Kenner der Geschichte der Wissenschaft bezweifelt wird, so können wir die Fragen so formulieren: Hat die Atomistik in ihrer gegenwärtigen Form nicht auch hohe Vorzüge vor der heute üblichen Phänomenologie? Ist irgendeine Wahrscheinlichkeit vorhanden, daß sich in absehbarer Zeit aus der Phänomenologie eine Theorie entwickeln könne, welche diese, gerade der Atomistik eigentümlichen Vorzüge ebenfalls besitzt? Besteht nicht neben der Möglichkeit, daß die heutige Atomistik einmal verlassen werden wird, auch die, daß in ihr die Phänomenologie mehr und mehr aufgehen wird? Endlich wäre es nicht ein Schaden für die Wissenschaft, wenn man nicht noch heute die gegenwärtigen Anschauungen der Atomistik mit gleichem Eifer pflegte, wie die der Phänomenologie? Die Beantwortung dieser Fragen in dem der Atomistik günstigen Sinne bezeichne ich schon hier als das Resultat der folgenden Betrachtungen.

Die Differentialgleichungen der mathematisch-physikalischen Phänomenologie sind offenbar nichts als Regeln für die Bildung und Verbindung von Zahlen und geometrischen Begriffen, diese aber sind wieder nichts anderes als Gedankenbilder, aus denen die Erscheinungen vorhergesagt werden können.[1]) Genau dasselbe gilt auch von den Vorstellungen der Atomistik, so daß ich in dieser Beziehung nicht den mindesten Unterschied zu erkennen vermag. Überhaupt scheint mir von einem umfassenden Tatsachengebiete niemals eine direkte Beschreibung, stets nur ein Gedankenbild möglich. Man darf daher nicht mit Ostwald sagen, du sollst dir kein Bild machen, sondern nur, du sollst in dasselbe möglichst wenig willkürliches aufnehmen.

Die mathematisch-physikalische Phänomenologie verbindet manchesmal die Voranstellung der Gleichungen mit einer gewissen Geringschätzung der Atomistik. Ich glaube

---

1) Vgl. Prinzipien der Wärmelehre (Leipzig, bei J. A. Barth, p. 363, 1896) von Mach, dessen einschlägige Schriften wesentlich zur Klärung meiner eigenen Weltanschauung beitrugen.

nun, daß die Behauptung, Differentialgleichungen gingen weniger über die Tatsachen hinaus, als die allgemeinste Form atomistischer Ansichten, auf einem Zirkelschlusse beruhen würde. Wenn man schon von vornherein der Ansicht ist, daß unsere Wahrnehmungen durch das Bild eines Kontinuums dargestellt werden, dann gehen allerdings nicht die Differentialgleichungen, wohl aber die Atomistik über die vorgefaßte Ansicht hinaus. Ganz anders, wenn man atomistisch zu denken gewohnt ist; dann kehrt sich die Sache um, und die Vorstellung des Kontinuums scheint über die Tatsachen hinauszugehen.

Analysieren wir z. B. einmal die Bedeutung der hierbei klassischen Fourierschen Wärmeleitungsgleichung! Dieselbe drückt nichts anderes aus, als eine aus zwei Teilen bestehende Regel:

1. Man denke sich im Innern des Körpers (oder noch allgemeiner regelmäßig angeordnet in einer entsprechend begrenzten dreidimensionalen Mannigfaltigkeit) zahlreiche kleine Dinge (nennen wir sie Elementarkörperchen oder besser Elemente oder Atome im allgemeinsten Sinne), deren jedes zu Anfang eine beliebige Temperatur hat. Nach Verlauf einer sehr kleinen Zeit (bezw. bei einem kleinen Zuwachse einer vierten Variabeln) sei die Temperatur jedes Körperchens das arithmetische Mittel der Temperaturen, welche vorher die dasselbe unmittelbar umgebenden Körperchen hatten. Nach einer zweiten gleich großen Zeit hat man diesen Prozeß zu wiederholen usw.

2. Man denke sich sowohl die Elementarkörperchen als auch die Zeitteilchen immer kleiner und kleiner, ihre Anzahl im entsprechenden Verhältnisse immer größer und größer und bleibe bei jenen Temperaturwerten stehen, wo die weitere Verkleinerung das Resultat nicht mehr merkbar beeinflußt.

Ebenso können bestimmte Integrale, welche die Lösung der Differentialgleichung darstellen, im allgemeinen nur durch mechanische Quadraturen berechnet werden, erfordern also wieder zuerst eine Zerlegung in eine endliche Zahl von Teilen.

Man glaube doch nicht, daß man sich durch das Wort Kontinuum oder das Hinschreiben einer Differentialgleichung auch einen klaren Begriff des Kontinuums verschafft habe! Bei näherem Zusehen ist die Differentialgleichung nur der Ausdruck dafür, daß man sich zuerst eine endliche Zahl zu denken hat; dies ist die erste Vorbedingung, dann erst muß die Zahl wachsen, bis ihr weiteres Wachstum nicht mehr von Einfluß ist. Was nützt es, die Forderung, sich eine große Zahl von Einzelwesen zu denken, jetzt zu verschweigen, wenn man bei Erklärung der Differentialgleichung den durch dieselbe ausgedrückten Wert durch jene Forderung definiert hat? Man verzeihe den etwas banalen Ausdruck, wenn ich sage, daß derjenige, welcher die Atomistik durch Differentialgleichungen losgeworden zu sein glaubt, den Wald vor Bäumen nicht sieht. Eine Erklärung der Differentialgleichung durch kompliziertere, geometrische oder andere physikalische Begriffe würde aber erst recht die Wärmeleitungsgleichung im Lichte einer Analogie, statt einer direkten Beschreibung erscheinen lassen. Wir vermögen in Wirklichkeit die benachbarten Teile nicht zu unterscheiden. Ein Bild aber, in welchem wir von allem Anfange her die benachbarten Teile nicht unterscheiden, wäre verschwommen; wir könnten daran die vorgeschriebenen Rechnungsoperationen nicht vornehmen.

Erkläre ich also die Differentialgleichung oder eine Formel, welche bestimmte Integrale enthält, für das zweckmäßigste Bild, so gebe ich mich einer Illusion hin, wenn ich glaube, damit die atomistische Vorstellung aus meinem Gedankenbilde entfernt zu haben, ohne welche der Limitenbegriff sinnlos ist; ich mache dann vielmehr bloß die weitere Behauptung, daß, wie sehr auch die Beobachtungsmittel verfeinert werden mögen, niemals Unterschiede zwischen den Tatsachen und den Limitenwerten beobachtbar sein werden.

Geht da nicht das Bild, welches eine sehr große, aber endliche Zahl von Elementarkörperchen voraussetzt, weniger über die Tatsachen hinaus? Hat sich nicht die Sache umgekehrt? Während früher die Annahme einer bestimmten Größe der Atome als eine rohe, willkürlich über die Tatsachen hinausgehende Vorstellung galt, so erscheint sie jetzt gerade als die natürlichere, und die Behauptung, daß niemals Unterschiede zwischen den Tatsachen und den Limitenwerten entdeckt werden könnten, weil solche bis heute (vielleicht nicht einmal in allen Fällen) noch nicht entdeckt wurden, fügt dem Bilde etwas Neues, Unerwiesenes bei. Warum durch diese hinterher angeflickte Behauptung das Bild klarer, einfacher oder wahrscheinlicher werden sollte, ist mir unbegreiflich.[1]) Die Atomistik scheint vom Begriffe des Kontinuums untrennbar. Offenbar gingen Laplace, Poisson, Cauchy usw. deshalb von atomistischen Betrachtungen aus, weil man sich damals noch klarer bewußt war, daß Differentialgleichungen nur Symbole für atomistische Vorstellungen sind, und daher auch noch lebhafter das Bedürfnis empfand, letztere einfach zu gestalten. Die ersten Formen der Atomistik möchte ich mit den komplizierten Umschweifen vergleichen, welche die alten Physiker machten, statt mit benannten Größen zu rechnen, während die Gewöhnung an die Symbolik der Integralrechnung der an Ausdrücke wie cm. sec^{-1} gleicht. Die dadurch erzielte Bequemlichkeit kann aber zu manchen Fehlschlüssen führen, wenn man die Bedeutung vergißt, die man der Division durch eine Sekunde willkürlich beilegte.

Wie die Wärmeleitungsgleichung, so können auch die Grundgleichungen der Elastizität allgemein nur gelöst werden, indem man sich zuerst eine endliche Zahl von Elementarkörperchen denkt, welche nach gewissen einfachen Gesetzen aufeinander wirken, und dann wieder die Limite bei Vermehrung der Zahl derselben sucht. Diese Limite ist also wieder die eigentliche Definition der Grundgleichungen, und das Bild, welches von vornherein eine große, aber endliche Zahl annimmt, erscheint abermals einfacher.

Wir können so, indem wir den betreffenden Atomen nur gerade so viele Eigenschaften beilegen, als notwendig sind, um ein kleines Tatsachengebiet in der einfachsten Weise zu beschreiben, für jedes solche Tatsachengebiet eine besondere Atomistik erhalten[2]), welche zwar, wie mir scheint, ebenso-

---

1) Die Gesichtswahrnehmungen entsprechen der Erregung einer endlichen Zahl von Nervenfasern, werden also wahrscheinlich durch ein Mosaik besser dargestellt, als durch eine kontinuierliche Fläche. Ähnliches gilt auch von den übrigen Sinnesempfindungen. Ist es da nicht wahrscheinlich, daß auch die Modelle für Komplexe von Wahrnehmungen besser aus diskreten Teilen zusammengesetzt werden?

2) Wenn wir ehrlich sind, so können wir der Behauptung von

wenig als das, was man gewöhnlich Atomistik nennt, eine direkte Beschreibung, aber doch ein von Willkür möglichst freies Bild ist.

Die Phänomenologie versucht nun, alle diese speziellen Atomistiken ohne vorhergehende Vereinfachung derselben zu kombinieren, um die wirklichen Tatsachen darzustellen, d. h. ihnen alle in diesen Atomistiken enthaltenen Vorstellungen anzupassen; allein da sie eine Unzahl von Begriffen, die je einem kleinen Erscheinungsgebiete entnommen sind und wenig zueinander passen, sowie eine Unzahl von Differentialgleichungen mitbringt, von denen jede, trotz mannigfaltiger Analogien, doch wieder viele Besonderheiten hat, so ist von vornherein zu erwarten, daß sich die Darstellung sehr kompliziert gestalten muß. In der Tat zeigt sich, daß schon ganz unübersichtliche und enorm komplizierte Gleichungen notwendig sind, wenn die Phänomenologie auch nur das Ineinandergreifen einiger weniger Erscheinungsgebiete bei noch immer nahe stationären Vorgängen darstellen will (elastische

---

Hertz, daß ein gewisses System von Differentialgleichungen seine Theorie der elektromagnetischen Erscheinungen ausmache, nur den Sinn beilegen, daß er sich diese Erscheinungen durch das Bild von zweierlei, den Raum dicht erfüllenden Gedankendingen darstellt, welche beide den Charakter von Vektoren haben, und deren zeitliche Änderung, die sich aber jetzt auf Intensität und Richtung bezieht, wie bei der Wärmeleitung nur durch die unmittelbare Umgebung bedingt ist, aber in komplizierterer, leicht anzugebender Weise davon abhängt. Hierdurch ist eine atomistische Theorie des Elektromagnetismus gegeben, die möglichst wenig Willkürliches enthält. . . . . . Wäre es möglich, ein solches Bild zu finden, welches umfassendere Übereinstimmung zeigt, als die gewöhnliche Atomistik, so wäre damit auch dessen Berechtigung erwiesen. Die Auffassung der Atome als materieller Punkte und der Kräfte als Funktionen ihrer Entfernung ist also wohl eine provisorische, die aber in Ermangelung einer besseren heute noch beizubehalten ist.

Freilich lehrt die einfachste Überlegung sowie die Erfahrung übereinstimmend, daß es hoffnungslos schwierig ist, durch bloßes Raten ins Blaue hinein gleich auf richtige Weltbilder zu verfallen, daß sich solche vielmehr immer nur langsam aus einzelnen glücklichen Ideen durch Anpassung bilden. Gegen das Treiben der vielen leichtsinnigen Hypothesenschmiede, welche hoffen mit geringer Mühe eine die ganze Natur erklärende Hypothese zu finden, sowie gegen die metaphysische und dogmatische Begründung der Atomistik wendet sich daher die Erkenntnistheorie mit Recht.

Deformation mit Erwärmung und Magnetisierung usw.). Auch muß man (z. B. wenn man die Dissoziation der Gase nach Gibbs, die der Elektrolyte nach Planck darstellen will) doch wieder Hypothetisches, also über die Tatsachen Hinausgehendes einführen.

Dazu kommt noch der Umstand, daß alle Begriffe der Phänomenologie nahe stationären Erscheinungen entlehnt sind und bei turbulenter Bewegung nicht mehr Stich halten. So können wir die Temperatur eines ruhenden Körpers mittels eines eingesenkten Thermometers definieren. Wenn sich der Körper als Ganzes bewegt, mag sich das Thermometer mitbewegen. Hat aber jedes Volumenelement des Körpers eine verschiedene Bewegung, so wird die Definition gegenstandslos, und es ist wahrscheinlich oder doch möglich, daß sich dann die verschiedenen Energieformen (was Wärme, was sichtbare Bewegung ist usw.) nicht mehr scharf scheiden lassen.

Bedenkt man dies, sowie die Komplikation, welche die phänomenologischen Gleichungen schon in den wenigen Fällen annehmen, wo man das Ineinandergreifen mehrerer Erscheinnungsgebiete darstellte, so wird man eine Ahnung von den Schwierigkeiten erhalten, beliebige turbulente, auch mit chemischen Umsetzungen verbundene Erscheinungen nach dieser Methode zu beschreiben, also ohne vorher die den einzelnen Tatsachengebieten entsprechenden Atomistiken durch freilich willkürliche Vereinfachungen in bessere Übereinstimmung zu bringen. Im Vergleich mit den Eigenschaften, die man zu diesem Zwecke den Elementarkörperchen beilegen müßte, wären Lemery-Moleküle wahre Muster der Einfachheit.

Eine spezielle Phänomenologie, welche ich die energetische (im weitesten Sinne) nennen will, hofft durch weitere Verfolgung des allen Erscheinungsgebieten Gemeinsamen die verschiedenen, den einzelnen Erscheinungsgebieten entsprechenden Atomistiken einander näher zu bringen. Zwei Gattungen solcher gemeinsamer Züge sind bekannt. Der ersten Gattung gehören gewisse allgemeine Sätze an, wie das Energie-, Entropieprinzip usw., ich möchte sagen allgemeine Integralsätze, welche in allen Erscheinungsgebieten gelten.

Die zweite Gattung besteht in Analogien, welche sich durch die verschiedensten Erscheinungsgebiete durchziehen können. Die letzteren haben ihren Grund oft nur in der Gleichheit der Form, welche gewisse Gleichungen bei einem gewissen Grade der Annäherung immer annehmen müssen, während in den feineren Details die Analogien oft aufzuhören scheinen. (Annähernde Proportionalität kleiner Änderungen der Funktion mit denen des Argumentes, Übrigbleiben der ersten oder zweiten Differentialquotienten mit annähernd konstanten Koeffizienten, Linearität bezüglich kleiner Größen und daher Superposition. Auch die Analogien im Verhalten der verschiedenen Energieformen scheinen teilweise solche rein algebraische Gründe zu haben). Allein trotz der enormen Wichtigkeit der Integralsätze (wegen ihrer allgemeinen Gültigkeit und der daraus entspringenden hohen Sicherheit) und der Analogien (wegen der vielfachen Rechnungsvorteile und neuen Gesichtspunkte, welche sie bieten) liefern sowohl die Integralsätze als auch die Analogien doch immer nur einen kleinen Teil des gesamten Tatsachenzusammenhanges, man mußte daher selbst zur genauen Darstellung jedes einzelnen Erscheinungsgebietes noch so viele spezielle Bilder hinzunehmen (Naturgeschichte des betreffenden Erscheinungsgebietes), daß, wie ich andern Orts nachgewiesen zu haben glaube, bisher nicht einmal die eindeutige und umfassende Beschreibung eines einzigen Gebietes stationärer Erscheinungen nach dieser Methode gelang, geschweige denn eine Übersicht aller, sogar auch der turbulenten Phänomene. Die Frage, ob einmal auf diesem Wege umfassende Naturbilder gelingen, hat daher vorläufig nur einen rein akademischen Wert.

Um dem letzteren Ziele näher zu kommen, sucht die heutige Atomistik schon die Fundamente der verschiedenen phänomenologischen Atomistiken einander anzupassen, indem sie die Eigenschaften der für die verschiedenen Tatsachengebiete erforderlichen Atome willkürlich so ergänzt und abändert, daß sie zur gleichzeitigen Darstellung vieler Gebiete taugen.[1]) Sie zerlegt gewissermaßen die Eigenschaften der

---

1) Obige Darstellung will natürlich nicht sagen, daß die phänomenologischen Gleichungen immer zeitlich den Fortschritten der heutigen Atomistik vorangegangen seien. Die meisten phänomenologischen

für ein einzelnes Tatsachengebiet erforderlichen Atome so in Komponenten (vgl. drei Seiten vorher in der Anmerkung), daß dieselben auf mehrere Tatsachengebiete passen. Dies ist selbstverständlich gerade so, wie die Zerlegung der Kräfte in Komponenten nicht ohne eine gewisse, über die Tatsachen hinausgehende Willkürlichkeit möglich.[1]) Allein sie erreicht dafür den Vorteil, daß sie ein einfaches und übersichtliches Bild einer weit größeren Summe von Tatsachen zu geben vermag.

Während die Phänomenologie schon für die Mechanik der Schwerpunktsbewegungen und der starren Körper, für die Elastizität, Hydrodynamik usw. separate, unter sich wenig

---

Gleichungen wurden vielmehr selbst durch Betrachtungen an spezialisierten, einem anderen Erscheinungsgebiete (der Mechanik) entnommenen Atomen gewonnen und erhielten erst später durch Loslösung von diesen Betrachtungen den Charakter phänomenologischer Gleichungen. Dieser Umstand kann uns nicht wundern, da wir erkannt haben, daß der Sinn dieser Gleichungen in Wahrheit immer die Forderung atomistischer Bilder ist, und er wird nur noch mehr zu gunsten der Atomistik sprechen.

1) Ein derartiger, dem Bilde der Atome willkürlich beigelegter Zug ist deren Unveränderlichkeit. Der Vorwurf, daß hier eine unberechtigte Verallgemeinerung der beobachteten, nur begrenzte Zeit dauernden Unveränderlichkeit der festen Körper vorliege, wäre sicher gerechtfertigt, sobald man, wie es wohl ehedem geschah, die Unveränderlichkeit der Atome a priori zu beweisen suchte. Wir nehmen sie aber bloß deshalb in unser Bild auf, damit dasselbe den Inbegriff möglichst vieler Erscheinungen darzustellen vermag, wie man den ersten Differentialquotienten nach der Zeit und die zweiten nach den Koordinaten deshalb in die Wärmeleitungsgleichung aufnimmt, damit sie auf die Tatsachen paßt. Wir sind bereit, die Unveränderlichkeit in jenen Fällen fallen zu lassen, wo eine andere Annahme die Erscheinungen besser darstellen würde. So wären in der Tat die fünf Seiten vorher in der Anmerkung erwähnten Vektoratome des Äthers nicht mit der Zeit unveränderlich.

Die Unveränderlichkeit der Atome gehört also zu jenen Vorstellungen, welche sich als sehr brauchbar erwiesen, obwohl die metaphysischen Betrachtungen, durch welche man dazu gelangte, einer vorurteilslosen Kritik nicht standhalten. Gerade wegen dieser vielfachen Brauchbarkeit muß man aber doch eine gewisse Wahrscheinlichkeit, daß sich die sogenannte strahlende Energie durch ähnliche Bilder wie die Materie darstellen lasse (daß der Lichtäther ein Stoff sei), zugeben.

zusammenhängende Bilder braucht, ist die heutige Atomistik ein vollkommen zutreffendes Bild aller mechanischen Erscheinungen, und es ist bei der Abgeschlossenheit dieses Gebietes kaum zu erwarten, daß auf demselben noch Erscheinungen entdeckt werden könnten, welche sich nicht in den Rahmen des Bildes fügen. Dieses umfaßt ferner auch die Wärmeerscheinungen. Daß der letzte Umstand nicht so sicher nachgewiesen werden kann, liegt lediglich in der Schwierigkeit, welche die Berechnung der Molekularbewegung bietet. Jedenfalls finden sich alle wesentlichen Tatsachen in den Zügen unseres Bildes wieder. Dieses erwies sich auch zur Darstellung der kristallographischen Tatsachen, der konstanten Proportionen der Massen bei chemischen Verbindungen, der chemischen Isomerien und der Beziehungen zwischen der Drehung der Polarisationsebene und der chemischen Konstitution usw. äußerst nützlich.

Die Atomistik ist dabei noch großer Weiterentwickelung fähig. Man kann sich unter den Atomen kompliziertere, mit beliebigen Eigenschaften begabte Individuen denken, wie z. B. die Vektoratome, von denen wir sechs Seiten vorher in der Anmerkung sahen, daß sie momentan die einfachste Beschreibung der elektromagnetischen Erscheinungen liefern.[1])

Den der Phänomenologie noch ganz unzugänglichen turbulenten Erscheinungen tritt nun die heutige Atomistik freilich mit bestimmten vorgefaßten Meinungen entgegen; allein sie besitzt dafür wertvolle Fingerzeige, wie jene Erschei-

---

1) Wenn man unter einer mechanischen Naturerklärung eine solche versteht, welche auf den Gesetzen der heutigen Mechanik beruht, so muß es als durchaus unsicher bezeichnet werden, daß die Atomistik der Zukunft eine mechanische Naturerklärung sein werde. Nur insofern, als sie immer möglichst einfache Gesetze für die zeitliche Veränderung zahlreicher, in einer Mannigfaltigkeit von wohl drei Dimensionen verteilter Einzeldinge wird angeben müssen, kann man sie jedenfalls im übertragenen Sinne als eine mechanische Theorie bezeichnen.

Sollte z. B. wirklich keine einfachere Beschreibung der elektromagnetischen Erscheinungen gefunden werden, so müßte man die oben im Texte besprochenen Vektoratome beibehalten. Ob man nun die Gesetze, nach denen sich diese mit der Zeit verändern, als mechanische bezeichnen will oder nicht, das dürfte vollkommen von unserem Belieben abhängen.

nungen wohl darstellbar sein dürften, ja kann sie in manchen Fällen geradezu voraussagen. So vermag die Gastheorie den Verlauf aller mechanischen und thermischen Erscheinungen in Gasen auch bei turbulenter Bewegung vorauszusagen und gibt so Anhaltspunkte, wie für diese Erscheinungen die Temperatur, der Druck usw. zu definieren sein werden. Gerade das aber ist die Hauptaufgabe der Wissenschaft, die zur Darstellung einer Reihe von Tatsachen dienenden Bilder so zu gestalten, daß daraus der Verlauf anderer ähnlicher vorhergesagt werden kann. Es versteht sich freilich, daß die Vorhersagung noch durch das Experiment geprüft werden muß. Wahrscheinlich wird sie sich nur teilweise bestätigen. Es ist dann Hoffnung vorhanden, die Bilder so abzuändern und zu vervollständigen, daß sie auch den neuen Tatsachen entsprechen. (Wir erfahren Neues über die Beschaffenheit der Atome).

Natürlich ist die Forderung berechtigt, daß man dem Bilde nicht mehr willkürliches (das möglichst allgemein zu halten ist) hinzufüge, als zur Beschreibung größerer Erscheinungsgebiete unumgänglich notwendig ist, daß man stets bereit sei, das Bild abzuändern, ja die Möglichkeit im Auge behalte, einmal zu erkennen, daß an Stelle des Bildes besser ein ganz neues, grundverschiedenes treten müsse. Schon deshalb, weil dann die Konstruktion des neuen Bildes auf Grund der unberührt gebliebenen Spezialbilder der Phänomenologie geschehen müßte, sind auch diese neben der Atomistik sorgfältig zu pflegen.

Zum Schlusse möchte ich noch weiter gehend, mich fast bis zur Behauptung versteigen, daß es in der Natur des Bildes liege, daß dasselbe gewisse willkürliche Züge behufs der Abbildung beifügen muß, und daß man strenge genommen, jedesmal über die Erfahrung hinausgehe, sobald man aus einem gewissen Tatsachen angepaßten Bilde auch nur auf eine einzige neue Tatsache schließt. Ist es mathematisch gewiß, daß man nicht, um alle Tatsachen darzustellen, an Stelle der Fourierschen Wärmeleitungsgleichung eine ganz andere setzen müßte, die sich gerade nur in den bisher beobachteten Fällen auf die Fouriersche reduziert, so daß man bei der nächstbesten neuen Beobachtung sofort das Bild und infolgedessen auch die Vorstellung über den Wärmeaustausch der kleinsten Teilchen total ändern müßte? Es könnten z. B. alle bisher untersuchten Körper zufällig gerade gewisse Regelmäßigkeiten zeigen, bei deren Wegfall die Fouriersche Gleichung falsch wird.

Ähnlich wie Fourier das Gesetz der spezifischen Wärme und die Proportionalität des Wärmeaustausches zwischen zwei sich berührenden Körpern mit der Temperaturdifferenz, so überträgt die Gastheorie die allgemeinen Gesetze der Mechanik und die Tatsache, daß die Körper sich bei der Berührung verdrängen, in etwas größerer Entfernung aber nicht mehr aufeinander wirken, auf die kleinsten Teilchen, die man, wie wir sahen, gar nicht entbehren kann, wenn man ausgedehnte Körper darstellen soll. Auch die Annahme, daß ein- und dieselben kleinsten Teilchen zur Darstellung des tropfbaren und gasförmigen Aggregatzustandes genügen, scheint mir bei der Kontinuität beider Aggregatzustände wohl begründet und entspricht allein der Forderung nach Einfachheit der Naturbeschreibung. Die Berechtigung der beiden letzteren Annahmen zugegeben, können wir aber der Konsequenz gar nicht entgehen, daß die kleinsten Teile in eine dem Auge unsichtbare relative Bewegung geraten, welche sichtbare, lebendige Kraft verschluckt und deren Wahrnehmbarkeit durch gewisse Nerven sicher nicht unwahrscheinlich ist (speziell mechanische Wärmetheorie), sowie daß sie in sehr verdünnten Körpern meist nahe gerade Bahnen beschreiben (kinetische Gastheorie). Das Bild, durch welches wir die mechanischen Erscheinungen darstellen, würde durch Weglassen dieser Folgerungen nur komplizierter, wenn nicht widersprechend. Die weitere Annahme, daß die Molekularbewegungen nicht aufhören, während erregte, sichtbare Bewegungen allmählich in Molekularbewegungen übergehen, ist ebenfalls den anerkannten mechanischen Gesetzen vollkommen konform.

Sämtliche Folgerungen der speziellen mechanischen Wärmetheorie, sie mochten den disparatesten Gebieten angehören, wurden durch die Erfahrung bestätigt, ja ich möchte sagen, sie stimmten bis in ihre feinsten Nuancen merkwürdig mit dem Pulsschlage der Natur.[1])

---

[1]) Unter vielem erwähne ich da nur die Erklärung der drei Aggregatzustände und deren Übergänge ineinander, ferner die Über-

Freilich sind die Fourierschen Annahmen über die Wärmeleitung so außerordentlich einfach und die Tatsachen, welche man aus denselben noch berechnen könnte, den schon durch die Beobachtung geprüften so konform, daß die Behauptung, Fouriers Annahme und seine Gleichung wären (als erste Annäherung) nicht absolut gewiß, vielleicht als Haarspalterei erscheint. Ich aber finde es nicht verwunderlich, daß man mit recht einfachen plausiblen Annahmen auskommt, sobald man das Tatsachengebiet so willkürlich beschränkt, und daß dann auch bald die von den bestätigten Fällen wesentlich verschiedenen ausgehen.

Sollte es je gelingen, eine ebenso umfassende Theorie, wie die heutige Atomistik zu konstruieren, welche auf ebenso klarer und unanfechtbarer Grundlage beruht, wie die Fouriersche Wärmeleitungstheorie, so wäre dies natürlich ein Ideal. Ob dies eher durch nachherige Vereinigung der vorher unvereinfachten phänomenologischen Gleichung oder dadurch möglich sein wird, daß die Anschauungen der heutigen Atomistik durch fortwährende Anpassung und stete Bestätigung durch die Erfahrung endlich der Evidenz der Fourierschen Theorie sich asymptotisch nähern, scheint mir heute noch

---

einstimmung des Entropiebegriffes mit dem mathematischen Ausdrucke der Wahrscheinlichkeit oder Ungeordnetheit einer Bewegung. Die Behauptung, ein bewegtes System sehr vieler Körperchen strebe, von unbeobachtbar wenigen Ausnahmen abgesehen, einem Zustande zu, für den ein angebbarer mathematischer, die Wahrscheinlichkeit des Zustandes messender Ausdruck ein Maximum wird, scheint mir doch über den fast tautologischen, es strebe dem stabilsten Zustande zu, hinauszugehen. Übrigens vermutet Mach (l. c. p. 381) mit Recht, daß ich bei Abfassung einer populären Rede über dieses Thema die von ihm zitierten, das Streben nach Stabilität behandelnden Schriften nicht kannte, von denen alle bis auf eine erst Jahre nach meiner Rede, alle nach Publikation derjenigen Abhandlungen erschienen sind, von denen jene Rede nur eine populäre Darstellung gibt.

Wenn das Energieprinzip die einzige Begründung der speziellen mechanischen Wärmelehre und die Erklärung desselben ihr einziger Zweck wäre, dann wäre sie freilich nach der allgemeinen Erkenntnis desselben überflüssig. Wir sahen aber, daß noch viele andere Gründe für sie sprechen, und daß sie auch von zahlreichen anderen Erscheinungen ein Bild liefert.

Die Theorie der elektrischen Fluida war von vornherein in ganz anderer Weise unnatürlich und wurde von zahlreichen Forschern seit jeher als eine provisorische erkannt.

völlig unentschieden. Denn wenn man auch die schon vorliegenden Beobachtungen, wobei eine Molekularbewegung in tropfbaren Flüssigkeiten und Gasen direkt beobachtet worden zu sein scheint, für nicht beweisend hält, so kann doch die Möglichkeit künftiger beweisender (d. h. die Wahrscheinlichkeit bis zu beliebigem Grad steigernder) Beobachtungen nicht geleugnet werden. Ganz verfehlt scheint es mir daher, wenn man sicher behauptet, daß Bilder, wie die spezielle mechanische Wärmetheorie oder die Atomtheorie des Chemismus und der Kristallisation, einmal aus der Wissenschaft verschwinden müßten. Es kann nur gefragt werden, ob die Übereilung, welche in der Kultivierung solcher Bilder liegt, oder die zu große Vorsicht, welche empfiehlt, sich derselben zu enthalten, für die Wissenschaft unvorteilhafter wäre.

Wieviel die Vorstellungen der Atomistik durch Förderung der Anschaulichkeit und Übersicht der Physik, Chemie und Kristallographie genützt haben, ist bekannt; daß sie besonders zur Zeit, als sie noch den Erscheinungen viel weniger als jetzt angepaßt waren und mehr von metaphysischen Gesichtspunkten betrachtet wurden, auch hemmend wirkten und daher in einigen Fällen wie ein unnützer Ballast erscheinen, soll nicht geleugnet werden. Man wird, ohne die Übersicht aufzugeben, nichts von der Sicherheit verlieren, wenn man die Phänomenologie der möglichst sichergestellten Resultate strenge von den zur Zusammenfassung dienenden Hypothesen der Atomistik trennt und beide als gleich unentbehrlich mit gleichem Eifer fortentwickelt, aber nicht unter bloßer einseitiger Beachtung der Vorzüge der Phänomenologie behauptet, daß diese jedenfalls einmal die heutige Atomistik verdrängen werde.

Wenn auch die Möglichkeit, die Bilder der Phänomenologie auf einem anderen Wege, als dem der heutigen Atomistik zu einer umfassenden Theorie zu vereinen besteht, so ist doch folgendes sicher:

1. Diese Theorie kann kein Inventar in dem Sinne sein, daß jede einzelne Tatsache mit einem besonderen Zeichen bezeichnet wäre; es wäre ja dann ebenso umständlich, sich darin zurechtzufinden, als die Tatsachen alle zu erleben. Sie kann also, wie die heutige Atomistik, bloß eine Anweisung sein, sich ein Weltbild zu konstruieren.

2. Will man sich keiner Illusion über die Bedeutung einer Differentialgleichung oder überhaupt einer kontinuierlich ausgedehnten Größe hingeben, so kann man nicht in Zweifel sein, daß dieses Weltbild in seinem Wesen wieder ein atomistisches sein muß, d. h. eine Vorschrift, sich die zeitlichen Veränderungen einer überaus großen Anzahl von in einer Mannigfaltigkeit von wohl drei Dimensionen angeordneten Dingen nach bestimmten Regeln zu denken. Die Dinge können natürlich gleichartig oder von verschiedener Art, unveränderlich oder veränderlich sein. Das Bild könnte bei der Annahme einer großen endlichen Zahl, oder es könnte dessen Limite bei stets wachsender Zahl alle Erscheinungen richtig darstellen.

Denkt man sich ein allumfassendes Weltbild, in dem jeder Zug die Evidenz der Fourierschen Wärmeleitungstheorie hat, möglich, so ist es noch unentschieden, ob es nach der phänomenologischen Methode oder durch stete Weiterbildung und erfahrungsmäßige Bestätigung der Bilder der heutigen Atomistik leichter zu erreichen ist. Man könnte sich dann ebenso gut auch denken, daß es mehrere Weltbilder geben könnte, die alle die gleiche ideale Eigenschaft besäßen.

Anmerkung 1. Aus den Prinzipien dieses Aufsatzes folgt zweifellos, daß auch kontinuierliche geometrische Figuren, z. B. der Kreis, nur den Sinn haben, daß man sich dieselben zuerst aus einer endlichen Punktezahl bestehend zu denken hat und erst dann diese Zahl beliebig wachsen lassen muß. Die Limite, der sich der Umfang des ein und umschriebenen n-Ecks mit wachsendem n nähert, ist eben die Definition der Zahl π. Doch wird man sich den Kreis (als geometrischen Begriff) nicht aus einer großen endlichen Atomzahl gebildet denken, da er nicht, wie der Begriff eines Grammes Wasser von 4^0 C unter dem Atmosphärendruck ein Gedankensymbol für einen einzigen gleichbleibenden Komplex ist, sondern wie der Zahlbegriff auf die verschiedensten Komplexe mit den verschiedensten (natürlich immer sehr großen) Atomzahlen anwendbar sein soll.

Anmerkung 2. Man kann natürlich dem, was wir auf der dritten Seite dieser Abhandlung „Elementarkörperchen" oder

„Atome im allgemeinsten Sinne" oder „Elemente" nannten, beliebige andere Namen geben, z. B. „Vorstellungseinheiten" oder „Etwase". Von dem Namen „Volumenelemente" aber möchte ich abraten. 1. bringt derselbe viele Vorstellungen mit sich, die gerade zu vermeiden sind, damit das Bild ungetrübt bleibe, z. B. die einer bestimmten, etwa parallelepipedischen Gestalt, oder die, daß jedes Element noch aus kleineren Teilchen besteht, welche die betreffende Eigenschaft wieder in verschiedenem Grade (also bei der Wärmeleitung wieder verschiedene Temperaturen) haben. Das ist aber gerade die konfuseste Annahme, die bei mechanischer Auswertung der bestimmten Integrale oder der durch Differentialgleichungen definierten Werte niemals gemacht werden kann, daß in den Elementen selbst Wärmeleitung stattfinde. 2. ist der Begriff Volumenelement in anderer Beziehung zu enge. Wie könnte man den Vektoratomen der Anmerkung auf der fünften Seite dieser Abhandlung den Namen „Volumenelemente" geben?

Über die Frage nach der objektiven Existenz der Vorgänge in der unbelebten Natur.[1]

Ich will zunächst meinen Standpunkt durch eine wahre Anekdote charakterisieren. Es war noch zur Zeit meiner Gymnasialstudien, als mich mein nun lange verstorbener Bruder oft vergeblich von der Widersinnigkeit meines Ideals einer Philosophie zu überzeugen suchte, welche jeden Begriff bei seiner Einführung klar definiert. Endlich gelang es ihm in folgender Weise: In der Schulstunde war uns ein philosophisches Werk (ich glaube von Hume) als besonders konsequent gepriesen worden. Sofort verlangte ich dasselbe in Begleitung meines Bruders in der Bibliothek. Es war bloß im englischen Original vorhanden. Ich stutzte, da ich kein Wort englisch verstand; aber mein Bruder fiel sofort ein: „Wenn das Werk das leistet, was du davon erwartest, so kann auf die Sprache nichts ankommen, denn dann muß ja ohnehin jedes Wort, bevor es gebraucht wird, klar definiert werden".

Man kann kaum drastischer zeigen, welche Menge von Erfahrungen, sowie von Worten und Gedanken, womit sie bezeichnet werden, als bekannt vorausgesetzt werden müssen, wenn wir uns überhaupt verstehen sollen, und daß wir nicht alles definieren können, sonders bloß mittels ebenfalls bekannter Zeichen Regeln anzugeben haben, wie unsere Bezeichnungen vereinfacht und den bekannten Erfahrungen angepaßt werden können.[2] Wie Euklid in der Geometrie un-

---
1) Aus den Sitzungsberichten der kaiserl. Akademie der Wissenschaften in Wien. Mathem.-naturw. Klasse; Bd. CVI. Abt. II. a. S. 83. Jänner 1897.
2) Widersprüche (z. B. wir können uns die Körper nicht wirk-

beweisbare Axiome vorausschickt, so werden wir zunächst prüfen, welche Tatsachen die Grundlage und Vorbedingung der Erkenntnis bilden. Wir werden ehrlich eingestehen, daß wir mit diesen Tatsachen nichts tun können und tun sollen, als sie durch bekannte Zeichen in Erinnerung bringen, und werden uns nicht wundern, wenn man gerade deren Erklärung bisher für das Allerschwierigste hielt.

Jedermann weiß, was man unter Sinnesempfindungen und Willensimpulsen versteht. Es ist Vorbedingung der Intelligenz, daß ständige Regelmäßigkeiten zwischen diesen bestehen,[1]) welche wir durch verhältnismäßig wenige Vorstellungsbilder erfassen können. Was dies heißt, ist erfahrungsmäßig bekannt, und wir werden kein Rätsel darin erblicken, wenn es ebensowenig näher erklärt werden kann, als warum diese Regelmäßigkeiten stattfinden. Wenn ferner auf die Sinnesempfindung (oder den Empfindungskomplex) A nach dem Willensimpulse (oder Impulskomplexe) B immer eine Sinnesempfindung C, nach dem Willensimpulse D aber eine andere Sinnesempfindung E eintritt, so muß dies gewisse Eindrücke (Erinnerungen, Weltbilder) in uns hinterlassen, die sich natürlich zu den wirklichen Vorgängen wie Zeichen zum Be-

---

lich unendlich teilbar und andererseits auch nicht aus einer endlichen Punktzahl einen ausgedehnten Körper entstehend denken) können nur in den Bezeichnungen liegen, sind also ein Fingerzeig, daß diese unzweckmäßig gewählt sind. Die Erfahrung kann sich nicht widersprechen; denn selbst wenn ihre Gesetze ganz wechseln würden, hätte sich die Bezeichnung den veränderten Gesetzen anzupassen.

1) Dies ist das Kausalgesetz, welches man also nach Belieben als die Vorbedingung aller Erfahrung oder selbst als eine Erfahrung bezeichnen kann, die wir bei jeder Erfahrung mitmachen.

Wir können aus Erfahrungen schließen, daß beim Lotto jeder Zug gleich wahrscheinlich ist. Infolgedessen haben wir die Wahrscheinlichkeitsrechnung so konstruiert, daß es nach ihren Gesetzen, wenn auch einmal zufällig eine Nummer öfters herauskam, dadurch doch nicht wahrscheinlicher wird, daß sie beim nächsten Zuge wieder herauskommt. Man schloß nun so: A priori ist es gleich wahrscheinlich, daß morgen die Sonne aufgeht oder nicht, folglich wird durch den Umstand, daß sie bisher täglich aufging, ihr morgiger Aufgang nicht wahrscheinlicher. Dem muß entgegnet werden, daß eine aprioristisch gleiche Wahrscheinlichkeit beider Eventualitäten ebenso sinnlos ist, wie ein aprioristisches Wissen der einen oder anderen, daß hier eben die Wahrscheinlichkeitsgesetze des Lottos erfahrungsmäßig nicht anwendbar sind.

zeichneten verhalten (wir sagen, daß wir nach A und B die Empfindung C, nach A und D aber E erwarten), und diese Eindrücke müssen in vielen Fällen zur Folge haben, daß je mehr sie ausgebildet sind, desto sicherer, auf die Sinnesempfindung A stets der Willensimpuls B, nicht aber D erfolgt. (Wir reagieren auf Eindrücke, kommen durch sie in Emotion.) Wir nennen dann die Empfindung C eine erwünschte, D eine unerwünschte.[1]) Diese Impulse hängen daher in besonderer Weise von unseren inneren Zuständen (Erinnerungen) ab. Deshalb sagen wir, sie gehen von uns aus und nennen sie willkürlich, womit natürlich nicht behauptet werden kann, daß sie gesetzlos erfolgen.[2])

Da wir durch gute Erinnerungsbilder Erwünschtes erreichen, so sind erstere selbst erwünscht. Es zeigt sich nun, daß wir durch gewisse Willensimpulse die Erinnerungen erhalten, auffrischen, ja auch deren Verbindung ergänzen und vervollständigen können. Da gute Erinnerungsbilder erwünscht sind, werden solche Willensimpulse oft eintreten (wir stellen vor, denken nach).

Wir bezeichnen Handlungen, auf welche Gewünschtes erfolgt, und Vorstellungen, durch welche geleitet wir in solcher Weise handeln, als richtig. Wir müssen trachten, daß unsere Vorstellungen richtig und dabei ökonomisch sind, d. h. daß wir daraus mit dem geringsten Aufwande von Zeit und Mühe jedesmal die richtige Handlungsweise finden können. Die Anforderung an jede Theorie ist, daß sie richtig und ökonomisch sei; dann entspricht sie eo ipso den Denkgesetzen. Ich glaube nicht, daß man letzteres, wie es Hertz tut, als besondere Forderung aufzustellen braucht.

Der eingangs geschilderte Vorgang ist natürlich der größten Komplikationen fähig. Es sei auf verschiedene Empfindungskomplexe $A_1 A_2 A_3 \ldots$, welche gewisse Teile T gemein haben (ähnlich sind), stets eine Empfindung C gefolgt oder

---

1) Die ganze Einrichtung hat den Zweck, das dem Individuum oder der Gattung Nützliche herbeizuführen, das Schädliche abzuhalten.

2) Es wäre ganz falsch, hieraus zu folgern, daß man gemeinschädliche Handlungen nicht strafen dürfe. Man muß sie strafen, d. h. im Verbrecher und anderen Erinnerungen erzeugen, welche die ungewünschte Handlung in Zukunft verhüten. Man darf aber nur willkürliche Handlungen strafen, weil auf unwillkürliche die Erinnerungsbilder ohne Einfluß sind.

es habe der Willensimpuls B darauf die Empfindung C hervorgerufen. Den Eindruck, den dies in unserer Erinnerung hinterläßt, bezeichnen wir so: Wir erwarten, daß auf jeden Empfindungskomplex, der die Empfindungen T enthält, C eintreten oder C von B hervorgerufen werde oder wir schließen letzteres aus ersterem. Wenn wir den Willensimpuls B nicht erfolgen ließen, sagen wir, es wäre C nach diesem Willensimpulse gefolgt.[1])

Wenn wir nun einen neuen Empfindungskomplex A_x haben, worin ebenfalls die Empfindungen T vorkommen, so schließen, urteilen, vermuten, meinen[2]) wir, daß C folgen (respektive durch B erzeugt werden) wird. Trifft dies tatsächlich ein, so wird unsere Vermutung durch die Erfahrung bestätigt, wenn nicht, so werden wir überrascht, unseren Erinnerungen wird eine neue hinzugefügt, unser inneres Bild der Tatsachen wird ergänzt, verbessert, angepaßt. Wir machen Willensimpulse, welche Erinnerungen ins Bewußtsein rufen und Empfindungen herbeiführen, die diesen Prozeß beschleunigen. Wir suchen das in A_x Enthaltene, Unterscheidende, die Ursache, wir forschen, experimentieren.

Alle diese Vorgänge können beliebige weitere Komplikationen erfahren. Zur Herstellung des Bildes, was wir in einem gegebenen Falle zu erwarten haben, können selbst wieder komplizierte Willenstätigkeiten (Konstruktionen, Rechnungen) erforderlich sein. Das Bild kann so umfassend sein, daß wir mittels desselben unter den verschiedensten Verhältnissen den Erfolg konstruieren können. Wenn wir mit den Bildern selbst experimentieren, das Gemeinsame und Verschiedene derselben durch Willensimpulse ins Bewußt-

---

1) Wir können so auch auf Vergangenes schließen. Wenn B erfolgt wäre, so wäre in der Vergangenheit C darauf eingetreten, oder ein anderer Fall: Ich erinnere mich, einmal einen Empfindungskomplex A gehabt zu haben, von dem ich weiß, daß C immer darauf folgt; ich schließe, daß auch damals C folgte, selbst wenn ich mich nicht mehr direkt daran erinnere.

2) Vermutung und Meinung sind unsicher, der Schluß fast sicher, das Urteil bezieht sich besonders auf die Zweckmäßigkeit unserer eigenen Bezeichnungen oder auch von Handlungen, worauf einzugehen mir hier vollkommen ferne liegt.

sein bringen und in Fällen, die sich von den beobachteten unterscheiden, den Erfolg zu konstruieren suchen, so spekulieren wir. Das Resultat wird wie das der einfachsten Vermutung durch die Erfahrung zu prüfen sein.

Von Meinungen, welche genügend oft durch die Erfahrung bestätigt wurden, sagen wir, sie sind gewiß, wir wissen das durch sie ausgedrückte. Zur Konstruktion der Gedankenbilder haben wir fortwährend Bezeichnungen für das, was verschiedenen Erscheinungsgruppen oder Gruppen von Gedankenbildern oder Gedankenoperationen gemeinsam ist, nötig. Solche Bezeichnungen nennen wir Begriffe.

Wenn im (obigen Beispiele) C auf einen uns noch fremden Komplex A_y folgt, so sagen wir, wir haben dies erklärt, sobald wir T in A_y finden, oder falls uns alle A noch fremd wären, wenn wir diese beobachtet und T in allen, sowie in A_y gefunden haben (Erklärung von Aragos Versuch durch Faradays Entdeckung der Induktionsströme).

Wie kommen wir nun zur Unterscheidung gewisser Sinnesempfindungen als unserer eigenen, anderer als fremder? Mit der Bildung unserer Erinnerungsbilder steht die Reihe der Sinnesempfindungen, welche wir die unserigen nennen, in viel direkterem Zusammenhange, als die fremden Sinnesempfindungen. Jede unserer eigenen Empfindungen weckt ein Erinnerungsbild, wenn dieses auch bald verloren geht, wogegen eine fremde nur dann auf unsere Erinnerungsbilder von Einfluß ist, wenn sie auf eigene Empfindungen einwirkt. Unser Weltbild wäre von idealer Vollkommenheit, wenn wir für jede unserer Empfindungen ein Zeichen hätten und außerdem eine Regel, nach welcher wir das Eintreffen aller unserer künftigen Empfindungen und deren Abhängigkeit von unseren Willensimpulsen aus den Zeichen konstruieren könnten. Wenn hierbei die Vorhersagung unserer eigenen Empfindungen genügt, ja allein kontrollierbar ist und und wenn fremde Empfindungen nur durch Vermittlung unseriger auf unser Weltbild wirken können, wie kommen wir da überhaupt zu Zeichen für fremde Empfindungen?

Die Beobachtung jedes Kindes gibt uns hierüber Aufschluß. Bei gewissen Vorgängen mit gewissen Empfindungskomplexen (Annäherung des Gesichtsbildes meiner Hand an das einer Flamme) haben wir (mitunter heftige) neue Empfindungen, welche Willensimpulse zur Folge haben, die wieder auf die Empfindungskomplexe einwirken (wir sehen das Bild der Hand sich entfernen). Vollkommen analog verhält sich das ganz ähnliche Gesichtsbild einer fremden Hand.

Gewisse Willensimpulse erzeugen, wenn wir sprechen, gewisse (z. B. im Spiegel sichtbare) Mundbewegungen und Gehörsempfindungen. Wir sehen an anderen dem Spiegelbilde unseres Kopfes ganz ähnlichen Gesichtsbildern gleiche Mundbewegungen und haben dabei dieselben Gehörsempfindungen.

Wir bezeichneten als Zweck unseres Denkens solche Regeln für unsere Vorstellungsbilder, daß diese unsere künftigen Empfindungen uns vorher verkünden. Dieser Zweck wird in hohem Maße erreicht, wenn wir die an den auf unseren Körper bezüglichen Empfindungskomplexen gemachten Erfahrungen auch auf das Wechselspiel jener uns so ähnlichen Empfindungskomplexe anwenden, die sich auf die Körper anderer Menschen beziehen. Die Gesetze des Ablaufes unserer Empfindungen sind uns geläufig, sind in unserer Erinnerung bereit. Indem wir diese Erinnerungsbilder auch an die Empfindungskomplexe, durch welche uns die Körper fremder Menschen gegeben sind, anknüpfen, erhalten wir die einfachste Beschreibung des Verhaltens dieser Empfindungskomplexe.

Die fremde Hand verhält sich gerade so, als ob bei Berührung mit dem Feuer auch ein Schmerzgefühl einträte, der fremde Mund, als ob Willensimpulse auf ihn wirkten. Wir haben von diesen fremden Empfindungen und Willensimpulsen nicht die mindeste Kenntnis, nur von unseren Vorstellungsbildern derselben, mit denen wir so operieren, wie mit denen unserer eigenen Empfindungen und Willensimpulse, wodurch wir brauchbare Regeln erhalten, den Verlauf unserer auf die Körper fremder Menschen bezughabenden Empfindungen zu konstruieren und vorherzusagen. Die Vorstellung fremder Empfindungen und Willensimpulse ist also bloß der Ausdruck für gewisse Gleichungen, die zwischen dem Verhalten unserer auf den eigenen und auf den Körper anderer Menschen bezughabenden Empfindungen stets erfüllt sind, sie ist im eminenten Sinne das, was wir eine (freilich nicht mechanische, sondern psychologische) Analogie nennen.

Was hat es nun für einen Sinn, wenn ich behaupte, diese fremden Empfindungen und Willensimpulse existieren ebensogut als meine eigenen? Füge ich durch diese Behauptung nicht den Tatsachen etwas Hypothetisches, Unbeweisbares hinzu? Verstößt sie nicht dagegen, daß es die Aufgabe meiner Vorstellungen ist, die Tatsachen bloß zu beschreiben?

Wer durch Betrachtungen, die den eben angestellten analog sind, nachzuweisen glaubt, daß die Materie bloß der Ausdruck gewisser, zwischen Komplexen von Sinneswahrnehmungen bestehender Gleichungen sei, und daß die Behauptung, die Materie existiere in gleicher Weise wie unsere Sinnesempfindungen, eine Überschreitung unserer Aufgabe sei, die Erscheinungen bloß zu beschreiben, der bedenke, daß er zu viel beweist, daß dann auch die Empfindungen und Willensäußerungen aller übrigen Menschen als nicht gleichberechtigt existierend wie die Empfindungen des Denkenden, sondern als der bloße Ausdruck für Gleichungen zwischen den Empfindungen des letzteren betrachtet werden müssten.

Analysieren wir das bisher Gesagte weiter. Wir haben unseren Eingangsworten entsprechend nichts bewiesen, nur geschildert; wir werden auch im folgenden nicht beweisen, sondern nur Ansichten psychologisch entwickeln können.

Die Frage, ob das Einhorn oder der Planet Vulkan in dem Sinne wie der Hirsch oder der Planet Mars existiert, hat natürlich einen ganz bestimmten Sinn, der durch das erfahrungsmäßig bekannte Verhältnis der letzteren beiden Dinge zu uns klar ist. Wenn aber jemand behaupten würde, nur seine Empfindungen existierten, die der übrigen Menschen seien bloß in seinem Denkorgane der Ausdruck für gewisse Gleichungen zwischen gewissen seiner eigenen Empfindungen (wir wollen ihn den Ideologen nennen), so würde es sich erst fragen, was er damit für einen Sinn verbindet und ob er diesen in zweckmäßiger Weise zum Ausdrucke bringt. Offenbar müßte er die fremden Empfindungen doch mit denselben analog angereihten Zeichen wie die eigenen bezeichnen, und es würde für ihn subjektiv kein Unterschied bestehen, ob er sagt, jene Empfindungen kommen fremden existierenden oder von ihm eingebildeten Menschen zu; denn für ihn sind ja die fremden Menschen in der Tat nur etwas

Vorgestelltes. Da wir aber das Wort, „nicht existieren", anwenden, wenn wir die durch gewisse Gedankenzeichen ausgedrückten Erwartungen nicht durch die Erfahrung bestätigt finden (ich glaubte irrtümlicherweise, mein Freund habe einen Bruder, und erfahre, daß dieser nicht existiert), so wäre es unzweckmäßig, zu sagen, die übrigen Menschen außer dem denkenden existierten nicht.

Die Behauptung der Ideologie müßte vielmehr so ausgesprochen werden: Die Bezeichnung „Empfindung" oder „Willensakt" verwende ich als Gedankensymbol in dreifacher Weise:

1. Zur Darstellung mir unmittelbar gegebener Empfindungen und Willensimpulse.

2. Wenn mir die Verbindung der gleichen Bezeichnungen nach den gleichen Gesetzen zur Darstellung gewisser Regelmäßigkeiten zwischen meinen Empfindungskomplexen nützlich ist. (Ich unterscheide die in der zweiten Weise verwendeten Bezeichnungen, indem ich sage, sie seien die Zeichen für die Empfindungen und Willensimpulse anderer existierender Menschen.)

3. Wenn ich entweder früher irrtümlich glaubte, die Bezeichnungen würden zur Darstellung solcher in 2. erwähnter Regelmäßigkeiten nützlich sein, oder ohne dies je zu glauben, aus einem anderen Grunde (zur Übung, als Spiel) Bezeichnungen, die den für meine Empfindungen und Willensimpulse geschaffenen ganz analog sind, nach ganz analogen Gesetzen kombiniere. Ich nenne dann das die Bezeichnungen für die Empfindungen und Willensimpulse nicht existierender, bloß von mir gedachter Menschen.[1]) In dieser Form ist aber die Behauptung der Ideologie von der gewöhnlichen Ausdrucksweise nicht mehr verschieden. Punkt 2 ist der Ausdruck des kolossalen subjektiven Unterschiedes, der für mich zwischen mir und den übrigen Menschen besteht, eines Urteiles über objektive Existenz aber haben wir uns bisher vollständig enthalten.

Ebenso wie mit der Ideologie verhält es sich mit der

---

[1]) Die Existenz eines Menschen in früheren Zeiten (in der Geschichte) nehme ich an, um mir Mitteilungen oder Überreste und vorhandene Spuren seiner einstigen Tätigkeit zu erklären, d. h. gedanklich darzustellen.

Behauptung (Idealismus), daß die Materie bloß der Ausdruck für Gleichungen zwischen Empfindungskomplexen sei.[1])

Da wir die Bezeichnung „nicht existieren", für den Venusmond, den Stein der Weisen usw. reserviert haben, so wäre es offenbar unzweckmäßig, zu sagen, daß die Materie nicht existiere. Es bleibt also nur die Behauptung, daß das, was wir Vorgänge in der unbelebten Natur nennen, für uns bloße Vorstellungen zur Darstellung der Regelmäßigkeiten gewisser Komplexe unserer Empfindungen sind. In dieser Beziehung stehen also die Vorgänge in der unbelebten Natur auf derselben Stufe wie die Empfindungen und Willensimpulse anderer Menschen, während uns subjektiv die eigenen Empfindungen viel näher stehen; die Vorstellungen von unbelebten Dingen aber, die sich nachher als unrichtig erwiesen oder gleich in der Voraussicht gemacht wurden, daß wir durch sie dargestellte Empfindungskomplexe in der dargestellten Weise nicht haben, stehen mit der Vorstellung nicht existierender Menschen auf einer Stufe.

Ich hoffe, daß das bisher Entwickelte vollkommen klar ist. Wir nehmen die Empfindungen fremder Menschen nicht wahr. Es ist aber nicht eine Komplikation, sondern eine Vereinfachung unseres Weltbildes, sie zu den Empfindungskomplexen, die wir die Körper fremder Menschen nennen, hinzuzudenken. Wir bezeichnen daher diese fremden Empfindungen mit analogen Gedankenzeichen und Worten wie die eigenen (wir stellen sie vor), weil uns dies ein gutes Bild des Verlaufes vieler Empfindungskomplexe liefert, unser Weltbild vereinfacht.

Um auszudrücken, daß dies vorgestellte Empfindungen sind, sagen wir, sie sind nicht unsere eigenen, sondern die fremder Menschen. Letztere bezeichnen wir als nicht existierend, wenn die Empfindungskomplexe, zu deren Darstel-

---
[1] Wenn man aus dieser Behauptung (dem Idealismus) die Folgerung zieht, daß keine Eigenschaft der Materie, z. B. daß diese aus unveränderlichen Teilchen bestehen muß oder daß alle Erscheinungen durch Bewegungserscheinungen darstellbar sein müssen, a priori erkannt werden könne, so unterschreibe ich diese Forderung natürlich sofort. Allein diese Folgerung schließt nicht aus, daß wir die Materie als etwas Existierendes bezeichnen. So sind z. B. gerade die Empfindungen auch etwas Veränderliches, obwohl sie das zuerst als existierend Gegebene sind.

lung ihre Vorstellung dienen würde, bei uns nicht eintreten. Das Kind glaubt wohl, auch Puppen, Bäume usw. empfänden; wir legen diesen Gegenständen keine Empfindung bei, weil dies unser Weltbild komplizieren, nicht vereinfachen würde.

Analog wie die Empfindungen fremder Menschen existieren auch die Vorgänge in der unbelebten Natur für uns bloß in unserer Vorstellung, d. h. wir markieren sie durch gewisse Gedanken und Wortzeichen, weil uns dies die Konstruktion eines zur Vorherverkündigung unserer künftigen Empfindungen tauglichen Weltbildes erleichtert. Die Vorgänge in der unbelebten Natur stehen also in dieser Beziehung den Empfindungen der fremden Menschen, die unbelebten Dinge selbst den fremden Menschen vollkommen gleich, nur daß die Zeichen und die Gesetze ihrer Verbindung jetzt von den bei Darstellung unserer Empfindungen angewandten viel verschiedener sind. „Ein unbelebtes Ding existiert oder nicht", hat dieselbe Bedeutung wie „ein Mensch existiert oder nicht". Es wäre also ein vollständiger Irrtum, wenn man glauben würde, man hätte auf diesem Wege bewiesen, daß die Materie mehr ein Gedankending ist, als ein fremder Mensch.

Wir können nun sicher unser Weltbild nur aus unseren Empfindungen und Willensimpulsen aufbauen, aber von allen unseren Empfindungen sind uns nur die eine oder die wenigen, die wir gerade augenblicklich haben, unmittelbar gegeben. Es wäre daher ein Irrtum, zu glauben, die Erinnerung, eine Empfindung gehabt zu haben, sei ein sicherer Beweis, daß sie existiert hat. Kinder von drei Jahren unterscheiden oft die Erinnerungen von ihren Phantasien noch gar nicht. Leute, die an nächtlichen Pollutionen leiden, können, wenn sie sich einer solchen des Morgens erinnern, ungewiß sein, ob sie wirklich oder geträumt war. Wäre unser Geistesleben nie regelmäßiger als im Traume, so würden wir höchstens zu gewissen Gesetzen des Wechsels der Vorstellungen, niemals zum Begriffe von etwas außer uns Existierendem gelangen.

Da ferner eine ganz matte Erinnerung kontinuierlich in völlige Vergessenheit übergeht, da uns hier und da durch einen bloßen Zufall Dinge ins Gedächtnis kommen, deren wir uns unter anderen Umständen niemals erinnert hätten, so haben wir sicher zahllose Empfindungen, Vorstellungen und Willensimpulse gehabt, deren wir uns absolut nicht mehr erinnern. Es wäre aber offenbar ganz untunlich, einen gewissen Grad der Undeutlichkeit der Erinnerung an einem Vorgange festzusetzen, bei dem man plötzlich sagt, derselbe habe nicht existiert; daher müssen wir ohne weiteres vieles als existierend bezeichnen, was mit unserem heutigen Denken in keinem direkten Zusammenhange steht. Wir sehen auch, daß viele Empfindungen eintreten, trotz aller Willensimpulse, durch welche wir sie zu verhindern streben, daß es daher auch etwas gibt, was von unserem Willen unabhängig ist. Es existieren also sicher Vorgänge, die von unserem gegenwärtigen Denken und Wollen unabhängig sind, deren Existenz „objektiv richtig", aber für uns nicht erkennbar ist. Das in unserer Erinnerung Vorhandene ist zu verschiedenen Zeiten verschieden. So kommen wir zunächst zum Begriffe der objektiven, als einer von unserer augenblicklichen Erinnerung unabhängigen Existenz.

Dazu kommt noch ein neues Moment. Eine der wichtigsten Förderungen erfährt unser Weltbild durch die Mitteilungen fremder Menschen an uns, sowie durch unsere Reden an sie. Hierbei wird natürlich jeder sich als den Sprechenden (das Subjekt) von den Angesprochenen (den Objekten) unterscheiden, sich zunächst auf den von uns bisher eingenommenen Standpunkt (den subjektiven) stellen.

Wir werden passend den Begriff der Existenz und Nichtexistenz, wie wir ihn bisher erörtert haben, als den subjektiven Existenz oder Nichtexistenz bezeichnen.

Es wäre nun unzweifelhaft unzweckmäßig, die Menschen wie folgt anzusprechen: „Ihre Empfindungen sind keineswegs gleichwertig mit den meinen. Während ich mir meiner Empfindungen unmittelbar bewußt bin, ist das, was ich Ihre Empfindungen nenne, für mich ein Gedankensymbol für gewisse Regelmäßigkeiten meiner Empfindungen. Nur weil sich gewisse Empfindungskomplexe von mir, die ich Ihre Körper nenne, konsequent so ändern, als ob sie von ganz analogen Willensimpulsen getrieben wären, wie ich sie auf andere meiner Empfindungskomplexe (meinen Körper) ausübe, so muß ich gegen Sie so verfahren, wie Ihre scheinbaren Willensimpulse gegen mich verfahren". Man würde da fortwährend Worte wiederholen, welche die anderen Menschen gar nicht interessieren, d. h. von gar keiner oder nur ungewünschter Wirkung auf jene meiner Empfindungskomplexe sind, welche ich ihre Körper nenne.

Die Sprache muss sich daher einer anderen, für alle Menschen in gleicher Weise passenden Terminologie bedienen; „wir müssen uns", wie man sagt, „auf den objektiven Standpunkt stellen". Es zeigt sich da, daß die Begriffe, welche wir mit „Existieren" und „Nichtexistieren" verbanden, größtenteils unverändert anwendbar bleiben. Diejenigen Menschen oder unbelebten Dinge, welche ich mir nur einbilde, d. h. vorstelle, ohne daß es durch Regelmäßigkeiten von Empfindungskomplexen gefordert wurde, existieren auch für andere Menschen nicht, sie existieren „objektiv" nicht.

Dagegen zerfallen die Empfindungen, welche ich, ohne sie wahrzunehmen, als fremde, d. h. zur Erklärung von Regelmäßigkeiten meiner eigenen dienende annehme, in die vieler fremder Menschen, von denen jeder sich zu den seinigen, wie ich mich zu den meinigen, verhält.

Soll ich mich daher verständigen, so muß ich mich ihrer Sprache anschließen, in der alle als gleichberechtigt („objektiv") existierend erscheinen. Diesen Anschluß an die mir erfahrungsmäßig gegebene (weil erlernte) Sprache der anderen Menschen nenne ich im Gegensatze zu dem bisher geschilderten subjektiven den objektiven Standpunkt.

Da die Empfindungen, die ich im Wachen habe, die alleinigen Bausteine meines Denkens sind, so muß ich von ihnen ausgehen; ich muß also die Empfindungen, von denen mir alle Erinnerungen übereinstimmend anzeigen, daß ich sie im Wachen hatte, als das in erster Linie Existierende bezeichnen, wenn nicht alles Denken aufhören soll. Ebenso muß ich der Homogenität der Sprache wegen die Empfindungen der anderen Menschen bezeichnen. Das Kriterium, daß das Urteil aller Menschen über Existenz und Nichtexistenz gleich ausfällt, trifft auch für die Erscheinungen der unbelebten Natur zu. Allein hier fällt das Argument, daß mir einige außerordentlich ähnliche direkt gegeben sind, ich sie also in erster Linie als existierend denken muß, weg; es könnten daher auch alle Menschen übereinstimmend die Vorgänge in der unbelebten Natur von den psychischen dadurch unterscheiden, daß sie erstere als objektiv nicht existierend bezeichnen. Obwohl dies schon deshalb unzweckmäßig wäre, da für mich subjektiv einerseits die existierenden fremden Menschen und die unbelebten Dinge auf der gleichen Stufe stehen und anderseits nicht existierende Menschen und nicht existierende unbelebte Dinge unter sich wieder dieselbe Rolle spielen, so daß für die subjektive Existenz Psychisches und Unbelebtes gleichberechtigt ist,[1]) so war es doch offenbar der Grund, warum manche Philosophen die Ansicht aussprachen, das Belebte, Empfindende sei allein existierend, das Unbelebte existiere erst, wenn es von einem Belebten wahrgenommen werde, während doch auch das fremde Belebte für mich nur existiert, wenn ich es wahrnehme, und nicht nur die Materie, sondern auch die fremden Menschen für mich (d. h. wenn ich mich nicht der fremden Sprache der übrigen akkommodiere), bloße Gedankensymbole, einzig der Ausdruck von Gleichungen zwischen Empfindungskomplexen von mir sind.

Natürlich wäre die Forderung abgeschmackt, die objektive Existenz der Materie zu beweisen oder zu widerlegen. Es wird sich vielmehr bloß darum handeln, weitere Gründe dafür anzugeben, daß es nicht zweckmäßig wäre, an die bisher konstatierten Tatsachen, deren wir uns aber im übrigen stets klar bewußt bleiben sollen, immerfort dadurch zu erinnern, daß wir die Materie als nicht objektiv existierend bezeichnen.

Wenn es jemandem als a priori evident erscheint, daß die Materie existiert oder nicht existiert, so kann dies natürlich nur, wofern er nicht irgend eine vorgefaßte Meinung hat, als der Ausdruck der subjektiven Überzeugung aufgefaßt werden, daß die eine oder andere Bezeichnung zu ganz lächerlichen Komplikationen führen würde. Eine solche subjektive Überzeugung kann natürlich auch auf einem Irrtum beruhen, wie wenn ein Kind sich kein anderes Weltbild denken kann als das, worin alles empfindet wie es selbst.

---

[1] Deshalb werden die Regeln für die Handhabung des Begriffes der objektiven Existenz den entsprechenden für die Handhabung des Begriffes dessen, was wir subjektive Existenz nannten, am konformsten, wenn wir die Materie als objektiv existierend bezeichnen, und dies ist ein Hauptgrund für die Zweckmäßigkeit der letzteren Bezeichnungsweise.

Wir haben im früheren behufs Feststellung des Begriffes der objektiven Existenz an das gemeinsame Urteil aller Menschen appelliert. Man könnte sich nun andere menschenähnliche Wesen auf anderen Planeten oder höhere Intelligenzen denken, deren übereinstimmendes Urteil die objektive Existenz definitiv bestimmen würde. Allein damit wäre wenig gewonnen; wir müssen daher wieder zu unseren eigenen Erfahrungen zurückkehren.

Der Grund, weshalb wir die Empfindungen der übrigen Menschen, außer dem Denkenden als objektiv existierend bezeichneten, war allein deren vollkommene Analogie mit den in erster Linie als existierend zu bezeichnenden Empfindungen des Denkenden. Es wird sich also noch darum handeln, zu prüfen, ob die Vorgänge in der unbelebten Natur soviel Analogie mit den psychischen haben, daß es sich empfiehlt, sie ebenfalls als objektiv existierend zu betrachten, oder ob sich zwischen beiden eine so scharfe Grenze ziehen läßt, daß erstere als objektiv nicht existierend bezeichnet werden können.

Den Empfindungen der Menschen sind zunächst die der höchststehenden Tiere so vollkommen analog, daß wir notwendig auch den letzteren objektive Existenz zuschreiben müssen; wo aber ist da die Grenze? Man hört allerdings manchesmal Zweifel aussprechen, ob Insekten, ob teilbare Tiere, wie gewisse Würmer, empfänden. Doch ist eine scharfe Grenze, wo das Empfinden aufhört, unangebbar. Wir kommen schließlich zu so einfachen Organismen, daß ihre Weltbilder und Gedanken Null sind. Wollen wir nicht, was ganz unzweckmäßig wäre, den Empfindungen der unterhalb einer gewissen Stufe stehenden Tiere das Prädikat der Existenz plötzlich verweigern, so müssen wir auch dieser gedankenlosen organisierten Materie, in der Empfindungen kaum nachzuweisen sind, welche sich aber wieder zu den Pflanzen hinauf kontinuierlich abstuft, Existenz zuschreiben. Dann schiene es mir aber wieder als ein nicht gerechtfertigter unzweckmäßiger Sprung, dieses Prädikat der unorganisierten Materie zu verweigern.

Wäre nur dieses Argument für die objektive Existenz des Leblosen vorhanden, so könnte derjenige, welcher sich ganz auf den hier verteidigten Standpunkt stellt, auf den Einfall kommen, die Annahme verschiedener Grade von Existenz vorzuschlagen, die endlich beim Leblosen auf Null herabsinkt. Allein eine solche Ausdrucksweise wäre wieder entschieden unzweckmäßig. Erstlich haben wir für dieselbe Tatsache ohnedies schon bezeichnende Begriffe; wir sagen, die Klarheit des Bewußtseins sinkt allmählich auf Null herunter. Zweitens haben wir den Begriff „Existenz" schon in einem Sinne (dem subjektiven) so festgestellt, daß er keiner Komparation fähig ist (existierender und nicht existierender fremder Mensch, zwei Marsmonde existieren, der Venusmond existiert nicht), und man muß die Bezeichnungen immer so wählen, daß man unter allen Umständen mit den gleichen Begriffen stets in gleicher Weise operieren kann, geradeso wie der Mathematiker die Begriffe der negativen und gebrochenen Exponenten so definiert, daß er damit so wie mit den ganzen Exponenten operieren kann.

Die Wörter und daher auch die Begriffe können wir ja formen, wie wir wollen. Es gab sich jemand einmal Mühe, mir zu beweisen, daß der Gymnasiallehrer wirklich ein Professor ist und daher das österreichische Gesetz, welches ihm diesen Titel zuerkennt, das allein gerechte ist. Ebenso kommt es mir vor, wenn man ein Wort wie das Wort „existieren" aus der Sprache nimmt und ohne dessen Sinn zu fixieren, sich den Kopf zerbricht, was existiert und was nicht.

Der Fortschritt im Denken muß vielmehr dadurch erzielt werden, daß man alle derartigen verfehlten Schlußformen, sowie alle Begriffe eliminiert, welche uns erfahrungsmäßig nicht fördern, sondern irreführen oder gar in Widersprüche verwickeln. Diese Schlußformen und Begriffe sind stets durch Übertragung ursprünglich zweckmäßiger Denkgewohnheiten auf Fälle, wo diese nicht hinpassen, entstanden. Man muß das Denken immer mehr anpassen und den Sinn der Wörter immer zweckmäßiger fixieren, was bei den einfachsten Begriffen nicht durch Definition, sondern bloß durch den Hinweis auf bekannte Erfahrungen geschehen kann.

Wir sehen ferner, daß jene Reihen von Empfindungen und Willensakten, welche wir einzelne Menschen nennen, immer wieder bald abbrechen, daß die einzelnen Menschen sterben, wogegen die Materie, an welche jene Geistesäußerungen gebunden waren, bleibt. Das subjektive Weltbild, welches die Materie als den bloßen Ausdruck von Gleichungen zwischen den Empfindungskomplexen der Menschen auffaßt, sucht also zunächst das flüchtige, komplizierte, durch Bezeichnungen nachzubilden und diese Bilder erst später zur Darstellung der einfachen, beständigeren (der Materie) zu verwenden. Es faßt die ägyptischen Pyramiden, die Akropolis von Athen als bloße Gleichungen auf, welche zwischen den Empfindungen der Generationen von Jahrtausenden bestehen.

Daneben muß doch ein einfacheres (objektives) Weltbild möglich sein, welches vom Beständigeren ausgeht und das Vergängliche durch die Gesetze darstellt, welche im Beständigeren herrschen. Verfolgen wir unsere Gedankenbilder konsequent, d. h. nach den Regeln, die immer zur Bestätigung durch die Erfahrung führten, so kommen wir zum Resultate, daß der Planet Mars von ähnlicher Größe wie die Erde ist, daß darauf Festlande, Meere, Schneefelder usw. existieren, ja es scheint uns nicht unmöglich, daß es auf Planeten anderer Sonnen die großartigsten Landschaften gibt, ohne daß diese je auf ein lebendes Wesen Sinneseindrücke machen.

Für uns subjektiv ist der Ausdruck hiervon freilich nur eine geringfügige innere Vorstellungstätigkeit oder ein paar gesprochene Sätze, die mit den betreffenden kolossalen kosmischen Vorgängen nichts gemein haben. Diese Vorstellungs- oder Wortzeichen haben für uns keinen anderen Sinn als die Möglichkeit gewisser geometrischer Konstruktionen in verkleinertem Maßstabe, einer Verbindung derselben mit Zahlenreihen und irgendwelchen Analogien mit irdischen Landschaften, welche in analogen Fällen auf der Erde stets durch die Erfahrung bestätigt wurden, und ohne welche unser Weltbild inkonsequent und lückenhaft wäre. Wir schließen daraus auf die Möglichkeit uns analoger Wesen, denen diese Landschaften dasselbe wie uns die irdischen sind, mit demselben Rechte wie darauf, daß wir viele Empfindungen hatten, deren wir uns nicht mehr erinnern.[1]) Unsere Empfindungen führen

---

1) Es wäre denkbar, daß sich ein Gedankenbild, z. B. die Atomistik, in seiner weiteren Entwicklung so kompliziert gestaltet, daß die der ganzen Menschheit zur Verfügung stehende Zeit absolut zur Weiterentwicklung des Bildes nicht mehr ausreicht. Dann hätte die Behauptung der Möglichkeit, daß das Bild, wenn es weiter entwickelt würde, viel von der Welt darstellen könnte, noch immer einen Sinn, wenn doch sicher keine praktische Bedeutung.

uns also da von selbst ganz aus ihrem Gebiete heraus zu ins einzelne bestimmten Vorstellungen von Dingen, die von unserem Empfindungsleben soweit abstehen.

Hätte also derjenige, der die Marslandschaften bloß unter dem Gesichtspukte von Gleichungen zwischen den spärlichen, auf den Mars bezüglichen Sinneswahrnehmungen der Menschen betrachtet, nicht ein ebenso einseitiges und unzweckmäßiges Weltbild, wie jener, der nur sich, nicht auch die anderen Menschen, als existierend betrachtet? Denn etwaige Marsbewohner würden für uns ja auch erst existieren, wenn wir auf sie bezügliche Wahrnehmungen machen könnten.

Wir sehen ferner, daß unsere geistige Tätigkeit nur dann auf die eines anderen Menschen von Einfluß ist, wenn wir durch Willensimpulse Veränderungen in denjenigen Empfindungskomplexen erzeugen, denen die Materie entspricht, und wenn diese zum Körper des anderen Menschen in ein solches Verhältnis tritt, in dem auch wir Sinneseindrücke empfangen würden. Nirgends finden wir direkte Gleichungen zwischen unseren und fremden Empfindungen, alle werden durch die Materie vermittelt. Zwischen den Veränderungen dieser werden wir daher die einfachsten Gleichungen zu erwarten haben.

Die innige Verknüpfung des Psychischen mit dem Physischen endlich ist uns erfahrungsmäßig gegeben. Vermöge derselben ist es höchst wahrscheinlich, daß jedem psychischen Vorgange ein materieller Vorgang im Gehirne entspricht, d. h. eindeutig zugeordnet ist, und daß die letzteren insgesamt echte materielle Vorgänge, d. h. durch dieselben Bilder und Gesetze darstellbar sind, wie die Vorgänge in der unbelebten Natur. Dann müßten aber aus den zur Darstellung der Gehirnvorgänge dienenden Bildern auch alle psychischen Vorgänge vorhergesagt werden können. Es müßten also alle psychischen Vorgänge aus den Bildern, welche zur Darstellung der unbelebten Natur dienen, ohne Änderung der dort geltenden Gesetze vorausgesagt werden können. Die Ansicht, daß dies richtig sei, wollen wir die Ansicht A nennen.

Alle diese Umstände machen es im höchsten Grade wahrscheinlich, daß ein Weltbild (das objektive) möglich ist, in welchem die Vorgänge in der unbelebten Natur nicht nur die gleiche, sondern sogar eine viel umfangreichere Rolle spielen, als die psychischen, in welchem sich die letzteren zu den ersteren nur wie spezielle Fälle zum allgemeinen verhalten. Wir werden zwar nicht bestrebt sein, die Wahrheit oder Falschheit des einen oder anderen Weltbildes zu beweisen, wohl aber nach der Zweckmäßigkeit des einen oder anderen zu diesem oder jenem Zwecke fragen, während wir beide nebeneinander bestehen lassen.

Haben wir bisher mit der Entstehung unseres Weltbildes begonnen und dasselbe rein synthetisch konstruiert, so wollen wir jetzt behufs Darstellung des objektiven Weltbildes den umgekehrten Weg einschlagen, welcher, wo es sich um möglichst exakte Herausschälung der Begriffe handelt, in der Regel der zweckmäßigste ist. Wir geben nur möglichst leicht verständliche Regeln, wie dieses Weltbild zu konstruieren ist, ohne uns darum zu kümmern, wie wir subjektiv zu diesen Regeln gelangt sind, und erblicken bloß in der Übereinstimmung des Weltbildes mit den Tatsachen dessen Rechtfertigung. Was früher das erste war, wird jetzt gerade das letzte.

Das Gehirn betrachten wir als den Apparat, das Organ zur Herstellung der Weltbilder, welches sich wegen der großen Nützlichkeit dieser Weltbilder für die Erhaltung der Art entsprechend der Darwinschen Theorie beim Menschen geradeso zur besonderen Vollkommenheit herausbildete, wie bei der Giraffe der Hals, beim Storch der Schnabel zu ungewöhnlicher Länge. Mittels der Bilder, durch welche wir uns die Materie dargestellt haben (ob sich hierzu die Bilder der heutigen Automistik oder andere als die besten bewähren, ist dabei gleichgültig), suchen wir uns jetzt die materiellen Vorgänge im Gehirne darzustellen und dadurch zugleich zu einer besseren Anschauung der psychischen zu gelangen, sowie zu einer Darstellung des Mechanismus,[1]) welcher sich da im Menschenkopfe entwickelt hat und die Darstellung so komplizierter und zutreffender Bilder ermöglicht.

Sobald wir uns der Ansicht A anschließen, müssen wir annehmen, daß die Bilder und Gesetze, die zur Darstellung

---

[1]) Das Wort Mechanismus soll natürlich nicht präjudizieren, daß die Gesetze der heutigen Mechanik zu seiner Darstellung genügen müssen.

der Vorgänge in der unbelebten Natur dienen, ausreichen, um auch alle psychischen Vorgänge eindeutig darzustellen, wir sagen kurz: die psychischen Vorgänge sind mit gewissen materiellen Vorgängen im Gehirne identisch (Realismus). Es wurde oft die Meinung ausgesprochen, daß dies unmöglich sei. Die Berechtigung dieser Meinung können wir natürlich wieder nur an dem erfahrungsmäßig Gegebenen prüfen.

. Erfahrungsmäßig gegeben ist uns, daß jede Empfindung von jeder anderen irgendwie verschieden ist, daß einige Empfindungen einander ähnlicher, andere einander unähnlicher sind, daß also die einen mehr, die anderen weniger untereinander gemein haben, sowie in welcher Sukzession sie zeitlich verlaufen. Über die Qualität, die edlere oder unedlere, materielle oder immaterielle Natur der Empfindungen wissen wir direkt gar nichts durch die Erfahrung. Daher begreife ich es gar nicht, wenn man sagt, wir empfänden (oder wüßten a priori oder seien uns dessen unmittelbar bewußt oder was sonst noch), daß die Empfindungen etwas einfaches oder daß sie qualitativ von den Vorgängen in der unbelebten Natur verschieden oder gar, daß sie edler, erhabener usw. seien. Glaubte man doch einmal sogar zu empfinden, daß das ganze menschliche Ich etwas einfaches sei. Im Gegenteile, gerade die proteusartig wechselnde, schwer zu definierende Ähnlichkeiten zeigende Natur der verschiedenen Empfindungen macht es wahrscheinlich, daß deren Verlauf nicht durch die einfachsten, sondern nur durch sehr komplizierte Gedankenbilder genau darstellbar ist, wie die verschiedenen physikalischen und chemischen Vorgänge im Gehirne.[1]) Mehr aber wollen wir damit ja wieder nicht ausdrücken, wenn wir sagen, die Gedanken sind gewisse Vorgänge im Gehirne oder gar ein Spiel gewisser Atome.

Wenn man sagt, daß die Materie oder gar die Atome empfänden, so hat man sich natürlich ganz falsch ausgedrückt. Man muß vielmehr sagen, daß man es nicht für unmöglich

---

1) D. h. bei richtiger Auffassung des Begriffes des Kontinuums ein Spiel der Atome desselben, worunter man sich freilich nicht materielle Punkte denken muß, sondern vielleicht Vektoren oder wer weiß was. Auch müssen die Atome nicht notwendig unveränderlich sein. (Vgl. diese Sitzungsberichte, Bd. 105, Nov. 1896; Wied. Ann., Bd. 60, S. 231, 1897.

hält, daß die Gesetze des Wechsels der Empfindungen durch das Bild materieller (physikalischer, chemischer, elektrischer) Vorgänge im Gehirne am genauesten darstellbar sind.

Die kompliziertesten Systeme materieller Körper, deren Wirkungsweise wir einigermaßen durchschauen, sind etwa eine Uhr oder eine Dynamomaschine. Wir glauben daher, daß wir, wenn unsere seelischen Prozesse durch die Bilder materieller Vorgänge im Gehirne erschöpfend darstellbar wären, ebenso tot und teilnahmslos, wie diese Maschinen sein müßten. Dies ist offenbar der Grund, warum diese Ansicht manchem öde und trostlos erscheint. Doch wie ich glaube ohne jede Berechtigung; denn gerade die Entstehung heftiger Schmerz- und Lustgefühle erklärt sich aus der Darwinschen Theorie, weil diese behufs Erzielung der zur Erhaltung der Art notwendigen Energie der Reaktionen erforderlich sind. Die ganze Intensität, Mannigfaltigkeit und Reichhaltigkeit des Geistes- und Gemütslebens kann ja nicht dadurch bedingt sein, daß die betreffenden Vorgänge qualitativ edler und erhabener wären, als die in toten Maschinen, sondern bloß dadurch, daß sie reicher und mannigfaltiger sind, sowie daß unser eigenes Ich derselben Gattung von Wesen angehört. Da man doch nicht bezweifeln wird, daß auch die geistigen Funktionen nach ganz bestimmten Gesetzen erfolgen, so könnte ich darin nichts Entmutigendes finden, wenn diese mit den Gesetzen identisch wären, nach denen sich gleich komplizierte materielle Vorgänge abspielen. Für unser subjektives Gefühl ist eben dasjenige edel und erhaben, was unsere Gattung fördert und erhebt, objektiv existieren diese Begriffe nicht. Wenn daher materielle Vorgänge ebenso mannigfaltig und kompliziert sein können wie unsere geistigen, woran zu zweifeln kein Grund ist, so sehe ich nicht ein, wie durch die Behauptung, daß sich durch das Gedankenbild materieller Vorgänge im Gehirne unsere psychischen Tätigkeiten erschöpfend darstellen ließen, der edle, erhabene Charakter der letzteren oder unser leidenschaftliches Interesse für dieselben irgendwie tangiert werden könnte. Wir wissen, daß eine Uhr nicht empfinden kann, d. h. daß sich durch einen so einfachen Mechanismus nicht den Empfindungen einigermaßen ähnliches darstellen läßt. Aber was will man damit ausdrücken, wenn man sagt, aus der qualitativen Verschiedenheit unserer Empfindungen und der materiellen Vorgänge folge, daß der Ablauf der ersteren überhaupt nie durch eine noch so komplizierte Zusammenstellung derjenigen Vorstellungsbilder dargestellt werden könnte, welche uns zugleich die Vorgänge in der unbelebten Natur darstellen. Wenn man sagt, die unbelebte Welt sei materiell, ausgedehnt usw., so meint man doch nur, daß sie durch die Gedankenbilder der Geometrie und mathematischen Physik darstellbar ist. Wenn man daher umgekehrt behauptet, die Empfindungen seien immateriell, unausgedehnt usw., so hat man doch nur das zu Beweisende, daß sie durch beliebig komplizierte Kombinationen dieser Bilder nicht darstellbar seien, nur vorweggenommen. Daß die Darstellung des Zustandekommens der Empfindungen durch komplizierte, der Physik und Chemie entnommene Bilder bis heute noch nicht gelungen ist, beweist doch nicht, daß sie prinzipiell unmöglich ist? Unser Urteil über die Darstellbarkeit einer Erscheinungsgruppe durch gewisse Bilder ist naturgemäß so lange ein vollständig schwankendes und unbestimmtes, als diese Darstellung nicht wirklich vollständig bis ins kleinste Detail gelungen ist. Die Bilder der Geometrie und Mechanik wurden gemacht, um die gewöhnlichen Gleichgewichts- und Bewegungserscheinungen darzustellen, und dies ist so vollständig gelungen, daß uns die Möglichkeit, alle Erscheinungen des betreffenden Gebietes so darzustellen, nicht zweifelhaft ist. Alle anderen rein physikalischen Vorgänge haften so innig an materiellen Trägern, daß die Notwendigkeit, die Bilder der Geometrie und Mechanik zu ihrer Erklärung teilweise heranzuziehen, wohl außer Zweifel ist. Ob aber diese Bilder überall ausreichen, darüber sind die Ansichten noch sehr geteilt. Schon die Wärmeerscheinungen bieten manche Züge, die wenigstens auf den ersten Blick nicht bloß räumliche und zeitliche, sondern anders geartete, sagen wir qualitative Änderungen der Körper zu sein scheinen, und während einige Physiker glauben, daß sich dieselben am besten unter dem Bilde von Bewegungen der kleinsten Teile darstellen lassen, scheint dies anderen unwahrscheinlich. Noch zweifelhafter ist dies bezüglich der Erscheinungen des Elektromagnetismus, der strahlenden Energie und der Chemie. Ja, man hört sogar die Ansicht, daß zur Darstellung der letzteren Erscheinungen selbst die Bilder der

Geometrie erweitert werden müßten. Es zeigen also auch die rein physikalischen Tatsachen untereinander keineswegs vollständige Homogenität. Aber wer wollte behaupten, daß hierin ein strenger Beweis liege, daß sie qualitativ untereinander so verschieden seien, daß sie sicher prinzipiell durch die Bilder der Mechanik nicht darstellbar sind?

Die psychischen Erscheinungen stehen den materiellen vielleicht weit ferner als die termischen oder die elektromagnetischen den rein mechanischen; daß aber die beiden ersteren qualitativ, die drei letzteren dagegen nur quantitativ verschieden seien, scheint mir reines Vorurteil zu sein.

Macht man die Annahme, welche wir die Annahme A genannt haben, daß jedem psychischen Vorgange ein gewißer Gehirnvorgang eindeutig entspricht, und daß alle Gehirnvorgänge echt materiell, d. h. durch die Bilder und Gesetze darstellbar sind, welche zur Darstellung der Vorgänge in der unbelebten Natur dienen, so müßte im Gegenteile das Entstehen und der Verlauf der psychischen Vorgänge durch diese Gesetze eindeutig bestimmbar, d. h. darstellbar sein.

Wir wollen uns eine Maschine[1]) als möglich denken, die so wie unser Körper aussieht und sich auch so verhält, und bewegt. In ihrem Inneren soll ein Bestandteil sein, welcher durch die Wirkung des Lichtes, des Schalles usw. mittelst Organen, die genau wie unsere Sinnesorgane und die damit verknüpften Nerven gebaut sind, Eindrücke empfängt. Dieser Bestandteil soll die weitere Fähigkeit haben, Bilder dieser Eindrücke zu bewahren und durch Vermittlung dieser Bilder Nervenfasern so anzuregen, daß sie Bewegungen erzeugen, die ganz den Bewegungen unseres Körpers gleichen. Unbewußte Reflexbewegungen wären dann natürlich solche, deren Innervationen nicht so tief ins Zentralorgan eindringen, daß daselbst Erinnerungsbilder entstehen. Man sagt, es sei a priori klar, daß sich diese Maschine zwar äußerlich wie ein Mensch verhält, aber nichts empfinden würde. Sie würde die ver-

---

[1]) Unter Maschine verstehe ich natürlich nichts weiter als ein System, das aus denselben Bestandteilen nach denselben Naturgesetzen aufgebaut ist, wie die unbelebte Natur, nicht aber ein solches, das durch die Gesetze der heutigen analytischen Mechanik darstellbar ist; denn wir wissen noch keineswegs, ob die gesamte unbelebte Natur durch diese darstellbar ist.

brannte Hand zwar ebenso rasch zurückziehen wie wir, aber dabei keinen Schmerz empfinden. Ich glaube, man sagt dies bloß, weil man sich doch nur eine Uhr, nicht eine so komplizierte Maschine denkt, analog wie physikalisch ungebildete Leute zu mir oft sagten, es sei ihnen (wir würden sagen a priori) klar, daß man im Weltraume draußen noch wissen müsse, was oben und unten sei, oder daß man, wenn die Erde sich drehte, es spüren müßte. Diese Leute ver-vermochten sich eben nicht in den Weltraum hinauszudenken, sich nicht die kosmischen Verhältnisse vorzustellen.

So zwingend solche Urteile für den Befangenen sind, so wenig beweisen sie. In der oben fingierten Maschine würde jede Empfindung als etwas Besonderes existieren. Ähnliche Empfindungen hätten vieles, unähnliche weniger gemein. Ihr zeitlicher Verlauf wäre der durch die Erfahrung gegebene. Freilich wäre keine Empfindung etwas einfaches, jede wäre identisch mit einem komplizierten materiellen Vorgange; allein für denjenigen, der den Bau der Maschine nicht kennt, wären die Empfindungen wieder nicht durch Länge und Maße meßbar, er würde sie durch räumliche und mechanische Bilder ebensowenig darstellen können, als wir unsere Empfindungen. Mehr aber ist uns durch die Erfahrung nicht gegeben. Es wäre also durch unsere Maschine alles realisiert, was uns erfahrungsmäßig vom Psychischen gegeben ist. Alles übrige denken wir uns, wie mir scheint, willkürlich selbst dazu. Unsere Maschine würde geradeso gut wie jeder Mensch sagen, sie sei sich jeder Existenz bewußt (d. h. sie habe Gedankenbilder für die Tatsache ihrer Existenz). Niemand könnte beweisen, daß sie sich ihrer selbst weniger bewußt wäre als ein Mensch. Ja, man könnte das Bewußtsein gar nicht irgendwie so definieren, daß es dieser Maschine weniger zukäme als dem Menschen.

Wir haben in den letzten Sätzen wieder ganz den einseitigen Standpunkt zum Ausdrucke gebracht und sind ganz ins Fahrwasser der alten Terminologie geraten, die man natürlich immer anwenden kann, sobald man sich das richtige dabei denkt. Um Mißverständnisse auszuschließen, wollen wir nochmals erklären, daß die zuletzt geschilderten Betrachtungen eben nur zeigen sollen, wie man sich von einem bestimmten Standpunkt aus das Weltbild konstruieren kann. Die ideale Natur des Menschengeistes wird dadurch nicht tangiert. Tatsächlich bleibt alles beim alten. Wir erklären es nur für möglich, daß dieselben Gedankensymbole und Gesetze, mittelst deren wir die besten Bilder der Vorgänge in der unbelebten Natur erhalten, in verwickelten Verbindungen auch die einfachsten und klarsten Bilder der psychischen Vorgänge geben können.

Wenn man sich dieser Ansicht (also dem, was wir die Ansicht A nannten) anschließt, so sind die Vorgänge in der unbelebten Natur so wenig qualitativ von denen in der belebten verschieden, daß sich irgend eine Grenze überhaupt nicht ziehen läßt und es vollkommen untunlich wäre, bloß den Empfindungen, nicht auch den Vorgängen in der unbelebten Natur objektive Existenz zuzuschreiben. Eher könnte es dann etwa fraglich sein, ob geträumte Empfindungen oder bloß die Erinnerungen daran beim Erwachen objektiv existieren, welche Frage sich aber möglicherweise durch die Physiologie des Gehirns entscheiden ließe.

Die synthetische Schilderung des Zustandekommens der Gedanken bleibt natürlich nach wie vor folgende: Wir konstruieren zu allererst Gedankenbilder der uns unmittelbar bewußten Empfindungen; dann kommen wir zu Gedankensymbolen für diejenigen Gesetzmäßigkeiten unserer Empfindungskomplexe, welche zur Vorstellung der Materie führen. Indem wir nach dieser Methode die materiellen Vorgänge im Gehirne (die wir möglicherweise einmal auch objektiv, z. B. mittelst Röntgenstrahlen beobachten könnten) darstellen, hoffen wir zu einer besseren quantitativen Übersicht über die psychischen Vorgänge zu gelangen, von denen wir ausgingen. Aber würden wir da nicht gerade beweisen, daß das, was wir mit den Röntgenstrahlen sehen, etwas ganz anderes ist als unsere Empfindung? Mit nichten; wir hätten nun einen neuen Zusammenhang zwischen verschiedenen Empfindungen nachgewiesen, denen, die wir schon lange kennen, und gewissen Gesichtsbildern, welche erst beim Blicken auf einen Schirm entstehen, der von Röntgenstrahlen getroffen wird, die unseren Kopf passiert haben.

Will man sich dagegen der Ansicht A nicht anschließen, so muß man entweder annehmen, daß nicht alle Vorgänge im Gehirne durch die Bilder und Gesetze darstellbar sind, welche zur Darstellung der unbelebten Natur dienen, oder daß es psychische, also durch diese Bilder und Gesetze nicht darstellbare Vorgänge gibt, denen keine Gehirnprozesse entsprechen, was durch die Erfahrung zwar unwahrscheinlich gemacht, aber nicht absolut widerlegt wird. Dann würde allerdings die Kluft zwischen Belebtem und Leblosem tiefer. Doch stehen dem Idealismus noch immer die schon erwähnten Schwierigkeiten entgegen, z. B. die Überbrückung dieser Kluft durch den allmählichen Übergang zwischen Belebtem und Unbelebtem, die dominierende Rolle, welche das Unbelebte in jedem Weichbilde wird spielen müssen, der gegenüber das Psychische nur gewissermaßen als Anhang erscheint. So darf die Vorstellung des Denkenden selbst freilich nicht hinweggelassen werden, wenn das Weltbild nicht verschwinden soll. Auch die ihm nahestehenden Personen haben enormen Einfluß auf sein Weltbild, und alle Generationen vorher waren die Vorbedingung seiner eigenen Entwickelung. Allein alle Lebewesen aller außerirdischen Himmelskörper, neun Zehntel und mehr von allem Belebten, was je auf der Erde war, könnte man fast ohne Störung des Weltbildes als nicht gewesen denken. Man kann auch plötzlich alles Belebte des größten Teiles der Erde vernichtet denken, ohne daß wir es in der ersten Zeit merken würden, wogegen bei plötzlicher Vernichtung eines Teiles der Erde oder Sonne (ja selbst des Mondes) alles aus den Bahnen wiche.

Der Idealist vergleicht die Behauptung, daß die Materie ebenso wie unsere Empfindungen existiere, mit der Meinung des Kindes, daß der geschlagene Stein Schmerz empfinde, der Realist die, daß man sich nie vorstellen könne, wie Psychisches durch Materielles oder gar durch ein Spiel von Atomen dargestellt werden könne, mit der eines Ungebildeten, welcher behauptet, die Sonne könne nicht 20 Millionen Meilen von der Erde entfernt sein, denn das könne er sich nicht vorstellen. Wie die Ideologie nur ein Weltbild für einen Menschen, nicht für die Menschheit ist, so scheint mir, wenn wir auch die Tiere, ja das Universum einbegreifen wollen, die Ausdrucksweise des Realismus zweckmäßiger als die des Idealismus.

So kann man zwar aus schon gewonnenen Einsichten oder Erfahrungen neue Seiten derselben beweisen, die einfachsten Vorbedingungen aller Erfahrungen und Gesetze alles Denkens aber, wie ich glaube, bloß schildern und beschreiben. Hat man dies eingesehen, so verschwinden alle Widersprüche, auf die man ehemals stieß, wenn man gewisse Fragen beantworten wollte, z. B. die Frage, ob Komplexe von unausgedehnten Atomen ein ausgedehntes liefern oder gar, ob solche Komplexe empfinden könnten, ob wir zur Kenntnis fremder Empfindungen oder gar der Existenz nicht empfindender Wesen gelangen können, ob Materie und Seele aufeinander wirken können, ob beide ohne Wechselwirkung parallel nebeneinander sich verändern oder ob gar nur die eine oder die andere existieren. Man sieht ein, daß man nicht wußte, wonach man eigentlich fragte.

Hierher gehört auch die Frage nach der Existenz Gottes. Gewiß ist es richtig, daß nur ein Wahnsinniger die Existenz Gottes leugnet, aber ebenso richtig ist es, daß alle unsere Vorstellungen von Gott nur unzureichende Antropomorphismen sind, daß also das von uns als Gott vorgestellte in dieser Weise, wie wir es uns vorstellen, nicht existiert. Wenn daher der eine sagt, ich bin von der Existenz Gottes überzeugt, der andere, ich glaube nicht an Gott, so denken sich vielleicht beide dabei, ohne es zu ahnen, genau dasselbe. Wir dürfen nicht fragen, ob Gott existiert, bevor wir uns darunter etwas Bestimmtes vorstellen können, sondern vielmehr, durch welche Vorstellungen wir uns dem obersten, alles in sich fassenden Begriffe nähern können.

Über die Entwicklung der Methoden der theoretischen Physik in neuerer Zeit.[1)]

Hochansehnliche Versammlung!

In den früheren Jahrhunderten schritt die Wissenschaft durch die Arbeit der erlesensten Geister stetig, aber langsam fort, wie eine alte Stadt durch Neubauten betriebsamer und unternehmender Bürger in stetem Wachstume begriffen ist. Dagegen hat das gegenwärtige Jahrhundert des Dampfes und Telegraphen sein Gepräge nervöser, überhastender Tätigkeit auch dem Fortschritte der Wissenschaft aufgeprägt. Namentlich die Entwickelung der Naturwissenschaft in neuerer Zeit gleicht mehr der einer modernsten amerikanischen Stadt, die in wenigen Dezennien vom Dorfe zur Millionenstadt wird.

Man hat wohl mit Recht Leibniz als den letzten bezeichnet, der noch imstande war, das gesamte Wissen seiner Zeit in einem einzigen Menschenkopfe zu vereinigen. Allerdings hat es auch in neuerer Zeit nicht an Männern gefehlt, welche durch den enormen Umfang ihrer Kenntnisse in Staunen setzten. Ich erwähne da nur Helmholtz, welcher vier verschiedene Wissenszweige, die Philosophie, Mathematik, Physik und Physiologie, mit gleicher Meisterschaft beherrschte. Allein das waren doch nur einzelne, mehr oder minder verwandte Zweige des gesamten menschlichen Wissens; dieses reicht viel, viel weiter.

Die Folge dieser enormen, in rapidem Wachstum begriffenen Ausdehnung unserer positiven Kenntnisse war eine bis ins kleinste Detail gehende Arbeitsteilung in der Wissen-

---

1) Vortrag, gehalten auf der Münchener Naturforscherversammlung, Freitag, den 22. September 1899.

schaft, welche fast schon an die in einer modernen Fabrik erinnert, wo der eine nichts als das Abmessen, der zweite das Schneiden, der dritte das Einschmelzen der Kohlenfäden zu besorgen hat, usw. Gewiß ist eine derartige Arbeitsteilung dem raschen Fortschritte der Wissenschaft enorm förderlich, ja für denselben geradezu unentbehrlich; aber ebenso gewiß birgt sie auch große Gefahren. Der für jede ideale, auf die Entdeckung von wesentlich neuem, ja nur wesentlich neuen Verbindungen der alten Gedanken gerichtete Tätigkeit unerläßliche Überblick über das Ganze geht dabei verloren. Um diesem Übelstande nach Möglichkeit zu begegnen, ist es wohl nützlich, wenn von Zeit zu Zeit ein einzelner mit dieser wissenschaftlichen Detailarbeit Beschäftigter einem größeren, wissenschaftlich gebildeten Publikum einen Überblick über die Entwicklung desjenigen Wissenszweiges zu geben sucht, den er bearbeitet.

Es ist dies mit nicht geringen Schwierigkeiten verbunden. Die schier endlos lange Reihe von Schlüssen oder Einzelversuchen, deren Ziel irgend ein Resultat bildet, ist nur für denjenigen übersichtlich und leicht verständlich, der sich das Durchwandern gerade dieser Vorstellungsreihen zur Lebensaufgabe gemacht hat. Dazu kommt noch, daß sich zur Abkürzung der Ausdrucksweise und Erleichterung der Übersicht überall die Einführung einer sehr großen Zahl neuer Bezeichnungen und gelehrter Wörter als nützlich erwies. Der Vortragende kann nun einerseits nicht durch Erklärung aller dieser neuen Begriffe die Geduld seiner Zuhörer schon erschöpfen, bevor er zu seinem eigentlichen Gegenstande kommt, und andererseits ohne dieselben sich nur schwer und unbehülflich verständlich machen. Auch darf die populäre Darstellung nie als Hauptsache betrachtet werden. Dies würde zu einer Verflachung der Strenge der Schlüsse und zum Aufgeben jener Exaktheit führen, welche zum Epitheton der Naturwissenschaft, und zwar zu ihrem nicht geringen Stolze geworden ist. Wenn ich daher zum Thema meines gegenwärtigen Vortrages eine populäre Darstellung des Entwicklungsganges der theoretischen Physik in der neueren Zeit gewählt habe, so war ich mir wohl bewußt, daß mein Ziel in der Vollkommenheit, in der es meinem Geiste vorschwebt, nicht erreichbar ist, und daß ich nur das allgemein wichtigste in rohen Umrissen werde zeichnen können, während ich hie und da wieder durch den der Vollständigkeit halber nötigen Vortrag von allzu Bekanntem werde Anstoß erregen müssen.

Die Hauptursache des rapiden Fortschrittes der Naturwissenschaft in der letzten Zeit liegt unzweifelhaft in der Auffindung und Vervollkommnung einer besonders geeigneten Forschungsmethode. Auf experimentellem Gebiete arbeitet dieselbe oft geradezu automatisch weiter, und der Forscher braucht nur gewissermaßen stets neues Material aufzulegen, wie der Weber neues Garn auf den mechanischen Webstuhl. So braucht der Physiker nur immer neue Substanzen auf ihre Zähigkeit, ihren elektrischen Widerstand usw. zu untersuchen, dann dieselben Bestimmungen bei der Temperatur des flüssigen Wasserstoffes, dann wieder des Moissanschen Ofens zu wiederholen, und ähnlich geht es bei manchen Aufgaben der Chemie. Freilich gehört immer noch genug Scharfsinn dazu, jedesmal gerade die Versuchsbedingungen zu finden, unter denen die Sache geht.

Nicht ganz so einfach steht es mit den Methoden der theoretischen Physik; doch kann auch da in gewissem Sinne von einem automatischen Fortarbeiten gesprochen werden.

Diese hohe Bedeutung der richtigen Methode erklärt es, daß man bald nicht bloß über die Dinge nachdachte, sondern auch über die Methode unseres Nachdenkens selbst; es entstand die sogenannte Erkenntnistheorie, welche trotz eines gewissen Beigeschmacks der alten, nun verpönten Metaphysik für die Wissenschaft von größter Bedeutung ist.

Die Fortentwicklung der wissenschaftlichen Methode ist sozusagen das Skelett, das den Fortschritt der gesamten Wissenschaft trägt; deshalb will ich im Folgenden die Entwicklung der Methoden in den Vordergrund stellen und gewissermaßen bloß zu ihrer Erläuterung die erzielten wissenschaftlichen Resultate einflechten. Letztere sind ja ihrer Natur nach leichter verständlich und allgemeiner bekannt, während gerade der methodische Zusammenhang am meisten der Erläuterung bedarf.

Einen besonderen Reiz gewährt es, an die historische Darstellung einen Ausblick auf die Entwicklung der Wissenschaft in einer Zukunft zu knüpfen, welche zu erleben uns kraft der Kürze des Menschendaseins versagt ist. In dieser Beziehung will ich schon im Voraus gestehen, daß ich nur Negatives bieten werde. Ich werde mich nicht vermessen, den Schleier zu heben, der die Zukunft umhüllt; dagegen will ich Gründe darlegen, welche wohl geeignet sein dürften, vor gewissen, allzu raschen Schlüssen auf die zukünftige Entwicklung der Wissenschaft zu warnen.

Betrachten wir den Entwicklungsgang der Theorie näher, so fällt zunächst auf, daß derselbe keineswegs so stetig erfolgt, als man wohl erwarten würde, daß er vielmehr voll von Diskontinuitäten ist und wenigstens scheinbar nicht auf dem einfachsten, logisch gegebenen Wege erfolgt. Gewisse Methoden ergaben oft noch soeben die schönsten Resultate, und mancher glaubte wohl, daß die Entwicklung der Wissenschaft bis ins Unendliche in nichts anderem, als ihrer stetigen Anwendung bestehen würde. Im Gegensatze hierzu zeigen sie sich plötzlich erschöpft, und man ist bestrebt, ganz neue, disparate, aufzusuchen. Es entwickelt sich dann wohl ein Kampf zwischen den Anhängern der alten Methoden und den Neueren. Der Standpunkt der ersteren wird von ihren Gegnern als ein veralteter, überwundener bezeichnet, während sie selbst wieder die Neuerer als Verderber der echten klassischen Wissenschaft schmähen.

Es ist dies übrigens ein Prozeß, der keineswegs auf die theoretische Physik beschränkt ist, vielmehr in der Entwicklungsgeschichte aller Zweige menschlicher Geistestätigkeit wiederzukehren scheint. So glaubte vielleicht mancher zu den Zeiten Lessings, Schillers und Goethes, daß durch stete Weiterentwicklung der von den Meistern gepflegten idealen Dichtungsweise für die dramatische Literatur aller Zeiten gesorgt sei, während heutzutage total verschiedene Methoden dramatischer Dichtung gesucht werden und die rechte vielleicht noch gar nicht gefunden ist.

In ganz ähnlicher Weise stehen der alten Malschule die Impressionisten, Sezessionisten, Pleine-airisten, steht der klassischen Tonkunst die Zukunftsmusik gegenüber. Letztere ist doch nicht schon wieder veraltet? Wir werden uns daher nicht mehr wundern, daß die theoretische Physik keine Ausnahme von diesem allgemeinen Entwicklungsgesetze ist.

Gestützt auf die Vorarbeiten zahlreicher genialer Naturphilosophen, hatten Galilei und Newton ein Lehrgebäude geschaffen, welches als der eigentliche Anfang der theoretischen Physik bezeichnet werden muß. Newton fügte demselben mit besonderem Erfolge die Theorie der Bewegung der Himmelskörper ein. Er betrachtete dabei jeden derselben als einen mathematischen Punkt, wie ja auch besonders die Fixsterne in der Tat in erster Annäherung der Beobachtung erscheinen. Zwischen je zweien sollte eine in die Richtung ihrer Verbindungslinie fallende, dem Quadrate ihres Abstandes verkehrt proportionale Anziehungskraft wirken. Indem er eine das gleiche Gesetz befolgende Kraft auch zwischen je zwei Massenteilchen eines beliebigen Körpers wirksam dachte und im übrigen die Bewegungsgesetze anwandte, welche er aus den Beobachtungen an irdischen Körpern abgeleitet hatte, gelang es ihm, die Bewegung sämtlicher Himmelskörper, die Schwere, Ebbe und Flut und alle einschlägigen Erscheinungen aus demselben Gesetze abzuleiten.

Im Hinblick auf diese großen Erfolge waren Newtons Nachfolger bestrebt, die übrigen Naturerscheinungen ganz nach der Methode Newtons lediglich unter passenden Modifikationen und Erweiterungen zu erklären. Unter Benutzung einer alten, schon von Demokrit herrührenden Hypothese dachten sie sich die Körper als Aggregate sehr zahlreicher materieller Punkte, der Atome. Zwischen je zweien derselben sollte außer der Newtonschen Anziehung noch eine Kraft wirken, welche man sich in gewissen Entfernungen abstoßend, in anderen anziehend dachte, wie es eben zur Erklärung der Erscheinungen am geeignetsten schien.

Die Rechnung hatte nun das sogenannte Prinzip der Erhaltung der lebendigen Kraft ergeben. Jedesmal, wenn eine gewisse Arbeit geleistet wird, d. h. wenn der Angriffspunkt einer Kraft eine bestimmte Strecke in der Richtung der Kraftwirkung zurücklegt, muß eine bestimmte Menge von Bewegung entstehen, deren Quantität durch einen mathematischen Ausdruck gemessen wird, den man lebendige Kraft nennt. Genau diese Bewegungsquantität kommt nun wirklich zum Vorschein, sobald die Kraft alle Teilchen eines Körpers gleichmäßig angreift, z. B. beim freien Falle, dagegen immer weniger, wenn nur einige Teilchen von den Kräften affiziert werden, andere nicht, wie bei der Reibung, beim Stoße. Bei allen Prozessen der letzteren Art entsteht dafür Wärme. Man machte daher die Hypothese, daß die Wärme, welche man früher für einen Stoff gehalten hatte, nichts anderes sei, als eine unregelmäßige Relativbewegung der kleinsten Teilchen der Körper gegeneinander, welche man nicht direkt sehen kann, da man ja diese Teilchen selbst nicht sieht, welche sich aber den Teilchen unserer Nerven mitteilt und dadurch das Wärmegefühl erzeugt.

Die Konsequenz der Theorie, daß die erzeugte Wärme immer genau der verlorenen lebendigen Kraft proportional sein muß, was man den Satz der Äquivalenz der lebendigen Kraft und Wärme nennt, bestätigte sich. Man setzte weiter voraus, daß in den festen Körpern jedes Teilchen um eine bestimmte Ruhelage schwingt und die Konfiguration dieser Ruhelagen eben die feste Gestalt des Körpers bestimmt. In den tropfbaren Flüssigkeiten sind die Molekularbewegungen so lebhaft, daß die Teilchen nebeneinander vorbeikriechen; die Verdampfung aber entsteht durch die gänzliche Lostrennung der Teilchen von der Oberfläche der Körper, so daß in den Gasen und Dämpfen die Teilchen größtenteils geradlinig, wie abgeschossene Flintenkugeln fortfliegen. So erklärte sich das Vorkommen der Körper in den drei Aggregatzuständen, sowie viele Tatsachen der Physik und Chemie ungezwungen. Aus zahlreichen Eigenschaften der Gase folgt freilich, daß deren Moleküle keine materiellen Punkte sein können. Man setzte daher voraus, daß sie Komplexe solcher seien, vielleicht noch umgeben von Ätherhüllen.

Außer den die Körper zusammensetzenden ponderablen Atomen nahm man nämlich noch das Vorhandensein eines zweiten, aus weit feineren Atomen bestehenden Stoffes, des Lichtäthers, an und konnte durch regelmäßige Transversalwellen des letzteren fast alle Lichterscheinungen erklären, die früher Newton der Emanation besonderer Lichtteilchen zugeschrieben hatte. Einige Schwierigkeiten blieben freilich noch, wie das gänzliche Fehlen longitudinaler Wellen im

Lichtäther, welche doch in allen ponderablen Körpern nicht nur vorkommen, sondern dort geradezu die Hauptrolle spielen. Unsere Kenntnis von Tatsachen auf dem Gebiete der Elektrizität und des Magnetismus war durch Galvani, Volta, Oerstedt, Ampère und viele andere enorm erweitert und durch Faraday zu einem gewissen Abschlusse gebracht worden. Letzterer hatte mit verhältnismäßig geringen Mitteln eine solche Fülle neuer Tatsachen gefunden, daß es lange schien, als ob sich die Zukunft nur noch auf die Erklärung und praktische Anwendung aller dieser Entdeckungen werde beschränken müssen.

Als Ursache der Erscheinungen des Elektromagnetismus hatte man sich schon lange besondere elektrische und magnetische Flüssigkeiten gedacht. Ampère gelang die Erklärung des Magnetismus durch molekulare elektrische Ströme, wodurch die Annahme magnetischer Flüssigkeiten entbehrlich wurde, und Wilhelm Weber vollendete die Theorie der elektrischen Fluida, indem er sie so ergänzte, daß alle bis dahin bekannten Erscheinungen des Elektromagnetismus daraus in einfacher Weise erklärbar waren. Er dachte sich zu diesem Behufe die elektrischen Fluida geradeso aus kleinsten Teilchen bestehend, wie die ponderablen Körper und den Lichtäther, und zwischen den Elektrizitätsteilchen auch ganz analoge Kräfte wirkend, wie zwischen denen der übrigen Stoffe, nur mit der unwesentlichen Modifikation, daß die zwischen je zwei Elektrizitätsteilchen wirkenden Kräfte auch von ihrer relativen Geschwindigkeit und Beschleunigung abhängen sollten.

Während man daher in den ersten Zeiten außer dem greifbaren Stoffe noch einen Wärmestoff, Lichtstoff, zwei magnetische, zwei elektrische Fluida usw. angenommen hatte, reichte man jetzt mit dem ponderablen Stoffe, dem Lichtäther, und den elektrischen Flüssigkeiten aus. Jeden dieser Stoffe dachte man sich bestehend aus Atomen, und die Aufgabe der Physik schien sich für alle Zukunft darauf zu reduzieren, das Wirkungsgesetz der zwischen je zwei Atomen tätigen Fernkraft festzustellen und dann die aus allen diesen Wechselwirkungen folgenden Gleichungen unter den entsprechenden Anfangsbedingungen zu integrieren.

Dies war die Entwicklungsstufe der theoretischen Physik beim Beginne meiner Studien. Was hat sich seitdem alles verändert! Fürwahr, wenn ich auf alle diese Entwicklungen und Umwälzungen zurückschaue, so erscheine ich mir wie ein Greis an Erlebnissen auf wissenschaftlichem Gebiete! Ja, ich möchte sagen, ich bin allein übrig geblieben von denen, die das Alte noch mit voller Seele umfaßten, wenigstens bin ich der einzige, der noch dafür, soweit er es vermag, kämpft. Ich betrachte es als meine Lebensaufgabe, durch möglichst klare, logisch geordnete Ausarbeitung der Resultate der alten klassischen Theorie, soweit es in meiner Kraft steht, dazu beizutragen, daß das viele Gute und für immer Brauchbare, das meiner Überzeugung nach darin enthalten ist, nicht einst zum zweiten Male entdeckt werden muß, was nicht der erste Fall dieser Art in der Wissenschaft wäre.

Ich stelle mich Ihnen daher vor als einen Reaktionär, einen Zurückgebliebenen, der gegenüber den Neuerern für das Alte, Klassische schwärmt; aber ich glaube, ich bin nicht borniert, nicht blind gegen die Vorzüge des Neuen, dem im folgenden Teile meines Vortrages Gerechtigkeit widerfahren soll, soweit mir dies möglich ist; denn ich weiß wohl, daß ich, wie jeder, die Dinge durch meine Brille subjektiv gefärbt sehe.

Der erste Angriff auf das geschilderte wissenschaftliche System erfolgte gegen dessen schwächste Seite, die Webersche Theorie der Elektrodynamik. Diese ist gewissermaßen die Blüte der Geistesarbeit dieses genialen Forschers, der sich durch seine zahlreichen, in den elektrodynamischen Maßbestimmungen und anderwärts niedergelegten Ideen und experimentellen Resultate die unsterblichsten Verdienste um die Elektrizitätslehre erworben hat. Sie trägt jedoch bei allem Scharfsinne und aller mathematischen Feinheit so sehr das Gepräge des Gekünstelten, daß wohl stets nur wenige begeisterte Anhänger an ihre unbedingte Richtigkeit glaubten. Gegen sie wandte sich Maxwell unter rückhaltlosester Anerkennung der Verdienste Webers.

Die Arbeiten Maxwells kommen für uns in zweifacher Weise in Betracht: 1. der erkenntnistheoretische Teil derselben, 2. der speziell physikalische. In erster Beziehung warnte Maxwell davor, eine Naturanschauung bloß aus dem Grunde für die einzig richtige zu halten, weil sich eine Reihe von Konsequenzen derselben in der Erfahrung bestätigt hat. Er zeigt an vielen Beispielen, wie sich oft eine Gruppe von Erscheinungen auf zwei total verschiedene Arten erklären läßt. Beide Erklärungsarten stellen die ganze Erscheinungsgruppe gleich gut dar. Erst wenn man neuere, bis dahin unbekannte Erscheinungen zuzieht, zeigt sich der Vorzug der einen vor der anderen Erklärungsart, welche erstere aber vielleicht nach Entdeckung weiterer Tatsachen einer dritten wird weichen müssen.

Während vielleicht weniger die Schöpfer, als besonders die späteren Vertreter der alten klassischen Physik prätendierten, durch diese die wahre Natur der Dinge erkannt zu haben, so wollte Maxwell seine Theorie als ein bloßes Bild der Natur aufgefaßt wissen, als eine mechanische Analogie, wie er sagte, welche im gegenwärtigen Augenblicke die Gesamtheit der Erscheinungen am einheitlichsten zusammenzufassen gestattet. Wir werden sehen, wie einflußreich diese Stellungnahme Maxwells auf die weitere Entwicklung der Theorie wurde. Maxwell verhalf diesen theoretischen Ideen sofort zum Siege durch seine praktischen Erfolge.

Wir sahen, daß alle damals bekannten elektromagnetischen Erscheinungen erklärt waren durch die Webersche Theorie, welche die Elektrizität aus Teilchen bestehen ließ, die ohne alle Vermittlung direkt in beliebige Entfernungen aufeinander wirken. Angeregt durch die Ideen Faradays, entwickelte nun Maxwell eine vom entgegengesetzten Standpunkte ausgehende Theorie. Nach dieser wirkt jeder elektrische oder magnetische Körper nur auf die unmittelbar benachbarten Teilchen eines den ganzen Raum erfüllenden Mediums, diese dann wieder auf die anliegenden Teilchen des Mediums, bis sich die Wirkung bis zum nächsten Körper fortgepflanzt hat.

Die bisher bekannten Erscheinungen wurden von beiden Theorien gleich gut erklärt; aber die Maxwellsche griff über die alte Theorie hinaus. Nach der ersteren mußten, sobald es nur gelang, genügend rasch verlaufende Elektrizitätsbewegungen zu erzeugen, durch diese im Medium Wellenbewegungen hervorgerufen werden, welche genau die Gesetze der Lichtwellenbewegung befolgen. Maxwell vermutete daher, daß in den Teilchen leuchtender Körper beständig rapide Elektrizitätsbewegungen vor sich gehen, und daß die hierdurch im Medium erregten Schwingungen eben das Licht sind. Das die elektromagnetischen Wirkungen vermittelnde Medium wird dadurch identisch mit dem schon früher erforderlichen Lichtäther, und wir können ihm daher wohl wieder diesen Namen beilegen, obwohl es vielfach andere Eigenschaften haben muß, um zur Vermittlung des Elektromagnetismus tauglich zu sein.

Warum man bei den bisherigen Versuchen über Elektrizität keine derartigen Schwingungen bemerken konnte, läßt sich vielleicht in folgender Weise anschaulich machen. Wir wollen die flache Hand an ein ruhendes Pendel anlegen, langsam senkrecht zur Pendelstange, das Pendel hebend, nach derjenigen Seite bewegen, wo dieses anliegt, dann wieder zurück und schließlich nach der anderen Seite ganz entfernen. Das Pendel macht, der Hand folgend, eine halbe Schwingung, aber es schwingt nicht weiter, weil ihm die erteilte Geschwindigkeit zu klein ist. Ein anderes Beispiel! Die Theorie nimmt an, daß beim Zupfen einer Saite ein Punkt der Saite aus der Ruhelage entfernt und dann plötzlich die ganze Saite sich selbst überlassen wird. Ich glaubte das als Student nicht, sondern meinte, der Zupfende müsse der Saite noch einen besonderen Stoß erteilen; denn wenn ich die Saite zuerst mit dem Finger ausbog und dann diesen in der Richtung, in der die Saite schwingen sollte, rasch entfernte, blieb diese stumm. Ich übersah, daß ich den Finger im Verhältnisse zur Raschheit der Saitenschwingungen viel zu langsam bewegte und so diese selbst aufhielt.

Gerade so wurden bei den bisherigen Versuchen die elektrischen Zustände im Vergleiche mit der enormen Fortpflanzungsgeschwindigkeit der Elektrizität, immer verhältnismäßig viel zu langsam in andere übergeführt. Hertz fand nun nach mühevollen Vorversuchen, deren leitenden Gedankengang er selbst in der unbefangensten Weise schildert, gewisse Versuchsbedingungen, unter denen elektrische Zustände so rasch periodisch geändert werden, daß beobachtbare Wellen entstehen. Wie alles Geniale sind dieselben äußerst einfach.

Trotzdem kann ich hier selbstverständlich auch auf diese einfachen experimentellen Einzelheiten nicht eingehen. Die so von Hertz unzweifelhaft durch elektrische Entladungen erzeugten Wellen unterscheiden sich, wie Maxwell vorausgesagt hatte, qualitiv nicht im mindesten von den Lichtwellen. Aber wie groß ist der quantitative Unterschied!

Wie beim Schalle die Tonhöhe, so wird beim Lichte bekanntlich die Farbe durch die Schwingungszahl bestimmt. Im sichtbaren Lichte sind etwa 400 Billionen Schwingungen in der Sekunde im äußersten Rot, 800 Billionen im äußersten Violett der extremsten Schwingungszahlen. Man hatte schon lange ganz gleichartige Ätherwellen entdeckt, wobei bis etwa 20 mal weniger als im äußersten Rot und bis etwa 3 mal so viel Schwingungen in der Sekunde als im äußersten Violett erfolgen. Sie sind für das Auge unsichtbar; aber die ersteren, die sogenannten ultraroten, durch ihre Wärmewirkung, die letzteren, die ultravioletten, durch chemische und phosphoreszenzerzeugende Wirkung erkennbar. In den von Hertz durch wirkliche Entladung erzeugten Wellen erfolgten in der Sekunde nicht mehr als etwa 1000 Millionen Schwingungen, und Hertzs Nachfolger kamen bis etwa auf das Hundertfache.

Daß so langsame Schwingungen nicht direkt mit dem Auge gesehen werden können, ist selbstverständlich. Hertz wies sie durch mikroskopisch kleine Fünkchen nach, die sie sogar in großen Entfernungen in passend geformten Leitern erzeugen. Letztere könnte man daher als Augen für Hertzsche Schwingungen bezeichnen. Mit diesen Mitteln bestätigte Hertz die Maxwellsche Theorie bis ins kleinste Detail und, wiewohl man versuchte, auch aus der Fernwirkungstheorie zu elektrischen Schwingungen zu gelangen, so war doch die Überlegenheit der Maxwellschen Theorie bald niemandem mehr zweifelhaft, ja wie Pendel nach der entgegengesetzten Seite über die Ruhelage hinausgehen, so sprachen schließlich die Extremsten von der Verfehltheit aller Anschauungen der alten klassischen Theorie der Physik. Doch davon später! Vorher wollen wir noch ein wenig bei diesen glänzenden Entdeckungen verweilen.

Von den schon vor Hertz bekannten verschiedenen Ätherwellen gehen, wie man längst wußte, die einen durch

diese, die anderen durch jene Körper leichter hindurch. So
läßt wässerige Alaunlösung alle sichtbare, aber nur wenig
ultrarote Strahlung hindurch, welche dafür eine für sicht-
bares Licht völlig undurchlässige Lösung von Jod in Schwefel-
kohlenstoff mit Leichtigkeit durchdringt. Die Hertzschen
Wellen durchdringen fast alle Körper mit Ausnahme der Metalle und Elektrolyte. Wenn daher Marconi an einem Orte
sehr kurze Hertzsche Wellen erregte und an einem viele
Kilometer entfernten, mit einer passenden Modifikation des
Apparates, den wir Auge für Hertzsche Wellen genannt
haben, in Morsezeichen umsetzte, so konstruierte er eigentlich nichts anderes, als einen gewöhnlichen optischen Telegraphen, nur daß er statt der Wellen von etwa 500 Billionen
solche von ungefähr dem zehnten Teil einer Billion von
Schwingungen in der Sekunde anwandte. Dies hat den Vorteil, daß die letzteren Wellen durch Nebel, ja selbst Ge-
stein fast ungeschwächt hindurchgehen. Einen Berg von ge-
diegenem Metall oder einen Nebel von Quecksilbertröpfchen
würden sie so wenig durchdringen, wie das sichtbare Licht
einen gewöhnlichen Berg oder Nebel.

Die Mannigfaltigkeit der uns bekannten Strahlenarten
wurde noch vermehrt durch die mit Recht so gefeierte Entdeckung der Röntgenstrahlen. Diese durchdringen alle Körper, auch die Metalle; letztere sowie metallhaltige Körper,
wie die kalziumhaltigen Knochen, aber unter erheblicher
Schwächung. Die an allen früher besprochenen Strahlen nach-
gewiesenen Erscheinungen der Polarisation, Interferenz und
Beugung konnten an ihnen noch nicht beobachtet werden.
Wären sie wirklich jeder Polarisation unfähig, so müßten
es, wenn überhaupt Wellen, longitudinale sein; aber es muß
selbst die Möglichkeit offen gelassen werden, daß sie auch
der Interferenz unfähig, also überhaupt keine Wellen sind,
weshalb man vorsichtig von Röntgenstrahlen, nicht von Rönt-
genwellen spricht. Würde einst ein sie polarisierender Körper
entdeckt, so spräche dies dafür, daß sie qualitativ dem Lichte
gleich sind; sie müßten aber noch viel, viel kleinere Schwin-
gungsdauer haben, als selbst das äußerste Ultraviolett oder
vielleicht nur, wie wenige Physiker glauben, aus rasch sich
folgenden Stoßwellen bestehen.

Im Hinblick auf diese enorme Mannigfaltigkeit von Strahlen möchten wir fast mit dem Schöpfer darüber rechten, daß er unser Auge nur für einen so winzigen Bereich derselben empfindlich gemacht hat. Es geschähe dies hier, wie immer, mit Unrecht; denn überall wurde dem Menschen nur ein kleiner Bereich eines großen Naturganzen direkt geoffenbart und dafür dessen Verstand befähigt, die Erkenntnis des übrigen durch eigene Anstrengung zu erringen.

Wären die Röntgenstrahlen wirklich longitudinale Wellen des Lichtäthers, was zu glauben ihr Entdecker gleich anfangs sehr geneigt war, und was noch bis heute durch keine einzige Tatsache widerlegt ist, so läge uns da ein eigentümlicher, in der Wissenschaft nicht einzig dastehender Fall vor. Die klassische theoretische Physik hatte ihre Ansicht über die Beschaffenheit des Lichtäthers vollkommen fertig. Nur eins fehlte noch, wie man glaubte, zur unumstößlichen Bestätigung ihrer Richtigkeit, nämlich die longitudinalen Ätherwellen; diese aber konnte man um keinen Preis finden. Jetzt, da bewiesen ist, daß der Lichtäther einen wesentlich anderen Bau haben muß, da er ja auch Vermittler der elektrischen und magnetischen Wirkungen ist, jetzt, da die alte Ansicht über die Beschaffenheit des Lichtäthers abgetan ist, kommt man post festum ihrer ersehnten Bestätigung der Entdeckung von Longitudinalwellen im Äther so nahe.

Ähnlich ging es mit der Weberschen Theorie der Elektrodynamik. Diese basiert, wie wir sahen, auf der Annahme, daß die Wirkung elektrischer Massen von deren Relativbewegung abhängt, und gerade zur Zeit, als die Unzulänglichkeit der Weberschen Theorie definitiv bewiesen wurde, fand Rowland in Helmholtzs Laboratorium durch einen direkten Versuch, daß bewegte Elektrizitäten anders als ruhende wirken. In früherer Zeit wäre man wohl geneigt gewesen, dies für einen direkten Beweis der Richtigkeit der Weberschen Theorie zu halten. Heute weiß man, daß es kein Experimentum crucis ist, daß es vielmehr ebenso aus der Maxwellschen Theorie folgt.

Ferner folgt aus einer Modifikation der Weberschen Theorie, daß nicht bloß die stromführenden Leiter, sondern auch die Ströme in diesen selbst durch den Magneten abgelenkt werden müssen. Auch diese Erscheinung, welche man lange vergebens gesucht hatte, wurde von dem amerikanischen Physiker Hall zu einer Zeit aufgefunden, wo sich die Anhänger der Weberschen Theorie wegen vorangegangener weit größerer Niederlagen längst des Triumphs nicht mehr freuen konnten.

Solche Erscheinungen beweisen, wie vorsichtig man sein muß, wenn man in der Bestätigung einer Konsequenz einen Beweis für die unbedingte Richtigkeit einer Theorie erblicken will. Nach Maxwells Anschauung stimmen eben oft Bilder, welche in vielen Fällen der Natur angepaßt wurden, automatisch auch noch in manchen anderen, woraus aber noch nicht die Übereinstimmung in allen folgt. Andererseits zeigen diese Erscheinungen, daß auch eine falsche Theorie nützlich sein kann, wenn sie nur Anregung zu neuartigen Versuchen in sich birgt.

Durch die angeführten Entdeckungen von Hertz, Röntgen, Rowland, Hall war bewiesen, daß Faraday doch auch seinen Nachfolgern noch etwas zu finden übriggelassen hat. Hieran schließen sich noch manche andere Entdeckungen der neuesten Zeit, von denen hier nur die Zeemans vom Einflusse des Magnetismus auf das ausgesandte Licht und die vom korrespondierenden Einflusse auf die Lichtsorption erwähnt werden mögen. Alle diese Erscheinungen, von denen viele von Faraday gesucht wurden, konnten mit den damaligen Mitteln absolut nicht beobachtet werden. Hat daher oft das Genie mit den kleinsten Mitteln das größte geleistet, so sieht man hier umgekehrt, daß zu manchen Leistungen der Menschengeist doch erst durch die gegenwärtige enorme Vervollkommnung der Beobachtungsapparate und Experimentiertechnik befähigt wird.

Die meisten der geschilderten ganz neuartigen Erscheinungen sind bis jetzt erst in ihren ersten Grundzügen bekannt. Die Erforschung ihrer Einzelheiten, ihrer Beziehungen untereinander und zu allen anderen bekannten Erscheinungen, mit einiger Übertreibung möchte ich sagen, ihre Einlage in den mechanischphysikalischen Webstuhl eröffnet für die Zukunft ein fast unermeßlich scheinendes Arbeitsfeld. Die reichen, schon im Beginne erzielten praktischen Erfolge (Röntgenphotographie, Telegraphie ohne Draht, Radiotherapie) lassen die praktische Ausbeute ahnen, welche die sonst immer allein erst praktisch fruchtbare Detailforschung bringen wird. Die Theorie aber wurde aus ihrer Ruhe aufgeschreckt, in der sie schon fast alles erkannt zu haben glaubte, und es gelang bis heute noch nicht, die neuen Erscheinungen in ein so einheitliches Lehrgebäude zusammenzufassen, wie es das alte gewesen war; vielmehr ist heute noch alles im Schwanken und in Gärung begriffen.

Diese Verwirrung wurde durch das Zusammenwirken mancher anderer Umstände mit den genannten vermehrt. Es sind da zunächst gewisse philosophische Bedenken gegen die Grundlagen der Mechanik zu erwähnen, welche am deutlichsten durch Kirchhoff ausgesprochen wurden. Man hatte in die alte Mechanik unbedenklich den Dualismus zwischen Kraft und Stoff eingeführt. Die Kraft betrachtete man als ein besonderes Agens neben der Materie, welches die Ursache aller Bewegung ist; ja, man stritt sogar ab und zu, ob die Kraft ebenso wie die Materie existiere oder eine Eigenschaft der letzteren sei, oder ob umgekehrt die Materie als Produkt der Kraft angesehen werden müsse.

Kirchhoff war weit entfernt, diese Fragen beantworten zu wollen, er hielt jedenfalls die ganze Art der Fragestellung für unzweckmäßig und nichtssagend. Um sich aber jedes Urteils über den Wert solcher metaphysischer Betrachtungen enthalten zu können, erklärte er alle diese dunklen Begriffe ganz vermeiden und die Aufgabe der Mechanik auf die einfachste, unzweideutigste Beschreibung der Bewegung der Körper beschränken zu wollen, ohne sich um die metaphysische Ursache derselben zu kümmern. In seiner Mechanik ist daher bloß von materiellen Punkten und den mathematischen Ausdrücken die Rede, durch welche die Bewegungsgesetze der ersteren formuliert werden; der Begriff der Kraft fehlt vollständig. Hatte einst Napoleon in der Kapuzinergruft in Wien gerufen: „Alles ist eitel, mit Ausnahme der Kraft", so strich jetzt Kirchhoff auf einer Druckseite die Kraft aus der Natur, jenen deutschen Professor beschämend, von dem Karl Moor erzählt, daß er sich vermaß, trotz seiner Schwäche, auf seinem Katheder das Wesen der Kraft zu behandeln, aber doch nicht diese zu vernichten.

Kirchhoff hat selbst das Wort Kraft später wieder eingeführt, aber nicht als metaphysischen Begriff, sondern bloß als abgekürzte Bezeichnung für gewisse algebraische Ausdrücke, welche bei der Beschreibung der Bewegung beständig vorkommen. Später hat man wohl diesem Worte öfter wieder, besonders im Hinblick auf die Analogie mit der für den Menschen so geläufigen Muskelanstrengung, eine erhöhte Bedeutung vindiziert, aber die alten dunkeln Fragestellungen und Begriffe werden wohl niemals mehr in der Naturwissenschaft wiederkehren.

Kirchhoff hatte an der alten klassischen Mechanik keine materielle Änderung vorgenommen; seine Reformation war eine rein formale. Viel weiter ging Hertz, und während fast alle späteren Autoren die Darstellungsweise Kirchhoffs nachahmten, hier und da freilich oft mehr gewisse, bei Kirchhoff stehende Ausdrucksweisen als dessen Geist, so habe ich Hertzs Mechanik zwar sehr oft preisen gehört, aber noch niemanden sah ich auf dem von Hertz gewiesenen Wege weiter wandeln.

Es ist, soviel ich weiß, noch nicht darauf hingewiesen worden, daß ein Gedanke in der Kirchhoffschen Mechanik, wenn man dessen letzte Konsequenzen zieht, direkt zu den Hertzschen Ideen führt. Kirchhoff definiert nämlich den wichtigsten Begriff der Mechanik, den der Masse, nur für den Fall, daß beliebige Bedingungsgleichungen zwischen den materiellen Punkten bestehen. In diesem Falle sieht man klar die Notwendigkeit des von Kirchhoff als Masse bezeichneten Faktors. In den anderen Fällen, wo sich die materiellen Punkte ohne Bedingungsgleichungen so bewegen, wie es den alten Kraftwirkungen entsprach, so z. B. in der Elastizitätslehre, Aëromechanik usw., schwebt Kirchhoffs Massenbegriff in der Luft, und die hieraus folgende Unklarheit schwindet erst dann vollständig, wenn man die letzteren Fälle überhaupt ausschließt.

Dies tat Hertz. Die wichtigsten der Kräfte der alten Mechanik waren direkte Fernkräfte zwischen je zwei materiellen Punkten gewesen. Kirchhoff entfernte die Frage nach der metaphysischen Ursache dieser Fernwirkung aus der Mechanik; aber Bewegungen, welche genau nach denselben Gesetzen erfolgen, als ob diese Fernkräfte bestünden, ließ er zu. Nun ist man heute, wie wir sahen, überzeugt, daß die elektrischen und magnetischen Wirkungen durch ein Medium vermittelt werden. Bleibt nur noch die Gravitation, von der schon ihr Entdecker Newton annahm, daß sie wohl wahrscheinlich der Wirkung eines Mediums zuzuschreiben sei, und die Molekularkräfte. Letztere lassen sich angenähert in festen Körpern durch die Bedingung der Unveränderlichkeit der Gestalt, in tropfbarflüssigen durch die der Unveränderlichkeit des Volumens ersetzen. Die Ersetzung der Elastizität, der Expansivkraft kompressibler Flüssigkeiten, der Kristallisations- und chemischen Kräfte durch Bedingungen von einer analogen Form ist zwar bis heute noch nicht gelungen. Aber offenbar in der Voraussetzung, daß sie gelingen werde, verwirft Hertz im Gegensatze zu Kirchhoff auch jede Bewegung, die so geschieht, wie sie die alten Fernkräfte fordern, und läßt bloß Bewegungen zu, für welche derartige Bedingungen bestehen, deren Form von ihm genauer mathematisch definiert wird. Das einzige, was er nebst diesen Bedingungen zum Aufbaue der ganzen Mechanik noch verwendet, ist ein Bewegungsgesetz, welches einen speziellen Fall des Gaußschen Prinzips des kleinsten Zwanges darstellt.

Hat also Kirchhoff bloß die Frage nach der Ursache der Bewegungen, die man sonst den Fernkräften zuschrieb, verpönt, so merzt Hertz diese Bewegungen selbst aus und sucht die Kräfte durch Bedingungsgleichungen zu erklären, während man sonst umgekehrt die Bewegungsbedingungen aus Kräften erklärte. Hertz unterfängt sich daher in viel wahrerem Sinne als Kirchhoff, die Kraft selbst zu überwältigen. Er schuf so ein frappierend einfaches, von ganz wenigen, gewissermaßen sich logisch von selbst darbietenden Prinzipien ausgehendes System der Mechanik. Leider schloß sich im gleichen Momente sein Mund auf ewig den tausend Fragen um Erläuterungen, die gewiß nicht auf meinen Lippen allein schweben.

Man begreift nach dem Gesagten, daß sich gewisse Erscheinungen, wie die freie Bewegung starrer Systeme, aus Hertz Theorie mit Leichtigkeit ergeben. Bei den übrigen Erscheinungen muß Hertz das Vorhandensein verborgener, in Bewegung begriffener Massen annehmen, durch deren Eingriff in die Bewegung der sichtbaren Massen sich erst die Gesetze der Bewegung der letzteren erklären, welche daher dem ebenfalls verborgenen, die elektromagnetischen und Gravitationswirkungen erzeugenden Medium entsprechen. Aber wie sind diese uns völlig unbekannten Massen in jedem Falle zu denken? Ja, ist es überhaupt allemal möglich, durch sie zum Ziele zu gelangen? Die Struktur der ehemals gebräuchlichen Medien und auch des Maxwellschen Lichtäthers darf ihnen nicht beigelegt werden, da ja in allen diesen Medien solche Kräfte wirkend gedacht wurden, welche Hertz gerade ausschließt.

Ich konnte schon in einem ganz einfachen mechanischen Beispiele keine zum Ziele führenden verborgenen Massen finden und legte das betreffende Problem der Naturforschergesellschaft zur Lösung vor; denn solange sich selbst in den einfachsten Fällen gar keine oder nur ganz unverhältnismäßig komplizierte Systeme verborgener Massen finden lassen, welche das Problem im Sinne der Hertzschen Theorie lösen, ist der Wert der letzteren doch nur ein rein akademischer.

Die Hertzsche Mechanik scheint mir daher mehr ein Programm für eine ferne Zukunft zu sein. Wenn es einst gelingen sollte, alle Naturvorgänge durch solche verborgene Bewegungen im Hertzschen Sinne in ungekünstelter Weise zu erklären, dann würde die alte Mechanik durch die Hertzsche überwunden sein. Bis dahin ist die erstere die einzige, welche alle Erscheinungen wirklich in klarer Weise darzustellen vermag, ohne Dinge beizuziehen, die nicht nur verborgen sind, sondern von denen man auch gar keine Ahnung hat, wie man sie denken soll.

Hertz hat in seinem Buche über Mechanik, ebenso wie die mathematisch-physikalischen Ideen Kirchhoffs, auch die erkenntnistheoretischen Maxwells zu einer gewissen Vollendung gebracht. Maxwell hatte die Hypothese Webers eine reale physikalische Theorie genannt, womit er sagen wollte, daß ihr Autor objektive Wahrheit dafür in Anspruch nahm, seine eigenen Ausführungen dagegen bezeichnete er als bloße Bilder der Erscheinungen. Hieran anknüpfend, bringt Hertz den Physikern so recht klar zum Bewußtsein, was wohl die Philosophen schon längst ausgesprochen hatten, daß keine Theorie etwas Objektives, mit der Natur wirklich sich Deckendes sein kann, daß vielmehr jede nur ein geistiges

Bild der Erscheinungen ist, das sich zu diesen verhält, wie das Zeichen zum Bezeichneten.

Daraus folgt, daß es nicht unsere Aufgabe sein kann, eine absolut richtige Theorie, sondern vielmehr ein möglichst einfaches, die Erscheinung möglichst gut darstellendes Abbild zu finden. Es ist sogar die Möglichkeit zweier ganz verschiedener Theorien denkbar, die beide gleich einfach sind und mit den Erscheinungen gleich gut stimmen, die also, obwohl total verschieden, beide gleich richtig sind. Die Behauptung, eine Theorie sei die einzig richtige, kann nur der Ausdruck unserer subjektiven Überzeugung sein, daß es kein anderes gleich einfaches und gleich gut stimmendes Bild geben könne.

Zahlreiche Fragen, die früher unergründlich schienen, entfallen hiermit von selbst. Wie kann, sagte man früher, von einem materiellen Punkte, der ein bloßes Gedankending ist, eine Kraft ausgehen, wie können Punkte zusammen Ausgedehntes liefern usw.? Jetzt weiß man, daß sowohl die materiellen Punkte, als auch die Kräfte bloße geistige Bilder sind. Erstere können nicht Ausgedehntem gleich sein, aber es mit beliebiger Annäherung abbilden. Die Frage, ob die Materie atomistisch zusammengesetzt oder ein Kontinuum ist, reduziert sich auf die viel klarere, ob die Vorstellung enorm vieler Einzelwesen oder die eines Kontinuums ein besseres Bild der Erscheinungen zu liefern vermöge.

Wir sprachen zuletzt hauptsächlich über Mechanik. Eine die ganze Physik ergreifende Umwälzung wurde in Anknüpfung an das rapide Anwachsen der Bedeutung des Energieprinzips versucht. Wir erwähnten dieses Prinzip schon einmal ganz beiläufig als eine durch die Erfahrung bestätigte Konsequenz der mechanistischen Naturanschauung. Nach dieser erscheint die Energie als ein bekannter, aus schon früher eingeführten Größen (Masse, Geschwindigkeit, Kraft, Weg) in gegebener Weise zusammengesetzter mathematischer Ausdruck, bar alles Geheimnisvollen, und da sie Wärme, Elektrizität usw. als Bewegungsformen von teilweise freilich ganz unbekannter Natur ansieht, so sieht sie im Energieprinzipe eine wichtige Bestätigung ihrer Schlüsse.

Wir begegnen einer Würdigung desselben übrigens schon

in der ersten Kindheit der Mechanik. Leibniz sprach von der Substantialität der Kraft, worunter er die Energie meint, fast mit denselben Worten, wie die modernsten Energetiker; aber er läßt beim unelastischen Stoße aus der lebendigen Kraft Deformation, Bruch von Cohärenz und Textur, Spannung von Federn usw. entstehen; davon, daß Wärme eine Energieform sei, hat er keine Ahnung. Dubois Reymond ist daher auch sachlich vollkommen im Unrechte, wenn er in seiner Gedächtnisrede auf Helmholtz Robert Mayer nochmals zu verkleinern sucht und ihm die Priorität der Entdeckung der Äquivalenz von Wärme und mechanischer Arbeit abspricht. Letzterer bekannte sich übrigens keineswegs zur Ansicht, daß die Wärme Molekularbewegung sei, er hielt sie vielmehr für eine vollständig neue Energieform und behauptete nur ihre Äquivalenz mit der mechanischen Energie. Auch die Physiker, welche der ersteren Ansicht huldigten, vor allen Clausius, unterschieden strenge zwischen den Sätzen, welche allein aus ihr folgen, der speziellen Thermodynamik, und denen, welche unabhängig von jeder Hypothese über die Natur der Wärme aus feststehenden Erfahrungstatsachen abgeleitet werden können, der allgemeinen Thermodynamik.

Während nun die spezielle Thermodynamik nach einer Reihe glänzender Resultate wegen der Schwierigkeit, die Molekularbewegungen mathematisch zu behandeln, ins Stocken geriet, erzielte die allgemeine eine Fülle von Resultaten. Man fand, daß die Temperatur dafür ausschlaggebend ist, wann und in welcher Menge sich Wärme und Arbeit ineinander umsetzen. Der Zuwachs der zugeführten Wärme stellte sich als Produkt der (sogenannten absoluten) Temperatur und des Zuwachses einer anderen Funktion dar, welche man nach Clausius Vorgang die Entropie nennt. Aus dieser konstruierte nun besonders Gibbs neue Funktionen, wie die später als thermodynamisches Potentiale bei konstanter Temperatur, konstantem Drucke usw. bezeichneten, und gelangte mit ihrer Hilfe zu den überraschendsten Resultaten auf den verschiedensten Gebieten, so der Chemie, Kapillarität usw.

Man fand ferner, daß Gleichungen von analoger Form auch für die Verwandlung der anderen Energieformen, elektischer, magnetischer, Strahlungsenergie usw., ineinander gelten, und daß da namentlich auch überall Zerlegungen in zwei Faktoren mit ähnlichem Erfolge vorgenommen werden können. Dies begeisterte eine Reihe von Forschern, die sich selbst Energetiker nennen, so sehr, daß sie die Notwendigkeit des Bruchs mit allen bisherigen Anschauungen lehrten, gegen die sie einwandten, der Schluß von der Äquivalenz von Wärme und lebendiger Kraft auf deren Identität sei ein Fehlschluß, als ob für diese Identität bloß der Äquivalenzsatz, nicht auch so vieles andere spräche.

Der Energiebegriff gilt der neuen Lehre als der einzig richtige Ausgangspunkt der Naturforschung. Die Zerlegbarkeit in zwei Faktoren und ein sich daran schließender Variationssatz als das Fundamentalgesetz der gesamten Natur. Jede mechanische Versinnlichung, warum die Energie gerade diese kuriosen Formen annimmt und in jeder derselben zwar ähnlichen, aber doch wieder wesentlich anderen Gesetzen folgt, halten sie für überflüssig, sogar schädlich, und die Physik, ja die ganze Naturwissenschaft der Zukunft ist ihnen eine bloße Beschreibung des Verhaltens der Energie in allen ihren Formen, eine Naturgeschichte der Energie, was freilich, wenn man unter Energie überhaupt alles Wirksame versteht, zum Pleonasmus wird.

Unzweifelhaft sind die Analogien des Verhaltens der verschiedenen Energieformen so wichtig und interessant, daß ihre allseitige Verfolgung als eine der schönsten Aufgaben der Physik bezeichnet werden muß; gewiß rechtfertigt auch die Wichtigkeit des Energiebegriffes den Versuch, ihn als ersten Ausgangspunkt zu wählen. Es muß ferner zugegeben werden, daß die Forschungsrichtung, welche ich die klassische theoretische Physik genannt habe, hier und da zu Auswüchsen führte, gegen welche eine Reaktion notwendig war. Jeder Nächstbeste fühlte sich berufen, einen Bau von Atomen, Wirbeln und Verkettungen derselben zu ersinnen, und glaubte damit dem Schöpfer dessen Plan definitiv abgeguckt zu haben.

Ich weiß, wie fördernd es ist, die Probleme von den verschiedensten Seiten in Angriff zu nehmen, und mein Herz schlägt warm für jede originelle, begeisterte wissenschaftliche Arbeit. Ich drücke daher der Sezession die Hand. Nur schien mir, daß sich die Energetik oft durch oberflächliche, bloß formale Analogien täuschen ließ, daß ihre Gesetze der in der klassischen Physik üblichen klaren und eindeutigen Fassung, ihre Schlüsse der dort herausgearbeiteten Strenge entbehrten, daß sie von dem Alten manches Gute, ja für die Wissenschaft Unentbehrliche mit verwarf. Auch schien mir der Streit, ob die Materie oder Energie das Existierende sei, ein Rückfall in die alte, überwunden geglaubte Metaphysik, ein Verstoß gegen die Erkenntnis, daß alle theoretischen Begriffe Vorstellungsbilder sind.

Wenn ich in allen diesen Dingen meine Überzeugung rückhaltlos aussprach, so glaubte ich dadurch in nützlicherer Weise als durch Lob mein Interesse für die Fortentwickelung der Lehre von der Energie zu dokumentieren. Gleichwie in der Hertzschen Mechanik, so kann ich daher auch in der Lehre der Ableitbarkeit der gesamten Physik aus dem Satze von allen zwei Energiefaktoren und dem angeführten Variationssatze nur ein Ideal für ferne Zukunft erblicken Nur diese kann die heute noch ganz unentschiedene Frage beantworten, ob ein derartiges Naturbild besser als das frühere oder das beste ist.

Von den Energetikern kommen wir zu den Phänomenologen, welche ich als gemäßigte Sezessionisten bezeichnen möchte. Ihre Lehre ist eine Reaktion dagegen, daß die alte Forschungsmethode die Hypothesen über die Beschaffenheit der Atome als das eigentliche Ziel der Wissenschaft, die daraus sich für sichtbare Vorgänge ergebenden Gesetze aber mehr bloß als Mittel zur Kontrolle derselben betrachtet hatte.

Dies gilt freilich nur für deren extremste Richtung. Wir sahen, daß schon Clausius strenge zwischen der allgemeinen, von Molekularhypothesen unabhängigen und der speziellen Thermodynamik unterschieden hatte. Auch viele andere Physiker, z. B. Ampère, Franz Neumann, Kirchhoff, legten ihren Ableitungen keine Molekularvorstellungen zugrunde, wenn sie auch die atomistische Struktur der Materie nicht leugneten.

Eine Ableitungsweise finden wir da besonders häufig, welche ich die euklidische nennen möchte, da sie der von Euklid in der Geometrie angewandten nachgebildet ist. Es werden einige Sätze (Axiome) entweder als von selbst evident oder doch als unzweifelhaft erfahrungsmäßig feststehend vorausgestellt, aus diesen dann zunächst gewisse einfache Elementargesetze als logische Konsequenzen abgeleitet und daraus erst schließlich die allgemeinen (Integral)-Gesetze konstruiert.

Mit dieser und den molekulartheoretischen Ableitungsweisen war man bisher so ziemlich ausgelangt; anders bei Maxwells Theorie des Elektromagnetismus. Maxwell dachte sich in seinen ersten Arbeiten das den Elektromagnetismus fortpflanzende Medium ebenfalls als bestehend aus einer großen Zahl von Molekülen, wenigstens von mechanischen Individuen, den Bau derselben aber so kompliziert, daß sie nur als Hilfsmittel zur Auffindung der Gleichungen, als Schemata einer mit der tatsächlichen in gewisser Hinsicht analogen Wirkung, aber nimmermehr als endgültige Bilder des in der Natur Existierenden gelten können. Später zeigte er, daß nicht bloß diese, sondern auch viele andere Mechanismen zum Ziele führen würden, sobald dieselben nur gewisse allgemeine Bedingungen erfüllten; aber alle Bemühungen, einen bestimmten, wirklich einfachen Mechanismus zu finden, an dem alle diese Bedingungen erfüllt sind, scheiterten. Dies ebnete einer Lehre den Boden, welche ich am prägnantesten charakterisieren zu können glaube, wenn ich zum dritten Male auf Hertz zurückkomme, dessen in der Einleitung seiner Abhandlung über die Grundgleichungen der Elektrodynamik niedergelegte Ideen für diese Lehre typisch sind.

Eine befriedigende mechanische Erklärung dieser Grundgleichungen hat Hertz nicht gesucht, wenigstens nicht gefunden; aber auch die euklidische Ableitungsweise verschmähte er. Mit Recht weist er darauf hin, daß in der Mechanik nicht die wenigen Experimente, aus denen gewöhnlich deren Grundgleichungen gewonnen werden, daß in der Elektrodymamik nicht die fünf oder sechs Fundamentalversuche Ampères es sind, was uns von der Richtigkeit aller dieser Gleichungen so fest überzeugt, sondern vielmehr ihre nachherige Übereinstimmung mit allen bisher bekannten Tatsachen. Er fällt daher das salomonische Urteil, es sei das beste, nachdem man diese Gleichungen einmal habe, sie ohne jede Ableitung hinzuschreiben, dann mit den Erscheinungen zu vergleichen und in ihrer steten Übereinstimmung mit denselben den besten Beweis ihrer Richtigkeit zu erblicken.

Die Ansicht, deren Extrem hiermit ausgesprochen ist, fand die verschiedenste Aufnahme. Während die einen fast geneigt waren, sie für einen schlechten Witz zu halten, schien es anderen von nun an als einziges Ziel der Physik, ohne jede Hypothese, ohne jede Veranschaulichung oder mechanische Erläuterung für jede Reihe von Vorgängen Gleichungen aufzuschreiben, aus denen ihr Verlauf quantitativ berechnet werden kann, so daß die alleinige Aufgabe der Physik darin bestünde, durch Probieren möglichst einfache Gleichungen zu finden, welche gewisse notwendige formale Bedingungen der Isotropie usw. erfüllen, und sie dann mit der Erfahrung zu vergleichen. Dies ist die extremste Richtung der Phänomenologie, welche ich die mathematische nennen möchte, während die allgemeine Phänomenologie jede Tatsachengruppe durch Aufzählung und naturgeschichtliche Schilderung aller dahin gehörigen Erscheinungen zu beschreiben sucht ohne Beschränkung der dazu dienlichen Mittel, aber unter Verzicht auf jede einheitliche Naturauffassung, auf jede mechanische Erläuterung oder sonstige Begründung. Letztere ist charakterisiert durch den von Mach zitierten Ausspruch, daß die Elektrizität nichts anderes ist, als die Summe aller Erfahrungen, welche wir auf diesem Gebiete schon gemacht haben und noch zu machen hoffen. Beide stellen sich die Aufgabe, die Erscheinungen darzustellen, ohne über die Erfahrung hinauszugehen.

Die mathematische Phänomenologie erfüllt zunächst ein praktisches Bedürfnis. Die Hypothesen, durch welche man zu den Gleichungen gelangt war, erwiesen sich als unsicher und dem Wandel unterworfen, die Gleichungen selbst aber, wenn sie einmal in genügend vielen Fällen erprobt waren, standen wenigstens innerhalb gewisser Genauigkeitsgrenzen fest; darüber hinaus bedurften sie freilich wieder der Ergänzung und Verfeinerung. Schon für den praktischen Gebrauch ist es daher erforderlich, das Feststehende, Gesicherte vom Schwankenden möglichst rein zu sondern.

Es muß auch zugegeben werden, daß der Zweck jeder Wissenschaft, und daher auch der Physik, in der vollkommensten Weise erreicht wäre, wenn man Formeln gefunden hätte, mittelst deren man die zu erwartenden Erscheinungen in jedem speziellen Falle eindeutig, sicher und vollkommen genau voraus berechnen könnte; allein dies ist ebenso ein unerfüllbares Ideal, wie die Kenntnis des Wirkungsgesetzes und der Anfangszustände aller Atome.

Wenn die Phänomologie glaubte, die Natur darstellen zu können, ohne irgendwie über die Erfahrung hinauszugehen, so halte ich das für eine Illusion. Keine Gleichung stellt irgend welche Vorgänge absolut genau dar, jede idealisiert sie, hebt Gemeinsames heraus und sieht von Verschiedenem ab, geht also über die Erfahrung hinaus. Daß dies notwendig ist, wenn wir irgend eine Vorstellung haben wollen, die uns etwas Künftiges vorauszusagen erlaubt, folgt aus der Natur des Denkprozesses selbst, der darin besteht, daß wir zur Erfahrung etwas hinzufügen und ein geistiges Bild schaffen, welches nicht die Erfahrung ist und darum viele Erfahrungen darstellen kann.

Die Erfahrung, sagt Goethe, ist immer nur zur Hälfte Erfahrung. Je kühner man über die Erfahrung hinausgeht, desto allgemeinere Überblicke kann man gewinnen, desto überraschendere Tatsachen entdecken, aber desto leichter kann man auch irren. Die Phänomenologie sollte daher nicht prahlen, daß sie die Erfahrung nicht überschreitet, nur warnen, dies in zu hohem Maße zu tun.

Auch wenn sie kein Bild für die Natur zu setzen glaubt, irrt sie. Die Zahlen, ihre Beziehungen und Gruppierungen sind geradeso Bilder der Vorgänge, wie die geometrischen Verstellungen der Mechanik. Erstere sind nur nüchterner, für die quantitative Darstellung besser, aber dafür weniger geeignet, wesentlich neue Perspektiven zu zeigen; sie sind schlechte heuristische Wegweiser; ebenso erweisen sich alle Vorstellungen der allgemeinen Phänomenologie als Bilder der Erscheinungen. Es wird daher wohl der beste Erfolg erzielt werden, wenn man stets alle Abbildungsmittel je nach Bedürfnis verwendet, aber nicht versäumt, die Bilder auf jedem Schritte an neuen Erfahrungen zu prüfen.

Dann wird man auch nicht, wie es den Atomistikern vorgeworfen wurde, durch die Bilder geblendet, Tatsachen übersehen. Hierzu führt jede wie immer geartete Theorie, wenn sie zu einseitig betrieben wird. Es war daran weniger eine spezifische Eigentümlichkeit der Atomistik, als vielmehr der Umstand schuld, daß man noch zu wenig gewarnt war, den Bildern zu trauen. Der Mathematiker darf ebensowenig seine Formeln mit der Wahrheit verwechseln, sonst wird er in gleicher Weise geblendet. Dies sieht man an den Phänomenologen, wenn sie die vielen vom Standpunkte der speziellen Thermodynamik allein verständlichen Tatsachen nicht bemerken, an den Gegnern der Atomistik, wenn sie alles dafür sprechende ignorieren, ja selbst an Kirchhoff, wenn er, seinen hydrodynamischen Gleichungen trauend, die Ungleichheit des Drucks an verschiedenen Stellen eines wärmeleitenden Gases für unmöglich hält.

Die mathematische Phänomenologie kehrte naturgemäß zu der dem Anscheine entsprechenden Vorstellung der Kontinuität der Materie zurück. Dem gegenüber machte ich darauf aufmerksam, daß die Differentialgleichungen, welche sie benützt, laut Definition bloße Grenzübergänge darstellen, welche ohne die Voranstellung des Gedankens einer sehr großen Zahl von Einzelwesen einfach sinnlos sind. Nur bei gedankenlosem Gebrauche mathematischer Symbole kann man glauben, Differentialgleichungen von atomistischen Vorstellungen trennen zu können. Wird man sich vollkommen darüber klar, daß die Phänomenologen versteckt im Gewande der Differentialgleichungen ebenfalls von atomartigen Einzelwesen ausgehen, die sie allerdings für jede Erscheinungsgruppe anders, bald mit diesen, bald mit jenen Eigenschaften in kompliziertester Weise begabt denken müssen, so wird sich bald wieder das Bedürfnis nach einer vereinfachten einheitlichen Atomistik einstellen.

Die Energetiker und Phänomenologen hatten aus der geringen gegenwärtigen Fruchtbarkeit auf den Niedergang der Molekulartheorie geschlossen. Während diese nach der Meinung einiger überhaupt nur geschadet hat, so gaben doch andere zu, daß sie früher von Nutzen war, daß nahezu alle Gleichungen, welche den mathematischen Phänomenologen jetzt der Inbegriff der Physik sind, auf molekulartheoretischem Wege gewonnen wurden; aber letztere behaupteten, daß sie jetzt, wo man diese Gleichungen bereits hat, überflüssig geworden sei. Alle schworen ihr Vernichtung. Sie wiesen auf das historische Prinzip hin, daß oft die am meisten hochgehaltenen Ansichten in kurzer Zeit durch völlig verschiedene verdrängt werden, ja, wie der heilige Remigius die Heiden, so mahnten sie die theoretischen Physiker, zu verbrennen, was man soeben noch angebetet hatte.

Allein historische Prinzipe sind mitunter zweischneidig. Gewiß zeigt die Geschichte oft unvorhergesehene Umwälzungen; gewiß ist es nützlich, die Möglichkeit im Auge zu behalten, daß das, was uns jetzt das sicherste zu sein scheint, einmal durch etwas völlig anderes verdrängt werden kann; aber ebenso auch die Möglichkeit, daß gewisse Errungenschaften doch für alle Zeiten in der Wissenschaft bleiben werden, wenn auch in ergänzter und veränderter Form. Ja, nach dem genannten historischen Prinzipe dürften die Energetiker und Phänomenologen gar nicht definitiv siegen, denn dann würde daraus sofort wieder ihr baldiger Sturz folgen.

Nach Clausius Vorgang haben die Anhänger der speziellen Thermodynamik nie den hohen Wert der allgemeinen geleugnet, die Erfolge der letzteren beweisen daher nicht das mindeste gegen die erstere. Es kann sich nur fragen, ob es neben diesen Erfolgen auch solche gibt, welche nur die Atomistik zu erreichen vermochte, und an solchen hat die Atomistik auch noch lange nach ihrer alten Glanzzeit viele bemerkenswerte aufzuweisen. Aus rein molekulartheoretischen Prinzipien hat van der Waals eine Formel abgeleitet, welche das Verhalten der Flüssigkeiten, der Gase und Dämpfe und der verschiedenen Übergangsformen dieser Aggregatzustände zwar nicht vollkommen genau, aber mit bewunderungswürdiger Annäherung wiedergibt, und zu vielen neuen Resultaten, z. B. der Theorie der entsprechenden Zustände, geführt hat. Molekulartheoretische Überlegungen zeigten gerade in neuester Zeit den Weg zu Verbesserungen dieser Formel, und es ist die Hoffnung nicht ausgeschlossen, zunächst das Verhalten der chemisch einfachsten Substanzen, namentlich Argon, Helium usw., vollkommen genau darstellen zu können, so daß also gerade die Atomistik sich dem Ideale der Phänomenologen, einer alle Körperzustände umfassenden mathematischen Formel, am meisten genähert hat. Daran schloß sich eine kinetische Theorie der tropfbaren Flüssigkeiten.

Die Atomistik hat ferner in neuerer Zeit wieder viel zur Versinnlichung und Ausarbeitung der Gibbsschen Dissoziationstheorie beigetragen, welche dieser zwar auf einem anderen, aber doch auf einem allgemein molekulartheoretische Grundvorstellungen voraussetzenden Wege gefunden hatte. Sie hat die hydrodynamischen Gleichungen nicht nur neu begründet, sondern auch gezeigt, wo dieselben, sowie die Gleichungen für die Wärmeleitung noch der Korrektion bedürfen. Wenn auch die Phänomenologie es sicher ebenfalls für wünschenswert hält, stets neue Versuche anzustellen, um etwa notwendige Korrektionen ihrer Gleichungen zu finden, so leistet die Atomistik hier doch viel mehr, indem sie auf bestimmte Versuche hinzuweisen gestattet, welche am ersten zur wirklichen Auffindung solcher Korrektionen Aussicht bieten.

Auch die spezifisch molekulartheoretische Lehre vom Verhältnisse der beiden Wärmekapazitäten der Gase spielt gerade heute wieder eine wichtige Rolle. Clausius hatte dieses Verhältnis für die einfachsten Gase, deren Moleküle sich wie elastische Kugeln verhalten, zu $1^2/_3$ berechnet, ein Wert, der für keines der damals bekannten Gase zutraf, woraus er schloß, daß es so einfach gebaute Gase nicht gibt. Maxwell fand für dieses Verhältnis im Falle, daß sich die Moleküle beim Stoße wie nicht kugelige elastische Körper verhalten, den Wert $1^1/_3$. Da aber dasselbe für die bekanntesten Gase den Wert 1,4 hat, so verwarf Maxwell seine Theorie ebenfalls. Er hatte aber den Fall übersehen, daß die Moleküle um eine Axe symmetrisch sind; dann fordert die Theorie für das in Rede stehende Verhältnis genau auch den Wert 1,4.

Der alte Clausiussche Wert $1^2/_3$ war schon von Kundt und Warburg für Quecksilberdampf gefunden worden, aber wegen der Schwierigkeit dieses Versuches war er nie wiederholt worden und fast in Vergessenheit geraten. Da kehrte derselbe Wert $1^2/_3$ für das Verhältnis der Wärmekapazitäten bei allen von Lord Rayleigh und Ramsay entdeckten neuen Gasen wieder, und auch alle anderen Umstände deuteten, wie dies schon beim Quecksilberdampfe der Fall gewesen war, auf den von der Theorie geforderten, besonders einfachen Bau ihrer Moleküle hin. Welchen Einfluß hätte es auf die Geschichte der Gastheorie gehabt, wenn Maxwell nicht in dieses kleine Versehen verfallen wäre, oder wenn die neuen

Gase schon zur Zeit der ersten Rechnung Clausius' bekannt gewesen wäre? Man hätte dann gleich anfangs alle von der Theorie geforderten Werte für das Verhältnis der Wärmekapazitäten bei den einfachsten Gasen wiedergefunden.

Ich erwähne endlich noch der Beziehungen, welche die Molekulartheorie zwischen dem Entropiesatze und der Wahrscheinlichkeitsrechnung lehrt, über deren reale Bedeutung sich ja streiten läßt, von denen aber wohl kein Unbefangener leugnen wird, daß sie unseren Ideenkreis zu erweitern und Fingerzeige zu neuen Gedankenkombinationen und sogar Versuchen zu gehen imstande sind.

Alle diese Leistungen und zahlreiche frühere Errungenschaften der Atomlehre können durch die Phänomenologie oder Energetik absolut nicht gewonnen werden, und ich behaupte, daß eine Theorie, welche Selbständiges, in anderer Weise nicht Gewinnbares leistet, für welche obendrein so viele andere physikalische, chemische und kristallographische Tatsachen sprechen, nicht zu bekämpfen, sondern fortzupflegen ist. Der Vorstellung über die Natur der Moleküle aber wird man den weitesten Spielraum lassen müssen. So wird man die Theorie des Verhältnisses der Wärmekapazitäten nicht aufgeben, weil sie noch nicht allgemein anwendbar ist; denn die Moleküle verhalten sich nur bei den einfachsten Gasen und auch bei diesen nicht bei höchsten Temperaturen und nur hinsichtlich ihrer Zusammenstöße wie elastische Körper; über ihre nähere, gewiß enorm komplizierte Beschaffenheit aber hat man noch keine Anhaltspunkte; man wird vielmehr solche zu gewinnen suchen. Neben der Atomistik kann die ebenfalls unentbehrliche, von jeder Hypothese losgelöste Präzisierung und Diskussion der Gleichungen einhergehen, ohne daß letztere ihren mathematischen Apparat, erstere ihre materiellen Punkte zum Dogma erhebt.

Bis heute aber herrscht noch der lebhafteste Kampf der Meinungen; jeder hält seine für die echte, und er möge es, wenn es in der Absicht geschieht, ihre Kraft den anderen gegenüber zu erproben. Der rapide Fortschritt hat die Erwartungen auf das höchste gespannt, was wird das Ende sein?

Wird die alte Mechanik mit den alten Kräften, wenn auch der Metaphysik entkleidet, in ihren Grundzügen bestehen bleiben oder einst nur mehr in der Geschichte fortleben, von Hertz verborgenen Massen oder von ganz andern Vorstellungen verdrängt? Wird von der heutigen Molekulartheorie trotz aller Ergänzungen und Modifikationen doch das wesentliche übrig bleiben, wird einmal eine von der jetzigen total verschiedene Atomistik herrschen oder sich gar entgegen meiner Beweisführung die Vorstellung des reinen Kontinuums als das beste Bild erweisen? Wird die mechanische Naturanschauung einmal die Hauptschlacht der Entdeckung eines einfachen, mechanischen Bildes für den Lichtäther gewinnen, werden wenigstens mechanische Modelle immer bestehen, werden sich neue, nichtmechanische als besser erweisen, werden die beiden Energiefaktoren einmal alles beherrschen, oder wird man sich schließlich begnügen, jedes Agens als die Summe von allerhand Erscheinungen zu beschreiben, oder wird gar die Theorie zur bloßen Formelsammlung und daran sich knüpfenden Diskussion der Gleichungen werden?

Wird überhaupt je einmal die Überzeugung entstehen, daß gewisse Bilder nicht mehr von einfacheren, umfassenderen verdrängt werden können, daß sie „wahr" sind, oder machen wir uns vielleicht die beste Vorstellung von der Zukunft, wenn wir uns das vorstellen, wovon wir gar keine Vorstellung haben?

In der Tat interessante Fragen! Man bedauert fast, sterben zu müssen lange vor ihrer Entscheidung. O unbescheidener Sterblicher! Dein Los ist die Freude am Anblicke des wogenden Kampfes!

Übrigens möge man lieber das Naheliegende bearbeiten, als sich um so fernes den Kopf zu zerbrechen. Hat doch das Jahrhundert genug geleistet! Eine unerwartete Fülle positiver Tatsachen und eine köstliche Sichtung und Läuterung der Forschungsmethoden vermacht es dem kommenden. Ein spartanischer Kriegerchor rief den Jünglingen zu: Werdet noch tapferer als wir! Wenn wir, einer alten Gepflogenheit folgend, das neue Jahrhundert mit einem Segenswunsche begrüßen wollen, so können wir ihm fürwahr, an Stolz jenen Spartanern gleich, wünschen, es möge noch größer und bedeutungsvoller werden als das scheidende!

Zur Erinnerung an Josef Loschmidt.[1]

Boltzmann würdigt Loschmidts Persönlichkeit.

Eine Arbeit Loschmidts, die Berechnung der Größe der Luftmoleküle, wurde aus Anlaß seines Todes in letzter Zeit in den Zeitungen wieder viel besprochen. In einem Kreise von Physikern und Chemikern ist es wohl nicht nötig, auf die Prinzipien dieser Berechnung und ihre Bedeutung für die Wissenschaft hinzuweisen, ebenso wenig auf einige später von anderen ausgeführte ähnliche Berechnungen, welche aber erst durch Lord Kelvins berühmte Abhandlung „On the size of molecules" zu allgemeiner Anerkennung gelangten. Später wurden noch die verschiedensten Berechnungen dieser Größe nach den mannigfaltigsten Methoden ausgeführt, so daß ich selbst die Titel aller betreffenden Abhandlungen hier nicht aufzählen könnte. Nur eines ist ihnen allen gemein, daß sie durchwegs auf die zuerst von Loschmidt gefundene Zahl führen, wodurch dieselbe eine fast an Gewißheit grenzende Evidenz erhielt.

Die Berechnung dieser Zahl ist meines Erachtens die größte, aber keineswegs die einzige wissenschaftliche Leistung Loschmidts.

---

[1] Am 8. Juli 1895 verstarb in Wien Josef Loschmidt im 74. Lebensjahre. Er wirkte vom Jahre 1868 bis zum Jahre 1891 als Professor der Physik an der Wiener Universität und wurde von der kaiserlichen Akademie der Wissenschaften in Wien im Jahre 1867 zum korrespondierenden, im Jahre 1870 zum wirklichen Mitgliede erwählt. Der chemisch-physikalischen Gesellschaft in Wien gehörte Loschmidt seit der Gründung an. Einem Wunsche ihrer Mitglieder entsprechend, wurde in der Sitzung vom 29. Oktober 1895 diese Gedenkrede gehalten.

Boltzmann fährt mit der Würdigung Loschmidts fort.

Eine andere wiederum höchst originelle Leistung Loschmidts ist in seinen Arbeiten über den II. Hauptsatz der mechanischen Wärmetheorie niedergelegt. Ganz der idealen Natur dieses Gelehrten entspricht der Feuereifer, mit dem er bemüht war, das Universum von dem sogenannten Wärmetode durch die Dissipation der Energie zu erretten, womit es durch die Untersuchungen von Clausius und Lord Kelvin bedroht wurde. Diese Rettung, wenn sie überhaupt notwendig sein sollte, ist ihm nicht gelungen, aber er gelangte bei ihrem Versuche doch zu höchst interessanten Resultaten, indem er hierbei zur Anwendung des II. Hauptsatzes auf die Theorie der Lösungen und chemischen Verbindungen geführt wurde. Er war in dieser Beziehung ein Vorläufer von Horstmann und Gibbs, deren gewaltige Leistungen sicher beschleunigt worden wären, wenn ihnen Loschmidts Arbeiten bekannt gewesen wären. Um die Resultate seiner diesbezüglichen Untersuchungen durch das Experiment zu prüfen, stellte er im Keller des physikalischen Institutes in der Erdbergstraße drei riesige, mit Salzlösungen gefüllte Glasröhren auf. Es sollte bestimmt werden, ob sich im Verlaufe der Zeit zwischen den obersten und untersten Schichten der Lösungen ein Konzentrationsunterschied herausbilden werde. Mit der Berechnung der Länge der hierzu erforderlichen Zeit kam er erst nach Aufstellung der Röhren zu Ende und fand dafür rund 3000 Jahre. Zucken Sie hierüber nicht die Achseln; vor einigen Monaten hat Des Coudres behufs eigener in gewisser Hinsicht analoger Versuche Rechnungen von ganz gleicher Art publiziert, und die Professoren Voigt und Nernst waren nicht wenig erstaunt, als ich ihnen erzählte, daß Loschmidt vor so langer Zeit mit den damaligen Mitteln schon das gleiche Resultat zu erhalten imstande war.

Da der II. Hauptsatz von dieser Seite unangreifbar schien, versuchte es Loschmidt mit anderen Mitteln. Viel beschäftigte ihn die Idee des Umkehrens alles Geschehens, die von Professor Mach durch die Geschichte des Krebses im Mohriner See so drastisch illustriert wurde, der zwar noch nicht den Weltlauf aber bis heute schon wiederholt die

Köpfe zahlreicher theoretischer Physiker in Verwirrung brachte. Ein anderesmal fingierte er winzige intelligente Wesen, welche imstande wären, die einzelnen Gasmoleküle zu sehen, mit irgendeiner Vorrichtung die langsamen von den schnellen zu trennen, und so, wenn alles Geschehen in der Welt aufgehört hätte, neue Temperaturdifferenzen zu schaffen. Bekanntlich wurde dieselbe von Loschmidt nur in ein paar Zeilen einer Abhandlung angedeutete Idee viel später in Maxwells Wärmetheorie vorgebracht und dann vielfach besprochen. Ich wollte sie aber schon damals nicht gelten lassen und wandte dagegen ein, daß, wenn alle Temperaturungleichheiten aufgehört hätten, auch keine intelligenten Wesen sich mehr bilden könnten. In einem Keller von durchaus gleichförmiger Temperatur, sagte ich, kann keine Intelligenz bestehen. Als wäre es heute, so sehe ich Stefan vor mir, der unserem lebhaften Streite schweigend zugehört hatte und nun lakonisch bemerkte: „Nun weiß ich, warum Ihre Versuche mit den großen Glasröhren im Keller so kläglich gescheitert sind."

Boltzmann fährt mit der Würdigung Loschmidts weiter fort. Anschließend ist eine zweite Gedenkrede Boltzmanns für Loschmidt abgedruckt, die ebenfalls mit einer persönlichen Würdigung beginnt.

Eine der wichtigsten Fragen zur Zeit der Vollkraft Loschmidts war die nach der Zusammensetzung der Materie. Sie ist es wohl auch noch heute; nur daß man die Fragestellung etwas anders stilisiert hat. Während man damals die letzten Elemente des Seienden, der Materie selbst suchte, so fragt man heute, aus welchen einfachen Elementen man die geistigen Bilder zusammensetzen muß, um die beste Übereinstimmung mit den Erscheinungen zu erzielen. Was man meint, ist wohl in beiden Fällen so ziemlich dasselbe; doch wir wollen uns zunächst in die Zeit versetzen, in der die Hauptarbeiten Loschmidts erschienen.

Damals hatte man gerade eine Fülle von Tatsachen erkannt, welche darauf hinwiesen, daß die Wärme, die man früher für einen Stoff gehalten hatte, eine Bewegung der kleinsten Teilchen der Körper sei. Man hatte auch eine bestimmte Hypothese über die Art dieser Bewegung aufgestellt. In festen Körpern sollte jedes Teilchen um eine fixe Ruhelage pendelartig hin- und herschwingen: in tropfbaren Flüssigkeiten sollten die Teilchen umeinander herumkriechen, in Gasen dagegen sind die kleinsten Teilchen, welche man ihre Moleküle nennt, viel weiter voneinander entfernt, so daß sie keine erhebliche Wirkung mehr aufeinander ausüben. Da trotzdem jedes derselben in lebhafter Bewegung begriffen ist, so kann diese keine andere als eine geradlinig fortschreitende sein, wie die einer abgeschossenen Flintenkugel; denn sie ist viel zu schnell, als daß die Bahn durch die Schwerkraft eine erhebliche Krümmung erfahren könnte. Nur wenn zwei Moleküle einander ungewöhnlich nahe kommen, was man einen Zusammenstoß nennt, so lenken sie sich ganz wesentlich von der geradlinigen Bewegung ab. Der Druck des Gases, den man früher einer Abstoßungskraft der Moleküle zuschrieb, wurde nach der neuen Ansicht, die man die kinetische Gastheorie nennt, durch die Stöße der Moleküle auf die Gefäßwand erklärt. Es ist dies das erste Beispiel, daß man eine Kraft als eine bloß scheinbare, durch dem Auge verborgene Bewegung hervorgerufene, betrachtete, eine Anschauung, die dann später eine so wichtige Rolle in der Mechanik zu spielen berufen war. Aus der Größe des Druckes berechnete Clausius die Geschwindigkeit, mit der die Gasmoleküle sich durchschnittlich bewegen. Sie ist für verschiedene Gase verschieden und von der Größenordnung der Schallgeschwindigkeit. Würden nun die Gasmoleküle lange Strecken zurücklegen, ohne mit anderen zusammenzustoßen, so müßten sie vermöge ihrer großen Geschwindigkeit fast momentan durch die engste Röhre strömen. In der Tat ist aber die Strömungsgeschwindigkeit in genügend engen Röhren eine sehr geringe, und man nennt die Eigenschaft der Gase, welche dies bedingt, ihre Zähigkeit oder innere Reibung. Aus quantitativen Experimenten über dieselbe fand Maxwell, daß in der Luft unter normalen Verhältnissen jedes Gasmolekül in der Sekunde 5000millionenmal mit anderen zusammenstößt und daß der Weg, den ein Molekül von einem bis zum nächsten Zusammenstoße durchschnittlich zurücklegt (die sogenannte mittlere Weglänge) etwa gleich dem zehntausendsten Teil eines Millimeters ist. Man könnte also die Molekularbewegung mit einem Menschengedränge vergleichen, wo jeder nach kurzer Verfolgung seines Weges mit einem anderen zusammenstößt, aber wir begegnen hier schon einem drastischen Beispiele der Unvorstellbarkeit dieser molekularen Zahlen. Man bedenke, 5000 Millionen Zusammenstöße jedes einzelnen Individuums im Zeitraume einer einzigen Sekunde.

Trotz der Raschheit der Bewegung entfernt sich infolgedessen jedes Molekül nur sehr langsam von der Stelle, wo es sich anfangs im Zickzack bewegte, wodurch sich auch die langsame Verbreitung eines Gases in ein anderes hinein erklärt.

Die Berechnung der allerwichtigsten Konstante stand noch aus, nämlich der Größe des Bezirkes, innerhalb dessen ein Molekül erhebliche Wirkung auf ein anderes ausübt, wie man kurz sagt, der Größe eines Moleküls. Besser definiert ist diese Größe durch die Anzahl der Gasmoleküle in der Volumeneinheit, welche wir die Loschmidtsche Zahl nennen wollen, da Loschmidt der erste war, dem es gelang, diese Konstante zu berechnen. Er wies zuerst durch mühevolle Überlegungen nach, daß, wie man schon früher vermutet hatte, in allen Körpern, in denen die Moleküle ohne Unterbrechung aneinanderliegen, jedem derselben ein bestimmter Raum zukommt, der durch Druck, Temperaturveränderung usw. zwar etwas vergrößert oder verkleinert, aber dessen Größenordnung nicht total verändert werden kann, wofern nicht enorme, uns ganz unbekannte Kräfte wirksam sind. Diesen Raum definierte er als die Größe eines Moleküles. Ferner machte er wahrscheinlich, daß die Entfernungen, bis zu denen sich die Mittelpunkte zweier Gasmoleküle beim Zusammenstoße nähern, angenähert gleich den linearen Dimensionen dieses Raumes sind. Erst hierdurch war eine feste Basis zur Berechnung der Anzahl der Moleküle gegeben, und es ergab sich die Zahl der Moleküle, welche sich in einem Kubikzentimeter Stickstoff bei der Temperatur Null Grad Celsius und dem Normalbarometerstande befinden, rund gleich 100 Trillionen. Dies ist also die Loschmidtsche Zahl, nach deren

Berechnung alle zum Ausbaue der kinetischen Gastheorie erforderlichen Daten gegeben waren. Jeder in der Geschichte der Naturwissenschaften einigermaßen Bewanderte weiß, wie schwer es ist, der Natur in die Karten zu sehen. Es konnte daher einer Theorie, welche sich eines so tiefen Einblickes in den inneren Bau der Materie vermaß, erst nach der sorgfältigsten Prüfung ihrer Konsequenzen an der Erfahrung Glauben geschenkt werden. Eine höchst merkwürdige Konsequenz dieser Theorie bezüglich der Abhängigkeit der Reibung vom Drucke wurde von Maxwell experimentell bestätigt. Daran anschließende, ebenfalls ganz unerwartete Konsequenzen betreffs der Reibung in verdünnten Gasen aber fanden ihre Bestätigung durch Kundts Versuche.

Wir sahen bereits, daß aus der kinetischen Gastheorie eine große Langsamkeit der Mischung zweier Gase, der sogenannten freien Diffusion folgt. Da nun alle Daten der Gastheorie bekannt waren, so konnte diese Geschwindigkeit in jedem bestimmten Falle quantitativ voraus berechnet werden. Aber die Lösung des Problems, Versuchsbedingungen zu realisieren, unter denen die freie Diffusion so leicht beweglicher Körper wie der Gase genau quantitativ verfolgt und gemessen werden kann, war nur ein einzigesmal von Graham mit sehr geringem Erfolge versucht worden. Da war es wieder Loschmidt, der alle Schwierigkeiten dieses Problems glänzend überwand und die Übereinstimmung der Diffusionsgeschwindigkeit für eine sehr große Zahl von Gaspaaren, sowie für mannigfaltige Drucke und Temperaturen mit der von der Gastheorie berechneten nachwies, natürlich innerhalb der Fehlergrenzen, welche durch unsere Unbekanntschaft mit der näheren Beschaffenheit der Moleküle bedingt sind.

Boltzmann äußert sich weiter über die Loschmidtsche Zahl.

Die Bedeutung der Loschmidtschen Zahl reicht also weit über die Gastheorie hinaus, sie bietet den tiefsten Einblick in die Natur selbst, die Antwort auf die Frage nach der Kontinuität der Materie. Wenn wir einen Wassertropfen vom Volumen eines Kubikmillimeters haben, so lehrt die Erfahrung, daß wir ihn in zwei Teile teilen können, von denen jeder wieder ganz die Natur des Wassers hat. Es kann auch jeder wieder in zwei solche Teile geteilt werden usf. Die Loschmidtsche Zahl zeigt uns nun die Grenzen dieser Teilbarkeit; wenn wir den genannten Tropfen in eine Trillion gleicher Teile geteilt haben, so hört die Möglichkeit der Teilung in gleichartige Teile auf. Wir erhalten Individuen, über deren genauere Beschaffenheit wir freilich sehr wenig wissen. Wir werden sie uns wohl noch weiter teilbar denken, die Art der Teilbarkeit aber wird dann eine andere. Die Teile sind nicht mehr gleichartig dem früher gegebenen Wasser.

Freilich sind dies Resultate, deren Richtigkeit heute und vielleicht immer durch direkte Anschauung unbeweisbar ist, da die Teilbarkeit praktisch schon viel früher aufhört. Weil nun schon oft die Spekulation sich zu weit von der Erfahrung entfernt hatte und dadurch auf Irrwege geraten war, so bildete sich eine Partei, welche alle Schlüsse verwarf, die nur ein wenig über das unmittelbar Handgreifliche hinausgehen und daher auch der Gastheorie abhold war. Allein es ist ein großer Unterschied zwischen den leichtsinnig von der Erfahrung abirrenden Phantasiegebilden der Naturphilosophen und den in bewährten Schlußformen langsam unter steter Kontrolle durch die Erfahrung fortschreitenden Methoden der theoretischen Physik. Die letzteren vermögen bis zu ganz erheblicher Tiefe in die Geheimnisse der Natur einzudringen, ohne den sicheren Boden zu verlieren, ja, sie feiern gerade dann ihre höchsten Triumphe. Beispiele dafür bietet besonders die Astronomie. Kein Gebildeter hegt Zweifel an den von ihr berechneten Siriusfernen der Gestirne, obwohl zwischen denselben nie ein Sterblicher eine Meßkette spannen wird. Ja, aus dem Helligkeitswechsel von ein paar Lichtpunkten am Himmelgewölbe und einer minimalen Verschiebung einiger dunklen Linien in einem lichtschwachen Farbenstreifen kann man mit zwingender Sicherheit auf die Bewegung der Massen schließen, die unsere Sonne weit an Größe übertreffen. Wenn sie auch dieses Muster nicht erreichen, so haben doch auch die Schlüsse der Gastheorie in ähnlicher Weise für jeden, der sie völlig erfaßt hat, einen hohen Grad von Sicherheit.

Ein anderer gegen dieselben erhobener Einwand beruht auf einem Mißverständnisse eines Ausspruches Maxwells, der, wie bekannt, nicht zu den Widersachern, sondern zu den Begründern der Gastheorie zählt. Dieser führt mit besonderer Klarheit und Kraft der Überzeugung den Physikern zu Gemüte, daß alle Theorien nur geistige Bilder der Erscheinungen sind und daß es, statt zu fragen, ob eine Theorie wahr oder falsch sei, zweckmäßiger ist, zu untersuchen, ob sie die Erscheinungen in der vollständigsten und einfachsten Weise darstellt. Während man diesem Gedanken Maxwells in Deutschland anfangs wenig Beachtung schenkte, wurde er später zum Schlagworte und fand die sonderbarsten Anwendungen. Da alle unsere Begriffe und Vorstellungen nur in uns vorhanden sind, sagte man, so können auch die Vorstellungen, die wir uns von den Atomen machen, nicht außer uns existieren; es gibt daher keine Atome und die Lehre von denselben ist falsch. Freilich unsere molekulartheoretischen Begriffe existieren nur in uns; aber die Erscheinungen, die ihnen konform sind, existieren unabhängig von uns, also außer uns, und wenn wir uns heute statt zu sagen: „Die Moleküle existieren", lieber der Phrase bedienen, „unsere betreffenden Vorstellungsbilder sind ein einfaches und zweckmäßiges Bild der beobachteten Erscheinungen", so mag die neue Ausdrucksweise gewisse Vorteile haben, im Wesen aber dachte man sich bei der alten genau dasselbe.

Nun kamen gar noch die begrifflichen Kernbeißer. Sauerstoff und Wasserstoff existieren im Wasser nicht nebeneinander fort, sondern der begriffliche Kern unserer betreffenden Vorstellungen ist bloß, daß und in welchen Quantitäten sie wieder zum Vorschein kommen. Dieses und ähnliche Argumente sollten gegen die Atomistik sprechen. Gerade so reduziert sich der begriffliche Kern aller unserer Anschauungen von der Fixsternwelt auf die Wahrnehmung von Lichtpunkten und schwachen Farbenbändern mit dunklen Linien, und doch schließen wir aus diesen auf zahllose Welten, größer als die unsrige. Ja, wie schon Fichte auffiel, unterscheiden sich die Wahrnehmungen der wirklichen Gegenstände überhaupt nicht qualitativ, sondern nur quantitativ durch größere Regelmäßigkeit und Beharrlichkeit von den Erinnerungen und Träumen. Wenn ich sage, fremde Länder und Menschen existieren, so ist der begriffliche Kern davon eigentlich nur die Tatsache, daß auf gewisse energische psychische Akte, die man Willensakte nennt (das Lösen der Fahrkarte, Besteigen des Eisenbahnwagen usw.), konsequent und nur vorübergehend durch Schließen der Augen, Einschlafen oder erst nach einer langen Reihe psychischer Akte (durch Rückfahren) abweisbar eine enorme Fülle neuer Vorstellungen folgt, die mittelst Landkarte, Fahrplan usw. mit bewunderungswürdiger Genauigkeit vorhersehbar sind. Davon unterscheidet sich die Erinnerung an die Reise nicht qualitativ; auch an sie knüpfen sich, bevor wir es hindern können, mit Zwang etliche Vorstellungen an; aber diese sind viel unbeständiger, in der kürzesten Zeit sind wir imstande, sie wieder los zu werden, gewissermaßen die Rückreise anzutreten.

Wer sich ausreichend in diese Anschauung verbissen hat, dem scheint es nicht mehr sonderbar, daß oft bloße Vorstellungen in ähnlicher Weise auf unser Gemüt wirken wie die Wirklichkeit, was man in einemfort, so beim Eindrucke eines Romanes oder rührenden Theaterstückes, bei der Emotion durch den bloßen Gedanken an ein großes Glück oder Unglück oder durch erotische Vorstellungen bemerken kann, er staunt vielmehr bloß, daß im allgemeinen doch die Wirklichkeit einen so erheblich stärkeren Eindruck macht, als die bloße Vorstellung.

Ich bin der letzte, der eine solche bis zum äußersten getriebene Analyse der Elemente unseres Denkens für uninteressant hält; aber bei Beurteilung der Atomtheorien haben wir sie genau ebensowenig zurate zu ziehen, wie beim Entwurf unseres Reiseplanes.

Phantastischer Spekulationen über die nähere Beschaffenheit der Atome müssen wir uns enthalten; aber, daß gewisse Diskontinuitäten im inneren Bau der Materie vorhanden sind, das wird für immer eine der wichtigsten Tatsachen der Naturwissenschaft bleiben, und eine der größten wissenschaftlichen Entdeckungen, die der Größenordnung der Dimensionen, an welche diese Diskontinuitäten gebunden sind, ist von niemand anderem als unserem Loschmidt gemacht worden. Daran läßt sich einmal nichts mäkeln. Entschuldigen Sie, daß ich es so scharf hinsage, es ist einfach unbestreitbar wahr.

Abermals folgt eine Würdigung Loschmidts.

Nun ist Loschmidts Leib in seine Atome zerfallen; in wie viele, können wir aus den von ihm gewonnenen Prinzipien berechnen, und ich habe, damit es in einer Rede zu Ehren eines Experimentalphysikers nicht an jeder Demonstration fehle, die betreffende Zahl dort an die Tafel schreiben lassen (10 Quadrillionen $= 10^{25}$). Diese Zahl ist freilich nur eine runde. Das kleinste Härchen würde Billionen hinzufügen; es können 10mal so viel oder auch 10mal so wenig, sagen wir 100mal so viel oder so wenig Atome sein, aber größer ist der Fehler wohl sicher nicht. Sie werden begreifen, daß bei einer Zahl, von deren Größenordnung man vorher nicht die leiseste Ahnung hatte, selbst eine so ungefähre Bestimmung schon eine Errungenschaft ist, begreifen die Worte des eingangs gehörten Liedes:

Kannst du den kleinsten Staub fühllos beschau'n?

Boltzmann macht abschließende Bemerkungen.

Über die Grundprinzipien und Grundgleichungen der Mechanik.[1]

Erste Vorlesung.

Boltzmann bespricht laufende Kontroversen über die Grundprinzipien der Mechanik.

Oft ist ein Problem schon halb gelöst, wenn die richtige Methode der Fragestellung gefunden ist. Kirchhoff wies es nun zurück, daß es Aufgabe der Naturwissenschaft sei, das wahre Wesen der Erscheinungen zu enträtseln und ihre ersten metaphysischen Grundursachen anzugeben. Er reduzierte die Aufgabe der Naturwissenschaft vielmehr darauf, die Erscheinungen zu beschreiben. Kirchhoff nannte dies noch eine Beschränkung der Aufgabe der Naturwissenschaft. Wenn man aber so recht in die Art und Weise, ich möchte sagen, in den Mechanismus unseres Denkens eindringt, so möchte man fast auch das leugnen.

Alle unsere Vorstellungen und Begriffe sind ja nur innere Gedankenbilder, wenn ausgesprochen Lautkombinationen. Die Aufgabe unseres Denkens ist es nun, dieselben so zu gebrauchen und zu verbinden, daß wir mit ihrer Hilfe allezeit mit größter Leichtigkeit die richtigen Handlungen treffen und auch andere zu richtigen Handlungen anleiten. Die Metaphysik hat sich da dem nüchternsten praktischsten Standpunkte angeschlossen, die Extreme berühren sich. Die begrifflichen Zeichen, welche wir bilden, haben also nur eine

---

[1] Vorlesungen, gehalten an der Clark-University im Jahre 1899.

Existenz in uns, die äußern Erscheinungen können wir nicht mit dem Maße unserer Vorstellungen messen. Wir können also formell derartige Fragen aufwerfen, ob bloß die Materie existiert und die Kraft eine Eigenschaft derselben ist oder ob letztere von der Materie unabhängig existiert oder ob umgekehrt die Materie ein Erzeugnis der Kraft ist; aber es haben alle diese Fragen gar keine Bedeutung, da alle diese Begriffe nur Gedankenbilder sind, welche den Zweck haben, die Erscheinungen richtig darzustellen. Besonders klar hat dies Hertz in seinem berühmten Buche über die Prinzipien der Mechanik ausgesprochen, nur stellt Hertz daselbst als erste Forderung die auf, daß die Bilder, welche wir uns konstruieren, den Denkgesetzen entsprechen müssen. Gegen diese Forderung möchte ich gewisse Bedenken erheben oder wenigstens sie etwas näher erläutern. Gewiß müssen wir einen reichen Schatz von Denkgesetzen mitbringen. Ohne sie wäre die Erfahrung vollkommen nutzlos; wir könnten sie gar nicht durch innere Bilder fixieren. Diese Denkgesetze sind uns fast ausnahmslos angeboren, aber sie erleiden doch durch Erziehung, Belehrung, und eigene Erfahrung Modifikationen. Sie sind nicht vollkommen gleich beim Kinde, beim einfachen ungebildeten Manne, oder beim Gelehrten. Wir werden dies auch einsehen, wenn wir die Denkrichtung eines naiven Volkes wie der Griechen mit der der Scholastiker des Mittelalters, und diese wieder mit der heutigen vergleichen. Gewiß gibt es Denkgesetze, welche sich so ausnahmslos bewährt haben, daß wir ihnen unbedingt vertrauen, sie für aprioristische unabänderliche Denkprinzipien halten. Aber ich glaube doch, daß sie sich erst langsam entwickelten. Ihre erste Quelle waren primitive Erfahrungen der Menschheit im Urzustand, allmählich erstarkten sie und verdeutlichten sich durch komplizierte Erfahrungen, bis sie endlich ihre jetzige scharfe Formulierung annahmen; aber als unbedingt oberste Richter möchte ich die Denkgesetze nicht anerkennen. Wir können nicht wissen, ob sie nicht doch noch die eine oder andere Modifikation erfahren werden. Man erinnere sich doch, mit welcher Sicherheit Kinder oder Ungebildete überzeugt sind, daß man durch das bloße Gefühl die Richtung nach oben von der nach unten an allen Orten des Weltraums müsse unterscheiden können, und wie sie daraus die Unmöglichkeit der Antipoden deduzieren zu können glauben. Würden solche Leute Logik schreiben, so würden sie das sicher für ein a priori evidentes Denkgesetz halten. Ebenso wurden anfangs gegen die Kopernikanische Theorie vielfach aprioristische Bedenken erhoben und die Geschichte der Wissenschaft weist zahlreiche Fälle auf, wo man Sätze bald begründete, bald widerlegte mittels Beweisgründen, die man damals für evidente Denkgesetze hielt, während wir jetzt von ihrer Nichtigkeit überzeugt sind. Ich möchte daher die Hertzsche Forderung dahin modifizieren, daß, insoweit wir Denkgesetze besitzen, welche wir durch stete Bewahrheitung in der Erfahrung als zweifellos richtig erkannt haben, wir die Richtigkeit unserer Bilder zunächst an diesen erproben können, daß aber die letzte und alleinige Entscheidung über die Zweckmäßigkeit der Bilder in dem Umstande liegt, daß sie die Erfahrung möglichst einfach und durchaus treffend darstellen und daß gerade hierin wieder die Probe für die Richtigkeit der Denkgesetze liegt. Haben wir die Aufgabe des Denkens überhaupt und der Wissenschaft insbesondere in dieser Weise erfaßt, so ergeben sich uns Konsequenzen, welche im ersten Augenblick etwas Frappierendes an sich haben. Eine Vorstellung von der Natur werden wir falsch nennen, wenn sie uns gewisse Tatsachen unrichtig darstellt, oder wenn es offenbar einfachere gibt, welche die Tatsachen klarer darstellen, besonders wenn sie allgemein bewährten Denkgesetzen widerspricht, doch sind immerhin Theorien möglich, welche eine große Zahl von Tatsachen richtig darstellen, in anderen Punkten aber unrichtig sind, denen also eine gewisse relative Wahrheit zukommt. Ja, es ist sogar möglich, daß wir in verschiedener Weise ein System von Bildern der Erscheinungen konstruieren können. Jedes dieser Systeme ist nicht gleich einfach, stellt die Erscheinungen nicht gleich gut dar. Aber es kann zweifelhaft, gewissermaßen Geschmacksache sein, welches wir für das einfachere halten, durch welche Darstellung der Erscheinungen wir uns mehr befriedigt fühlen. Die Wissenschaft verliert hierdurch ihr einheitliches Gepräge. Man hielt doch ehedem daran fest, daß es nur eine Wahrheit geben könne, daß die Irrtümer mannigfaltig seien, die Wahrheit aber nur eine einzige ist. Dieser Ansicht muß von unserem jetzigen Standpunkte entgegen getreten werden, freilich ist der Unterschied der neuen Ansicht gegenüber der alten ein mehr formeller. Es war nie zweifelhaft, daß der Mensch niemals den vollen Inbegriff aller Wahrheit zu erkennen vermöge. Diese Erkenntnis ist nur ein Ideal. Ein ähnliches Ideal besitzen wir aber auch gemäß unserer jetzigen Vorstellung. Es ist das vollkommenste Bild, das alle Erscheinungen in der einfachsten und zweckmäßigsten Weise darstellt. Wir wenden daher nach der einen Anschauungsweise den Blick mehr auf das unerreichbare Ideal, welches nur ein einheitliches ist, nach der anderen auf die Mannigfaltigkeit des Erreichbaren.

Wenn wir nun die Überzeugung haben, daß die Wissenschaft bloß ein inneres Bild, eine gedankliche Konstruktion ist, welche sich mit der Mannigfaltigkeit der Erscheinungen niemals decken, sondern nur gewisse Teile derselben übersichtlich darstellen kann, wie werden wir zu einem solchen Bilde gelangen? wie es möglichst systematisch und übersichtlich darstellen können? Es war früher eine Methode beliebt, welche der von Euklid in der Geometrie angewandten nachgebildet ist, und daher die Euklidische heißen soll. Dieselbe geht von möglichst wenigen, möglichst evidenten Sätzen aus. In den ältesten Zeiten wurden diese als a priori evident, als direkt dem Geiste gegeben betrachtet, weshalb man sie als Axiome bezeichnet. Später dagegen schrieb man ihnen lediglich den Charakter von hinlänglich verbürgten Erfahrungssätzen zu. Aus diesen Axiomen wurden dann bloß mit Hilfe der Denkgesetze gewisse Bilder als notwendig deduziert, und man glaubte so einen Beweis gefunden zu haben, daß diese die einzig möglichen seien und nicht durch andere ersetzt werden könnten. Als Beispiel führe ich die Schlüsse an, welche zur Ableitung des Kräfteparallelogramms oder des Ampèreschen Gesetzes oder des Beweises dienten, daß die zwischen zwei materiellen Punkten wirkende Kraft in die Richtung ihrer Entfernung fallen und eine Funktion dieser Entfernung sein müsse.

Aber die Beweiskraft dieser Schlußweise geriet allmählich in Mißkredit, der erste Schritt hierzu war der, daß man, wie schon früher geschildert, von einer a priori evidenten Grundlage zu einer bloß erfahrungsmäßig bewährten überging. Man sah ferner ein, daß auch die Deduktionen aus jener Grundlage nicht ohne zahlreiche neue Hypothesen gemacht werden konnten, und so wies endlich Hertz darauf hin, daß namentlich im Gebiete der Physik unsere Überzeugung von der Richtigkeit einer allgemeinen Theorie im Wesen nicht auf der Ableitung derselben nach der Euklidischen Methode, sondern vielmehr darauf beruhe, daß diese Theorie in allen bisher bekannten Fällen uns zu richtigen Schlüssen in bezug auf die Erscheinungen leite. Er machte von dieser Ansicht zuerst in seiner Darstellung der Maxwellschen Grundgleichungen der Lehre von der Elektrizität und dem Magnetismus Gebrauch, indem er vorschlug, sich um deren Ableitung aus gewissen Grundprinzipien gar nicht zu bekümmern, sondern sie einfach an die Spitze zu stellen und die Rechtfertigung hiervon darin zu suchen, daß man nachweisen könne, daß sie hinterher überall mit der Erfahrung übereinstimme; denn diese bleibt doch schließlich die einzige Richterin über die Brauchbarkeit einer Theorie, deren Urteil inapellabel und unerschütterlich ist. In der Tat, wenn wir auf die Lehrsätze näher eingehen, welche mit dem Gegenstande am meisten zusammenhängen, das Trägheitsgesetz, das Kräfteparallelogramm und die übrigen Fundamentalsätze der Mechanik, so werden wir die verschiedenen Beweise, welche in allen Lehrbüchern der Mechanik für jeden einzelnen dieser Sätze geliefert werden, bei weitem nicht so überzeugend finden, als die Tatsache, daß sich alle aus dem Inbegriffe aller dieser Sätze gezogenen Konsequenzen so ausgezeichnet in der Erfahrung bestätigt haben. Die Wege, auf denen wir zu den Bildern gelangten, sind nicht selten die verschiedensten und von den mannigfaltigsten Zufällen abhängig.

Manche Bilder wurden im Verlauf von Jahrhunderten durch das Zusammenwirken vieler Forscher erst allmählich konstruiert, wie die der mechanischen Wärmetheorie. Manche wurden von einem einzigen, genialen Forscher, aber oft wieder auf sehr verschlungenen Umwegen, gefunden und erst dann von andern in die verschiedenartigste Beleuchtung gerückt, wie die besprochene Maxwellsche Theorie der Elektrizität und des Magnetismus. Es wird nun eine Darstellungsweise geben, welche ganz besondere Vorzüge, aber auch wieder ihre Mängel besitzt. Diese Darstellungsweise besteht darin, daß wir eingedenk unserer Aufgabe, bloß innere Vorstellungsbilder zu konstruieren, anfangs lediglich mit gedanklichen Abstraktionen operieren. Hierbei nehmen wir noch gar keine Rücksicht auf etwaige Erfahrungstatsachen. Wir bemühen uns lediglich, mit möglichster Klarheit unsere Gedankenbilder zu entwickeln und aus denselben alle möglichen Konsequenzen zu ziehen. Erst hinterher, nachdem die ganze Exposition des Bildes vollendet ist, prüfen wir dessen Übereinstimmung mit den Erfahrungstatsachen, motivieren also in dieser Weise erst hinterher, warum das Bild gerade so und nicht anders gewählt werden mußte, worüber wir vorher nicht die leiseste Andeutung geben. Wir wollen dies als die deduktive Darstellung bezeichnen. Die Vorzüge dieser Darstellung liegen auf der Hand. Sie läßt zunächst gar keinen Zweifel darüber aufkommen, daß sie nicht die Dinge an sich selbst bieten will, sondern bloß ein inneres, geistiges Bild, und daß ihr Bestreben bloß darin besteht, dieses geistige Bild zu einer geschickten Bezeichnung der Erscheinungen zu formen. Da die deduktive Methode nicht fortwährend äußere uns aufgezwungene Erfahrungen mit inneren von uns willkürlich gewählten Bildern vermengt, so ist es ihr weitaus am leichtesten, diese letzteren klar und widerspruchsfrei zu entwickeln. Es ist nämlich eines der wichtigsten Erfordernisse dieser Bilder, daß sie vollkommen klar sind, daß wir niemals in Verlegenheit sind, wie wir sie in jedem bestimmten Falle formen sollen, und daß wir jedesmal das Resultat eindeutig und unzweifelhaft aus denselben ableiten können. Gerade diese Klarheit leidet durch zu frühe Vermischung mit der Erfahrung und wird bei der deduktiven Darstellungsweise am sichersten gewahret. Dagegen tritt bei dieser Darstellungsweise besonders die Willkürlichkeit der Bilder scharf hervor, indem man mit ganz willkürlichen Gedankenkonstruktionen beginnt und deren Notwendigkeit nicht anfangs motiviert, sondern erst hinterher rechtfertigt. Davon, daß nicht auch andere Bilder erdacht werden könnten, die ebenso mit der Erfahrung stimmen würden, wird kein Schatten eines Beweises geliefert. Es scheint dies ein Fehler zu sein, ist aber vielleicht gerade ein Vorzug, wenigstens für denjenigen, der die früher auseinandergesetzte Ansicht von dem Wesen jeder Theorie hat. Ein wirklicher Fehler der deduktiven Methode besteht dagegen darin, daß der Weg nicht sichtbar wird, auf welchem man zur Auffindung des betreffenden Bildes gelangte. Aber es ist ja im Gebiete der Wissenschaftslehre die Regel, daß der Zusammenhang der Schlüsse dann am deutlichsten hervortritt, wenn man diese möglichst in ihrer natürlichen Reihenfolge und ohne Rücksicht auf den oft krummen Weg auseinandersetzt, auf welchem dieselben gefunden wurden. Hertz hat auch im Gebiete der Mechanik in seinem bereits zitierten Buche ein Muster einer solchen rein deduktiven Darstellung gegeben. Ich glaube den Inhalt des Hertzschen Buches hier als bekannt voraussetzen zu können und mich daher auf eine ganz kurze Charakteristik desselben beschränken zu dürfen. Hertz geht von materiellen Punkten aus, welche er als reine Gedankenbilder betrachtet. Auch die Masse definiert er ganz unabhängig von aller Erfahrung durch eine Zahl, die wir uns jedem materiellen Punkte beigelegt denken müssen, nämlich die Anzahl der einfachen Massenpunkte, welche er enthält. Aus diesen abstrakten Begriffen konstruiert er eine zunächst natürlich bloß wie die Punkte selbst in Gedanken vorhandene Bewegung. Der Begriff der Kraft fehlt dabei vollständig. An ihre Stelle treten gewisse Bedingungen, welche sich in der Form von Gleichungen zwischen den Differenzialen der Koordinaten der materiellen Punkte schreiben. Diese letzteren sind nun mit gegebenen Anfangsgeschwindigkeiten ausgestattet und bewegen sich in jeder folgenden Zeit nach einem sehr einfachen Gesetze, welches, sobald die Bedingungsgleichungen gegeben sind, die Bewegung für alle Zeiten eindeutig bestimmt. Hertz spricht es dahin aus, daß die Summe der mit den Massen multiplizierten Quadrate der Abweichungen der materiellen Punkte von der geradlinigen, gleichförmigen Bewegung für jeden Zeitmoment ein Minimum sein muß, oder noch kürzer, daß die Bewegung in den geradesten Bahnen geschieht. Es hat dieses Gesetz die größte Ähnlichkeit mit dem Gaußschen Prinzipe des kleinsten Zwanges, ja es ist gewissermaßen derjenige spezielle Fall, der eintritt, wenn man das Gaußsche Prinzip auf ein System von Punkten anwendet, welche zwar einem Zwange, aber keinerlei sonstigen äußern Kräften unterworfen sind.

Ich habe in meinem Buche, welches den Titel hat „Vorlesungen über die Prinzipe der Mechanik", ebenfalls eine rein deduktive Darstellung der Grundprinzipe derselben versucht, aber in ganz anderer Weise, weit mehr an die gewöhnliche Behandlung der Mechanik anknüpfend. Ich gehe wie Hertz von reinen Gedankendingen, exakten materiellen Punkten aus; ich beziehe deren Lage auf ein ebenfalls gedachtes rechtwinkliges Koordinatensystem und denke mir ein geistiges Bild von der Bewegung derselben zunächst in folgender Weise konstruiert. Jedesmal, wenn sich zwei derselben in irgend einer Entfernung r befinden, soll jeder davon eine Beschleunigung in der Richtung von r erfahren, welche eine Funktion $f(r)$ dieser Entfernung ist, über die später nach Belieben verfügt werden kann. Es sollen ferner die Beschleunigungen beider Punkte in einem zu allen Zeiten unveränderlichen Zahlenverhältnisse stehen, welches das Massenverhältnis der beiden materiellen Punkte definiert. Wie wir uns die Bewegung aller materiellen Punkte zu denken haben, das ist dann eindeutig durch die Angabe bestimmt, daß die wirkliche Beschleunigung jedes Punktes die Vektorsumme aller für ihn nach der früheren Regel gefundenen Beschleunigungen ist und sich zur schon vorhandenen Geschwindigkeit des Punktes ebenfalls so addiert, wie Vektorgrößen addiert werden. Woher diese Beschleunigungen kommen und warum ich gerade die Vorschrift gebe, sich das Bild in dieser Weise zu konstruieren, wird nicht weiter diskutiert. Es genügt, daß das Bild ein vollkommen klares ist, welches in genügend vielen Fällen durch Rechnungen im Detail ausgearbeitet werden kann. Dasselbe findet seine Rechtfertigung erst darin, daß sich die Funktion $f(r)$ in allen Fällen so bestimmen läßt, daß die gedachte Bewegung der eingebildeten materiellen Punkte in ein naturgetreues Abbild der wirklichen Erscheinungen übergeht.

Wir haben durch diese Behandlungsweise, welche wir die rein deduktive genannt haben, die Frage nach dem Wesen der Materie, der Masse, der Kraft, freilich nicht gelöst, aber wir haben diese Fragen umgangen, indem wir ihre Voranstellung vollständig überflüssig gemacht haben. In unserem Gedankenschema sind diese Begriffe ganz bestimmte Zahlen und Anweisungen zu geometrischen Konstruktionen, von denen wir wissen, wie wir sie denken und ausführen sollen, damit wir ein brauchbares Bild der Erscheinungswelt erhalten. Was die eigentliche Ursache sei, daß die Erscheinungswelt sich gerade so abspielt, was gewissermaßen hinter der Erscheinungswelt verborgen ist und sie treibt, das zu erforschen, betrachten wir nicht als Aufgabe der Naturwissenschaft. Ob es Aufgabe einer andern Wissenschaft sei und sein könne, ob wir da nicht vielleicht bloß nach Analogie mit anderen vernünftigen Wortzusammenstellungen hier Worte aneinandergefügt haben, welche in diesen Verbindungen keinen klaren Gedanken ausdrücken, das kann hier vollständig dahingestellt bleiben. Wir haben durch diese deduktive Methode ebensowenig die Frage nach dem absoluten Raume und der absoluten Bewegung gelöst; allein auch diese Frage hat keine pädagogischen Schwierigkeiten mehr; wir brauchen sie nicht mehr beim Beginne der Entwickelung der mechanischen Gesetze vorzubringen, sondern können sie erst besprechen, wenn wir alle mechanischen Gesetze abgeleitet haben. Denn da wir ja anfangs ohnehin nur gedankliche Konstruktionen vorführen, so nimmt sich ein gedachtes Koordinatsystem keineswegs fremdartig unter denselben aus. Es ist eben eines der verschiedenen uns verständlichen und geläufigen Konstruktionsmittel, aus denen wir unser Gedankenbild zusammensetzen, nicht mehr und nicht weniger abstrakt, als die materiellen Punkte, deren Bewegung relativ gegen das Koordinatensystem wir uns vorstellen, und für welche allein wir zunächst die Gesetze aussprechen und mathematisch formulieren. Beim Vergleiche mit der Erfahrung finden wir dann, daß ein unveränderlich mit dem Fixsternhimmel verbundenes Koordinatensystem praktisch vollkommen ausreicht, um die Übereinstimmung mit der Erfahrung zu sichern. Was für ein Koordinatensystem wir einstens werden zugrunde legen müssen, wenn wir einmal die Bewegung der Fixsterne durch mechanische Formeln ausdrücken könnten, diese Frage steht auf

Grundprinzipien und Grundgleichungen der Mechanik 169

unserm Repertoire an allerletzter Stelle und wir können jetzt alle die Hypothesen von Streintz, Mach, Lange usw., welche eingangs erwähnt wurden, mit Leichtigkeit diskutieren, da uns alle Gesetze der Mechanik bereits zur Verfügung stehen. Wir kommen nicht in dieselbe Verlegenheit wie früher, wo wir diese komplizierten Betrachtungen der Entwickelung des Trägheitsgesetzes hätten voranstellen müssen. Freilich haben wir dafür bei der deduktiven Methode wieder einen Beweis zu liefern, der bei den alten Methoden überflüssig war. Da wir bei den letzteren direkt von den Erscheinungen ausgingen, so verstand es sich von selbst, daß die Gesetze der Erscheinungen nicht von der Wahl des lediglich hinzugedachten Koordinatensystems abhängen können, und es mußte eben frappieren, daß sich diese Gesetze anders und viel komplizierter ausnehmen, wenn wir ein sich drehendes Koordinatensystem einführen. Bei der deduktiven Methode aber haben wir von vornherein dem Koordinatensystem im Bilde die gleiche Rolle angewiesen wie den materiellen Punkten. Es ist ein integrierender Bestandteil des Bildes und es kann uns nicht wundernehmen, daß dieses verschieden ausfällt, wenn wir das Koordinatensystem anders wählen. Wir müssen hier im Gegenteil aus dem Bilde selbst den Beweis liefern, daß dieses sich nicht ändert, wenn wir beliebige andere Koordinatensysteme einführen, solange sich diese nicht relativ gegeneinander drehen oder nicht mit Beschleunigung relativ gegeneinander bewegen.

Boltzmann führt die Auseinandersetzung mit Hertz fort.
Boltzmann stellt in drei folgenden Vorlesungen weitere Überlegungen über die Prinzipien der Mechanik und auch über Raum, Zeit, Kausalität und Gravitation an.

Über die Prinzipien der Mechanik.

Boltzmann ermahnt die Leser, keinen Tiefsinn, sondern nur harmlose Plaudereien zu erwarten.

I. Antritts-Vorlesung.
Gehalten in Leipzig im November 1900.

Hochansehnliche Versammlung!

Nach einleitenden Bemerkungen heißt es:

Als echter Theoretiker will ich vor allem äußeren Beiwerke den inneren Kern ins Auge fassen. Die Definition der analytischen Mechanik ist eine sehr einfache. Sie ist die Lehre von den Gesetzen, nach denen die Bewegung der Körper erfolgt. Die Kenntnis dieser Gesetze ist für die Behandlung zahlreicher Maschinen und ähnlicher Vorrichtungen erforderlich, deren einfachste Formen schon im grauen Altertume, so bei den Ägyptern und Babyloniern, bekannt waren. Wir dürfen uns daher nicht wundern, daß die ersten Anfänge der Erforschung mechanischer Gesetze sehr weit zurückreichen. Obwohl es sich hierbei fast immer darum handelte, Körper in Bewegung zu setzen, so beschränkte man sich, abgesehen von wenigen verunglückten Versuchen, bis auf Galilei ausschließlich auf die Bedingungen des Gleichgewichtes, welche in den damals untersuchten Fällen zusammenfielen mit den Bedingungen, unter denen Körper sich gar nicht bewegen. Es ist merkwürdig, daß man mit der Betrachtung dieses Falles, der nach unserer Definition der Mechanik sich allerdings unter dieselbe subsumiert, aber doch nur als ein ganz spezieller Fall, gewissermaßen ein Ausnahmefall, zur Beurteilung der damals gebrauchten Maschinen ausreichte; aber da man von dem eigentlich zu Beschreibenden, der wirklichen Bewegung, gerade absah, so war man zu einer Mechanik im eigentlichen Sinne noch nicht gelangt. Diese beginnt erst mit Galilei, welcher durch ebenso sinnreiche, wie fundamentale Versuche

I. Antritts-Vorlesung

die Grundgesetze für die einfachsten Fälle der Bewegung ein für allemal feststellte.

Man hätte nun erwarten können, daß diese Gesetze zunächst auf kompliziertere irdische Erscheinungen, z. B. das Wachstum eines Grashalmes, angewendet und dadurch erweitert werden würden; allein dies war keineswegs der Fall. Diese und ähnliche, für den naiven Beobachter unscheinbare, irdische Vorgänge sind uns noch heute vollkommen rätselhaft. Der Fortschritt wurde vielmehr dadurch inauguriert, daß Newton die von Galilei gefundenen Grundgesetze sofort auf die Bewegung des uns Entlegensten, nämlich der Himmelskörper anwandte; denn gerade auf diesem Wege fand Newton jene Erweiterungen und Vervollständigungen der Galileischen Gesetze, welche dann wieder Anwendung auf kompliziertere irdische Bewegungen gestatteten, so daß es ihm gelang, eine Theorie der Bewegung der Körper von solcher Vollendung auszuarbeiten, daß dieselbe bis heute das Fundament nicht nur der Mechanik, sondern der ganzen theorethischen Physik geworden ist.

Auf dieser von Newton geschaffenen Grundlage wurde weiter gebaut von den hervorragendsten Analysten aller Nationen, so Lagrange, Laplace, Euler, Hamilton, und es erwuchs aus der analytischen Mechanik eine Schöpfung, welche wohl mit Recht als Muster für jede mathematisch-physikalische Theorie bewundert wird.

Es gelang zunächst, die Gesetze der Bewegung der starren Körper in Gleichungen zu fassen, so daß jedes derartige Problem auf eine reine Rechenaufgabe zurückgeführt werden kann.

Man machte sich aber auch eine mechanische Vorstellung von dem inneren Bau der festen Körper und Flüssigkeiten und gelangte so zu Gleichungen, welche die Gesetze der elastischen Eigenschaften der ersteren, ihrer Deformationen, ihrer Festigkeit, sowie der Bewegungen der letzteren ausdrücken. Wenn aber ein Erscheinungsgebiet in Gleichungen gefaßt ist, so sieht der Physiker seine Aufgabe für getan an. Die Auflösung der Gleichungen schiebt er dem Mathematiker zu. Wie weit man entfernt ist, alle diese Gleichungen wirklich lösen, d. h. in allen Fällen daraus wirklich ein anschauliches Bild der betreffenden Vorgänge gewinnen zu können, das zeigt ein Blick auf einen schäumenden Bach oder auf die von einem großen Dampfer erzeugten Wasserwogen. Wie ohnmächtig ist die Analyse, die Details aller dieser Erscheinungen aus den hydrodynamischen Gleichungen heraus zu lesen. Aber doch liefert die Mechanik auf allen diesen Gebieten Formeln, welche auch für die Praxis von unschätzbarem Werte sind, ebenso für die Konstruktion von Bauwerken, eisernen Brücken und Türmen, wie für die Anlage von Kanälen, Wasserwerken usw., gar nicht zu reden von den zahllosen Maschinen, die von Tag zu Tag in staunenswerter Weise das Werk der Menschenhand nicht nur ersetzen, sondern übertreffen.

Die Übung, mechanistisch zu denken, ist in allen Fällen des praktischen Lebens vom höchsten Nutzen und wirkt gestaltend und ausbildend auf das gesamte Geistesleben. Wie ein guter Pädagoge in richtiger psychologischer Kenntnis jeden seiner Mitmenschen gerade so behandelt, wie es dessen Individualität erheischt, so kommt der mechanistisch Denkende jedem Mechanismus vom einfachsten bis zum kompliziertesten mit Achtung und Liebe entgegen, und letzterer lohnt es, indem er die Wünsche seines Herrn erfüllt, während sich der mechanisch Ungebildete nicht einmal merkt, in welchem Sinne eine Schraube zu drehen ist, und unauflöslich fest verbindet, was er gerade trennen will.

Wenn eine Nation große Erfolge erzielt hat im Vergleiche mit den in der Nachbarschaft wohnenden, so pflegt sie eine gewisse Hegemonie über die letzteren zu erlangen, ja sie geht nicht selten daran, sie zu unterjochen und sich dienstbar zu machen. Gerade so ergeht es auch mit den wissenschaftlichen Disziplinen. Die Mechanik erlangte bald die Hegemonie in der gesamten Physik. Zunächst unterwarf sich ihr naturgemäß und widerstandslos die Akustik. Die betreffenden Erscheinungen sind aufs innigste mit Bewegungserscheinungen verknüpft, welche freilich so rasch vor sich gehen, daß sie nicht direkt mit dem Auge verfolgt werden können, aber doch ihren rein kinetischen Charakter selbst der bloß oberflächlichen Beobachtung nicht verleugnen. Ja durch künstliche Mittel kann sowohl die Bewegung der Schallerreger, als auch der in der Luft fortgepflanzten Schallwelle direkt sichtbar und erkennbar gemacht werden. Die Akustik wurde also sofort von der Mechanik als ihre Domäne in Anspruch genommen. Dasselbe geschah auch mit der Optik, als man erkannt hatte, daß das Licht ebenso wie der Schall eine Wellen- und Schwingungserscheinung ist. Freilich war da die Konstruktion eines schwingenden Mediums vollkommen der Phantasie überlassen und stieß auch auf nicht geringe Schwierigkeiten.

Den Feldzug in das Gebiet der Wärmetheorie eröffnete die Mechanik durch die Vorstellung, daß die Wärme eine Bewegung der kleinsten Teilchen der Körper sei, welche eben wegen der Unwahrnehmbarkeit dieser kleinsten Teilchen dem Auge unsichtbar bleibt, aber sich dadurch zu erkennen gibt, daß sie, wenn sie sich den Molekülen unseres Körpers mitteilt, daselbst das Gefühl der Wärme, wenn sie unserem Körper entzogen wird, das Gefühl der Kälte erzeugt. Dieser Feldzug war ein siegreicher, da die geschilderte Hypothese ein sehr klares Bild vom Verhalten desjenigen Agens liefert, welches man Wärme nennt, ein weit vollständigeres, als die frühere Ansicht, daß dieses Agens sich analog wie ein Stoff verhalte.

Elektrizität und Magnetismus wurden den mechanischen Gesetzen untergeordnet durch die Hypothese der elektrischen und magnetischen Fluida, deren Teilchen nach einem Gesetze aufeinander wirken sollten, welches nur eine Modifikation des von Newton für die Wechselwirkung der Weltkörper aufgestellten ist, also durchaus im Boden der reinen Mechanik wurzelt. Auf eine Mechanik der Anziehungs- und Abstoßungskräfte, sowie der gegenseitigen Bewegung heterogener Atome suchte man endlich mit vielem Erfolge auch die chemischen Erscheinungen, sowie die der Kristallbildung zurückzuführen, welche erstere ja soviel Verwandtschaft mit den Wärmeerscheinungen einer- und den elektrischen Erscheinungen andererseits haben. Von der Gegenbewegung, welche in neuerer Zeit gegen dieses Bestreben der Theorie unternommen wurde, soll später die Rede sein.

Selbst die oberflächlichste Beobachtung zeigt, daß die mechanischen Gesetze nicht auf die unbelebte Natur beschränkt sind. Das Auge ist bis ins kleinste Detail eine optische Dunkelkammer, das Herz eine Pumpe, die Muskulatur ein kompliziertes, nur vom Standpunkt der reinen Mechanik verständliches Hebelsystem, welches die scheinbar verwickelsten Probleme mit den einfachsten Mitteln löst. So werden alle denkbaren Bewegungen des Auges durch sechs Muskelstränge bewirkt, welche wie ziehende Fäden auf eine um ihren Mittelpunkt bewegliche Kugel wirken; freilich, der volle Ausdruck des Augenaufschlages, das Senken des Blickes, wovon die Novellendichter erzählen, ist durch die äußere Dekoration, das Spiel der Augenlider und Gesichtsmuskel und anderes mitbedingt.

Die Anwendbarkeit der Mechanik erstreckt sich nun weiter in das Gebiet des Geistigen hinein, als man bei oberflächlicher Betrachtung vermuten würde. Wer hätte z. B. nicht schon Beobachtungen gemacht, welche die mechanische Natur des Gedächtnisses belegen? Nicht selten mußte ich einst, um mir eine griechische Vokabel ins Gedächtnis zurückzurufen, eine ganze Reihe memorierter homerischer Verse rezitieren, wobei sich dann das Wort an der betreffenden Stelle sofort einstellte. Als ich mich wochenlang ausschließlich mit Hertz Mechanik befaßt hatte, wollte ich einmal mit den Worten „Liebes Herz" einen Brief an meine Frau beginnen, und ehe ich mich versah, hatte ich Herz mit tz geschrieben.

Jedermann weiß, wie oft uns die angeborene Weckuhr, die wir im Gedächtnisse besitzen, im Stiche läßt, wenn sie nicht durch besondere Mechanismen (einen Knopf im Taschentuche, Hängen des Regenschirmes über den Winterrock) unterstützt wird. Als ich am Tage der Übersiedlung nach Leipzig ans Fenster ging, um in gewohnter Weise das Thermometer abzulesen, das ich Tags vorher selbst abgeschraubt hatte, rief ich aus: „Ich besitze keinen anderen Mechanismus, der so schlecht funktioniert, wie mein Gedächtnis, um nicht gar zu sagen, als mein Verstand!"

So können wir also in unserem Körper einen kunstvollen Mechanismus erblicken, und auch die Krankheiten desselben sind durch rein mechanische Ursachen erklärbar. Großen Nutzen hat schon diese Erkenntnis gebracht, indem sie den mechanischen Eingriffen des Chirurgen Weg und Ziel zeigte, indem sie den wahren Mechanismus der Infektionskrankheiten aufdeckte, diese durch Abhaltung der krankheiterregenden Bakterien verhütete, oder durch deren Tötung heilte. In den meisten Fällen freilich stehen wir noch machtlos den Gewalten der Natur gegenüber, aber die Mechanik hilft uns doch, sie zu begreifen und damit auch zu ertragen.

Wir haben noch der wunderbarsten mechanischen Theorie auf dem Gebiete der biologischen Wissenschaften zu gedenken, nämlich der Lehre Darwins. Diese unternimmt es, aus dem rein mechanischen Prinzipe der Vererbung, welches an sich freilich wie alle mechanischen Urprinzipe, dunkel ist, die ganze Mannigfaltigkeit der Pflanzen- und Tierwelt zu erklären.

Die Erklärung der wunderbaren Schönheit der Blumen, des Formenreichtums der Insektenwelt, der Zweckmäßigkeit des Baues der Organe des menschlichen und tierischen Körpers, das alles wird hiermit zur Domäne der Mechanik. Wir begreifen, wieso es für unsere Gattung nützlich und wichtig war, daß gewisse Sinneseindrücke uns schmeichelten und von uns gesucht wurden, andere uns abstießen; wir ersehen, wie vorteilhaft es war, möglichst genaue Bilder der Umgebung in unserem Geiste zu konstruieren und das,, was von diesen mit der Erfahrung stimmte, als wahr, streng auseinander zu halten von dem nicht stimmenden, dem Falschen. Wir können also die Entstehung der Begriffe der Schönheit ebensowohl als der Wahrheit mechanisch erklären.

Wir verstehen aber auch, warum nur solche Individuen fortexistieren konnten, welche gewisse höchst verderbliche Einwirkungen mit der ganzen Intensität ihrer Nervenkraft verabscheuten und hintan zu halten suchten, andere für ihre oder die Erhaltung der Gattung notwendige, aber mit gleicher Lebhaftigkeit anstrebten. Wir begreifen so, wie sich die ganze Intensität und Macht unseres Gefühlslebens entwickelte, Lust und Schmerz, Haß und Liebe, Wunsch und Furcht, Seligkeit und Verzweiflung. Geradeso, wie unsere körperlichen Krankheiten können wir auch die ganze Stufenleiter unserer Leidenschaften nicht loswerden, aber wir lernen sie wiederum begreifen und ertragen.

In erster Linie wird es nun ohne Frage für jedes Individuum von Wichtigkeit sein, daß sein Streben auf die eigene Erhaltung gerichtet ist, und es erscheint der Egoismus nicht als Fehler, sondern als Notwendigkeit. Aber für die Erhaltung der Gattung ist es von größtem Nutzen, wenn die verschiedenen Individuen sich unterstützen, und beim Zusammenwirken der einzelne sich dem Ganzen unterordnet. So verstehen wir die Notwendigkeit von Eigensinn und Trotz schon beim Kinde, aber auch von Zusammenhalten und Geselligkeit im gemeinsamen Spiele; wir verstehen an unserem Geschlechte Eigennutz und Mitgefühl, Scham und Begierde, Freiheitsliebe und Knechtssinn, Tugend und Laster, Todesfurcht und Todesverachtung. Welchen Vorteil gewährt es für einmütiges Wirken im Frieden und Kriege, wenn sich der Jüngling für Großes und Edles, Freundschaft und Liebe, Freiheit und Vaterland begeistert, aber wie leicht artet wieder dieser Trieb zum Phrasentum, zur tatenlosen Schwärmerei aus. Die Empfänglichkeit für Erhebung des Herzens und Begeisterung mußte sich daher ebenso notwendig in unserem Geschlechte bilden, wie Nüchternheit und Egoismus, als deren notwendiges Gegengewicht. So begreifen wir aus mechanischen Ursachen, daß der Jüngling für die Poesie Schillers erglüht, und so viele die Dichtungen Heines verurteilen, welche doch wieder auf andere so mächtig und unwiderstehlich wirken. Es muß ja auch das Wasser des aufsteigenden Springbrunnens eine lebendige Kraft besitzen, welche für sich allein imstande wäre, es in den unendlichen Raum hinauszuschleudern; aber ebenso mechanisch notwendig ist die Gegenwirkung der Schwere und des Druckes unzähliger Luftteilchen, die es wieder rechtzeitig zur mütterlichen Erde zurückführen. Wollte man sich pikant ausdrücken, so könnte man sich zur Behauptung versteigen, daß nicht nur das abscheulichste Laster, sondern auch die höchste Tugend gewissermaßen eine Verirrung ist, darin begründet, daß unsere angeborenen Triebe übers Ziel hinausschießen. Denn allzu großer Idealismus trübt den praktischen Sinn und ist daher das der banausischen Gesinnung entgegengesetzte auch wieder schädliche Extrem. Solche Paradoxa liegen näher, als man glaubt und entstehen immer bei Betrachtung der Dinge von einem einseitigen Standpunkte, wie die Zerrbilder bei Anwendung von Zylinder- oder Kegelspiegeln. In ähnlicher Weise hat man behauptet, daß das Genie eine Geisteskrankheit sei.

Ja nicht einmal für seine Gattung allein kann der Mensch das Ideal beanspruchen. Dadurch, daß er ihn für Untreue peitschte, für Treue fütterte, hat er dem Hunde die Treue gerade so anerzogen, wie der Kuh die reichliche Milchabsonderung, der Gans die große Leber. Der anhänglichere Hund wurde im Kampfe ums Dasein vom Menschen stets begünstigt und so wuchs Anhänglichkeit und Treue beim Hundegeschlechte in immer größerem Maße. Wenn nun, wie es oft vorkommt, ein Hund, der seinen Herrn verloren hat, nicht mehr frißt und vor Gram langsam zugrunde geht, ist das nicht ein Idealismus, wie wir ihn kaum beim Menschen finden, sicherlich nicht bei Dienern unserer modernen Zeit! Daher war mancher Philosoph versucht, den Hund moralisch höher zu stellen als den Menschen, wie man sich versucht fühlen kann, die automatische Nestbaukunst des Vogels über die mühsam erlernte und Irrtümern unterworfene des Architekten zu stellen.

In der Natur und Kunst herrscht also die allgewaltige Mechanik, sie herrscht auch ebenso in der Politik und dem sozialen Leben. Vermöge des mächtigen Triebes nach Selbständigkeit, von dem wir sahen, daß er sich schon im Kinde mit Notwendigkeit entwickeln muß, läßt sich der einzelne nur ungern von anderen beherrschen und liebt in gesellschaftlichen Vereinigungen, Städten, Gemeinwesen und im Staate die republikanische Regierungsform. Aber dieser stellen sich auf der anderen Seite wieder mechanische Schwierigkeiten entgegen. Jeder, der öffentlichen Debatten beigewohnt hat, weiß, ein wie schwerfälliger, zu raschem, konsequentem Handeln ungeeigneter Organismus eine öffentliche Versammlung ist und wie häufig diese wegen des geringen Teiles von Verantwortlichkeit, der auf den einzelnen entfällt, Fehler in der Beschlußfassung macht. Noch erleichtert wird dies durch den Umstand, den Schiller mit den Worten charakterisiert: „Verstand ist stets bei wenigen nur gewesen." Aus diesen Ursachen erhellen wieder die Vorteile der Herrschaft weniger oder eines einzelnen. So beruht in der Tat das Zusammenwirken der verschiedenartigsten Persönlichkeiten in Volksversammlungen ebenso wie die meisterhafte Lenkung der widerstrebenden Willensäußerungen der Menge durch einen einzelnen auf der Mechanik der Psychologie. Bismarck durchschaute die Seele seiner politischen Gegner so klar, wie der Maschinentechniker das Räderwerk seiner Maschine und wußte so genau, wie er sie zu den gewünschten Handlungen zu bewegen habe, als der Maschinist weiß, auf welchen Hebel er drücken muß. Die begeisterte Freiheitsliebe eines Cato, Brutus und Verrina entstammt Gefühlen, die durch rein mechanische Ursachen in ihrer Brust keimten uns es erklärt sich wiederum mechanisch, daß wir mit Behagen in einem wohlgeordneten monarchischen Staate leben und doch gerne sehen, wenn unsere Söhne den Plutarch und Schiller lesen und sich an den Reden und Taten schwärmerischer Republikaner begeistern. Auch hieran können wir nichts ändern; aber wir lernen es begreifen und ertragen. Der Gott, von dessen Gnade die Könige regieren, ist das Grundgesetz der Mechanik.

Es ist bekannt, daß die Darwinsche Lehre keineswegs bloß die Zweckmäßigkeit der Organe des menschlichen und tierischen Körpers erklärt, sondern auch davon Rechenschaft gibt, warum sich oft Unzweckmäßiges, rudimentäre Organe, ja geradezu Fehler in der Organisation bilden konnten und mußten.

Nicht anders geht es auf dem Gebiete unserer Triebe und Leidenschaften. Durch die Anpassung und Vererbung konnten sich bloß die Grundtriebe herausbilden, welche im großen und ganzen für die Erhaltung des Individuums und Geschlechtes notwendig sind. Es ist dabei nicht zu vermeiden, daß in einzelnen Fällen diese Grundtriebe falsch wirken und unnütz, ja sogar schädlich werden. Oft schießen die uns angeborenen Triebe gewissermaßen über das Ziel hinaus. Die Kraft, mit der sie sich unserem Geiste assoziiert haben, um gewisse Wirkungen zu erzielen, ist so enorm, daß wir sie nicht sofort wieder loswerden können, wenn diese Wirkungen erzielt sind und nunmehr der zur Gewohnheit gewordene Trieb überflüssig oder schädlich ist. So übertrifft für das neugeborene Kind der Trieb des Saugens alle anderen an Wichtigkeit; kein Wunder daher, daß er auch alle anderen an Intensität übertrifft und später lästig wird, wenn das schon vernünftig gewordene Kind ihn oft unglaublich lange nicht mehr loswerden kann. Die Erwachsenen belächeln dies und doch nimmt bei ihnen das unzweckmäßige und verkehrte Fortwirken des zur Erhaltung der Art dienenden Triebes nicht selten noch viel absurdere Formen an.

Analoge Erscheinungen finden sich auf rein geistigem Gebiete. So haben wir unsere Gefühle so sehr an bestimmte Vorstellungen und Eindrücke assoziiert, daß uns eine geschickt abgefaßte erfundene Erzählung oder ein Theaterstück weit mehr zu Herzen geht als ein kurzer wahrheitsgetreuer Bericht eines wirklichen Unglückes von Personen, die uns ferne stehen.

Ähnliche Wirkungen kommen im Gebiete des philosophischen Denkens vor. Wir sind gewohnt, den Wert oder Unwert der verschiedenen Dinge zu beurteilen, je nachdem sie für unser Leben förderlich oder schädlich sind. Dies wird uns so zur Gewohnheit, daß wir schließlich über den Wert oder Unwert des Lebens selbst urteilen zu können glauben, ja daß über dieses verkehrte Thema ganze Bücher geschrieben wurden.

Nach meiner Überzeugung sind die Denkgesetze dadurch entstanden, daß sich die Verknüpfung der inneren Ideen, die wir von den Gegenständen entwerfen, immer mehr der Verknüpfung der Gegenstände anpaßte. Alle Verknüpfungsregeln, welche auf Widersprüche mit der Erfahrung führten, wurden verworfen und dagegen die allzeit auf Richtiges führenden mit solcher Energie festgehalten und dieses Festhalten vererbte sich so konsequent fort auf die Nachkommen, daß wir in solchen Regeln schließlich Axiome oder angeborene Denknotwendigkeiten sahen. Aber auch hier, also selbst in der Logik, ist ein über das Ziel Hinausschießen nicht ausgeschlossen. Ja gerade wegen der Abstraktheit und scheinbaren Durchsichtigkeit des Gebietes äfft es uns in solchen Fällen am allermeisten. Ich sehe hierin den Ursprung jener Widersprüche, welche bei Kant als Antinomien, in neuerer Zeit als Welträtsel bezeichnet werden. Es sei mir gestattet, einige derartige Beispiele anzuführen. Wir haben fortwährend Begriffe in einfachere Elemente zu zerlegen, Erscheinungen aus uns schon bekannten Gesetzen zu erklären. Diese so überaus nützliche und notwendige Tätigkeit wird uns nun so zur Gewohnheit, daß der zwingende Schein entsteht, es müßten auch die einfachsten Begriffe noch in ihre Elemente zerlegt, auch die Elementargesetze noch auf einfachere zurückgeführt werden.

Fragen, wie die nach der Definition des Zahlbegriffes, nach der Ursache des Kausalitätsgesetzes, nach dem Wesen der Materie, Kraft, Energie usw. drängen sich immer wieder unwiderstehlich auf, selbst dem philosophisch Geschulten. Er ist überzeugt, daß diese Begriffe direkt aus der Erfahrung entnommen und nicht weiter erklärbar sind, daß also hier einfach die unwiderstehlich gewordene Denkgewohnheit, nach der Ursache und Definition zu fragen, über das Ziel hinausschießt, trotzdem kann er eine gewisse zurückbleibende Unbefriedigtheit darüber nicht überwinden, daß so wichtige Begriffe, wie der der Zahl oder der der Kausalität, jedem Versuche spotten, sie zu definieren. Es geht hier ähnlich, wie wenn eine Gesichtstäuschung noch immer nicht verschwindet, selbst nachdem man ihre mechanische Ursache klar erkannt hat.

Noch ein Schritt weiter ist es, wenn wir es unerklärlich und rätselhaft finden, daß wir selbst, oder daß überhaupt irgend etwas existiert und diesen Gedanken nicht ganz loswerden, selbst wenn wir erkannt haben, daß hier der Begriff des Rätselhaften so wenig Anwendung finden kann, wie der Begriff des Wertes oder Unwertes bei Beurteilung des ganzen Lebens.

Ein anderes hierher gehöriges Beispiel liefert die schon alte, jetzt als Solipsismus bezeichnete Verirrung. Gleichwie es mechanisch erklärbar ist, daß eine Blutwelle in unserem Ohre die Empfindung eines Tones erzeugen kann, dem kein äußerer Eindruck entspricht oder, daß wir Nachbilder heller Gegenstände noch wahrnehmen, nachdem diese unserm Blicke entschwunden sind; ja, daß wir selbst in vollkommener Finsternis mannigfaltige, oft phantastische Gebilde sehen, denen keinerlei Gegenstände entsprechen, so ist es auch begreiflich, daß unser Bewußtseinsorgan im Traume eine von der Außenwelt ganz unabhängige phantastische Tätigkeit entfaltet. Eine ähnliche, in gemildertem Maße auftretende Tätigkeit ist als Phantasie sogar zur Bildung neuer Ideenverbindungen nützlich und notwendig. Aber auch diese schießt wieder oft über das Ziel hinaus. Der naive Mensch betrachtet Sonne und Mond, Bäume und Quellen als beseelte Wesen, aber auch der gebildete denkt sich jede Kraft noch unter dem Bilde einer menschlichen Kraftanstrengung. In diesen Fällen ist dann eine strenge Kontrolle, eine scharfe Negation von allem bloß Hinzugeträumten notwendig. Diese wird durch häufige Übung wieder zur Gewohnheit. Indem man sie auf die Spitze treibt und auch anwendet, wo sie nicht hingehört, kommt man zur Idee, daß überhaupt alle unsere Vorstellungen Träume seien und nichts existiere, als der vorstellende, also ein einziger träumender Mensch. Diese Verirrung ist ebenso vom Standpunkte der Darwinschen Theorie begreiflich, wie die Entwicklung unserer normalen Vorstellungstätigkeit. Die mechanische Natur der letzteren wird aber neuerdings dokumentiert durch die Möglichkeit ihrer Verwirrung schon im gesunden Zustande durch Schlaf, mehr aber noch im kranken durch Halluzinationen, Fieberphantasien und Wahnsinn.

Vom Standpunkt der Darwinschen Theorie ist auch das Verhältnis des Instinktes der Tierwelt zum Verstande des Menschen begreiflich. Je vollkomener ein Tier ist, desto mehr treten bei demselben neben dem Instinkte bereits Spuren von Verstand auf.

Einem Tiere, das nur einer geringen Zahl von Handlungen bedarf, welche zudem fortwährend unter außerordentlich ähnlichen Verhältnissen zu erfolgen haben, ist es von höchstem Nutzen, wenn ihm, ohne daß es viel zu überlegen braucht, sogleich der Trieb zur richtigen Handlungsweise direkt angeboren ist, wie dem Vogel, der ohne Unterweisung vermöge angeborenen Instinktes mit bewunderungswürdiger Kunstfertigkeit Nester zu bauen versteht. Uns erschiene es wohl auf den ersten Anblick als ein weit vollkommenerer Zustand, wenn wir ohne Unterricht und ohne vieles Nachdenken stets das Richtige zu treffen wüßten. Während es aber unter den einfachen Bedingungen, unter denen sich jene Tiere befinden, das Leichtere und minder Komplizierte war, daß sich ihnen der Trieb zur ganzen Handlungsweise in summa vererbte, so steht dies wieder jeder Anpassung an geänderte Verhältnisse, jedem Fortschritte entgegen und unter komplizierten Lebensbedingungen erweist sich die dem Menschen angeborene Fähigkeit bei weitem überlegen, sich innere Bilder der äußeren Ereignisse zu konstruieren, mittels derselben Erfahrungen zu sammeln und diesen gemäß die Handlungen in jedem Falle regulieren zu können.

Übrigens tritt beim Menschen der Instinkt zwar sehr zurück, seine Spuren sind aber doch überall noch bemerkbar, und zwar keineswegs bloß in Fällen, wie der schon erwähnte

Saugtrieb, oder der Nachahmungstrieb der Kinder, sondern auch bei allen elementaren, das Nachdenken unterdrückenden oder ihm vorauseilenden Trieben der Erwachsenen. Der Schreck bei einem plötzlichen Geräusche, die Furcht bei plötzlicher Gefahr kommen ebenso unserm verständigen Handeln wider unsern Willen zuvor, wie der Zorn bei einem jähen Angriffe. Die ererbte Gewohnheit, gegen starke Eindrücke heftig zu reagieren, welche nützlich ist, um unserem Handeln den nötigen Nachdruck und die nötige Lebhaftigkeit zu verleihen, übt da eine unbezwingliche Wirkung aus und wird schädlich, wenn sie der Überlegung allzusehr vorauseilt. Überhaupt entstammen die Grundtriebe unseres Charakters, sowohl Genußsucht und Trägheit, als auch Ehrgeiz, Herrschsucht, Mitleid und Neid ererbten Anlagen, also in erster Linie angeborenen Instinkten. Wieweit sind wir davon entfernt, daß reine Verstandesgründe die Motive aller unserer Handlungen wären? Die innersten Impulse zu denselben entstammen noch immer meist angeborenen Trieben und Leidenschaften, also ohne unser Zutun in uns keimenden Instinkten, welche, wenn sie den Verstand beherrschen, zwar schädlich und verwerflich werden, aber doch notwendig sind, um unserer Handlungsweise Lebhaftigkeit, unserem Charakter seine eigentümliche Färbung zu verleihen. Das Weltgetriebe erhält sich, wie Schiller sagt, „heute wie ehemals durch Hunger und durch Liebe und die Zeit ist noch ferne, wo Philosophie den Ring der Welt zusammenhält."

Einen instinktiven Charakter hat auch der Aberglaube, welchen oft selbst die gebildetsten Menschen nicht ganz los werden. Derselbe entsteht durch Fortwirken unseres Kausalbedürfnisses in Fällen, wo dazu keine Berechtigung vorhanden ist. Die Gewohnheit, überall Kausalverbindungen zu suchen, veranlaßt uns, rein zufällig scheinende Ereignisse mit irgend anderen, oft ganz heterogenen kausal zu verknüpfen, und das Gesetz von Ursache und Wirkung, welches richtig angewandt die Grundlage aller Erkenntnis ist, wird zum Irrlichte, das uns auf falsche Pfade führt.

Nun erübrigt noch zu erinnern, wie gut auch der ganze Mechanismus der sozialen Einrichtungen in den Rahmen unserer Betrachtungen paßt. Da haben wir unzählige Anstandsregeln und Höflichkeitsformen teilweise so unnatürlich und gezwungen, daß sie vom Standpunkt einer unbefangenen Überlegung, die man öfters Vernunft nennt, die aber die Allmacht der Mechanik vergißt, absurd und lächerlich erscheinen. Diese Anstandsregeln sind nicht zu allen Zeiten dieselben; bei fremden Völkern weichen sie von den unseren oft so sehr ab, daß wir ganz verwirrt werden; aber sie müssen sein.

Die Tätigkeit der Konservativen, der pedantischen, zopfigen, steifen Anstandsrichter, die über die genaue Beobachtung jeder hergebrachten Sitte und jeder Regel für den gesellschaftlichen Verkehr, über genaue Verwendung aller ihrer Titel bei Ansprachen und Zubilligung aller ihrer gesellschaftlichen Vorrechte wachen, erscheint uns oft lächerlich; aber sie ist wohltätig und muß sein, damit nicht Verrohung des gesellschaftlichen Verkehrs eintritt. Dafür, daß sie nicht zur Versteinerung des Geistes führt, sorgen wieder die Emanzipierten, Ungezwungenen, die hommes sans gêne. Beide Gattungen von Menschen bekämpfen einander und halten zusammen die Gesellschaft im richtigen Gleichgewicht.

Auf einem ganz andern Gebiete des sozialen Lebens wirkt ein anderer Mechanismus bei steter regster Bewegung immer das Gleichgewicht bewahrend, einer der großartigsten bewunderungswürdigsten Mechanismen, die die Menschheit geschaffen hat, der des Kapitals, des Geldes. Man lese Zolas Roman „L'argent". Den primitiven Tauschhandel der Urvölker hat es derart verfeinert, daß die verschiedenen Formen des Geldes mit allen Gesetzen und hergebrachten Regeln des kaufmännischen und Börsenverkehrs bewunderungswürdiger ineinandergreifen, als die Räder des kompliziertesten Uhrwerks, und mit gleicher Lebhaftigkeit, Sicherheit und Präzision arbeiten wie die bestkonstruierten Elektromotoren.

Wer zu kurz gekommen, schimpft über den Mammon; der Schwindler, der die Regeln aus Gewinnsucht verdreht, wird ausgestoßen wie unbrauchbare Stoffe aus einem lebenden Organismus; aber für unsere moderne Zivilisation ist der Geld- und Börsenverkehr ebenso wichtig als die Buchdruckerkunst, der Dampf, die Elektrizität.

Übt der einzelne nicht eine Zaubermacht aus, wenn ihm eine Menge an sich ganz wertloser Metallstücke zum Mittel wird, Paläste, Parke, Yachten, kurz, alles zu schaffen, was das Leben verschönt, ja Preise zu stiften, die noch lange nach seinem Tode zur Schaffung von Meisterwerken der Kunst und Wissenschaft wesentlich beitragen? Doch der Zauberer selbst, unterliegt er nicht auch wieder den Gesetzen der Mechanik, wenn ihm die falsche Stellung eines Häutchens in seinem Herzen, der Wandbruch eines Äderchens in seinem Gehirne die Benutzung aller angesammelten Herrlichkeiten entzieht und mit einem Schlage den Mächtigen in ein Stück toten Stoffes verwandelt?

Ja, auch die Verspottung des Papiergeldes scheint mir ein einseitiger Standpunkt zu sein. Dieses hat doch wohl auch eine andere Seite als die in Goethes Faust in so grelles Licht gesetzte. Ja, wenn wir darunter alle Wertpapiere, Obligationen, Wechsel u. dergl. einbegreifen, so ist es geradezu die Krone des wichtigsten Teiles des menschlichen Verkehrs, des Mechanismus, der Mein und Dein den heutigen komplizierten Bedürfnissen entsprechend regelt.

Um vom Großartigen wieder zum Kleinlichen überzugehen, erinnere ich, daß der unwiderstehliche, im Falle geringen Nachlassens durch Klatschsucht stets wieder geschärfte Trieb zum Putzen durch Entfernungen aller schädlichen Ansteckungsstoffe aus den Wohnungen von höchstem Nutzen ist. Freilich schießt er übers Ziel hinaus, wenn z. B. Messingteile stets blank erhalten werden, deren Patina nicht nur unschädlich, sondern bei der heutigen grellen Abendbeleuchtung sogar dem Auge wohltätig wäre. Aber ich will beileibe nicht behaupten, daß wir besser daran wären, wenn das Staubabwischen den Bakteriologen an stelle der Hausbediensteten übertragen würde.

Weitere Beispiele für meine These zu finden, wäre ich nicht verlegen; ich wäre eher verlegen, irgend einen Vorgang zu finden, der nicht Beispiel dafür wäre.

Wir haben hiermit nicht nur unsere körperlichen Organe, sondern auch unser Seelenleben, ja Kunst und Wissenschaft, Gefühlseindrücke und Begeisterung zur Domäne der Mechanik gemacht. Ist nun die Mechanik zur Darstellung dieser Dinge nicht in der Tat allzu mechanisch? Selbst der komplizierteste von Menschenhand verfertigte Mechanismus, wie geringfügig und leblos ist er gegenüber dem einfachsten pflanzlichen oder tierischen Gebilde!

I. Antritts-Vorlesung 185

Ich sehe voraus, welch ein Grauen bei meinen letzten Ausführungen den Schwärmer befällt, wie er fürchtet, daß alles Große und Erhabene zum toten fühllosen Mechanismus entwürdigt wird und alle Poesie dahinsinkt. Aber mir scheint alle diese Furcht auf einem völligen Mißverständnisse des Vorgebrachten zu beruhen.

Unsere Ideen von den Dingen sind ja niemals mit dem Wesen derselben identisch. Es sind bloße Bilder, oder vielmehr Zeichen dafür, welche das bezeichnete notwendig einseitig darstellen, ja, nichts weiter leisten können, als daß sie gewisse Arten der Verknüpfungen daran nachahmen, wobei das Wesen völlig unberührt bleibt.

Wir brauchen also von der Schärfe und Bestimmtheit unserer früheren Ausdrücke nichts zurückzunehmen. Wir haben damit doch nichts weiter getan, als daß wir eine gewisse Analogie zwischen den seelischen Phänomenen und den einfachen Mechanismen der Natur behauptet haben. Wir haben nur ein einseitiges Bild konstruiert zum Behufe der Versinnlichung gewisser Verknüpfungen der Erscheinungen und Voraussage neuer uns unbekannter. Neben diesem einen Bilde können und müssen aber wegen seiner Einseitigkeit andere einhergehen, welche die innerliche, die ethische Seite des Gegenstandes darstellen und die Erhebung unserer Seele durch die letzteren wird nicht mehr gemindert werden, sobald wir vom mechanischen Bilde die richtige Auffassung haben. Dasselbe wird nur dort anzuwenden sein, wo es hingehört; aber wir werden seinen Nutzen nicht bestreiten und bedenken, daß auch die erhabensten Ideen und Vorstellungen doch wieder nur Bilder, nur äußere Zeichen für die Art der Verknüpfung von Erscheinungen sind.

Damit entfällt auch der Einwand, der wohl vielleicht gegen meine Ausführungen erhoben werden wird, daß dieselben der Religion zuwiderliefen. Nichts ist verkehrter, als die auf ganz anderer ungleich festerer Basis ruhenden religiösen Begriffe mit den schwankenden subjektiven Bildern in Verbindung zu bringen, welche wir uns von den Außendingen machen. Ich wäre der letzte, der die vorgebrachten Ansichten aufstellte, wenn sie irgend eine Gefahr für die Religion bergen würden. Aber ich weiß gewiß, daß die Zeit kommen wird, wo jedermann einsieht, daß dieselben für die

Religion ebenso irrelevant sind, wie die Frage, ob die Erde still steht oder sich um die Sonne bewegt.

Indes das Prinzip der mechanischen Erklärung seine Herrschaft im Reiche der gesamten Wissenschaft immer mehr ausdehnte, verlor es merkwürdigerweise auf seinem eigensten Gebiete, dem der theoretischen Physik, wieder an Boden. Die Ursache davon lag, wie dies auch bei erobernden Nationen oft der Fall ist, teils im inneren Zwiespalte, teils auch in äußeren Verhältnissen.

Während man mit dem größten Erfolge bestrebt war, die Anwendungen der Mechanik bis ins kleinste Detail auszuarbeiten, trat eine Richtung auf, welche an den Grundpfeilern derselben zu rütteln begann und auf Unklarheiten in den Prinzipien der Mechanik hinwies. Der grundlegende Begriff der Mechanik ist der der Bewegung. Der Begriff der reinen von jeder andern Veränderung losgelösten Bewewegung tritt nur bei der Betrachtung starrer Körper vollkommen klar zutage. Hier haben wir in der Tat ein vollkommen unveränderliches Gebilde, an dem sich nichts als seine Lage im Raume verändert. Es gibt nun in der Natur keinen vollkommen starren Körper, aber allerdings feste Körper, welche ihre Gestalt während der Bewegung nur unmerklich ändern. Die Gestaltveränderungen der Flüssigkeiten und Gase sucht man ungezwungen auf die Bewegung ihrer kleinsten Teile zurückzuführen. Sie haben ja in der Tat schon für das Auge Ähnlichkeit mit den Formveränderungen eines Sandhaufens, der aus einzelnen, sinnlich wahrnehmbaren Körnern besteht. Dennoch liegt für die wirkliche Flüssigkeit etwas Hypothetisches in der Annahme, daß sich auch bei dieser jedes einzelne Teilchen zu allen Zeiten identifizieren läßt. Erfahrungsgemäß ist uns ja nur die Unveränderlichkeit der Gesamtmasse und des Gesamtgewichtes gegeben.

Man suchte nun a priori zu beweisen, daß sich jede auch scheinbar qualitative Veränderung auf eine Bewegung kleinster Teile zurückführen lassen müsse, da eine Bewegung der einzige Vorgang sei, wobei der bewegte Gegenstand immer derselbe bleibt. Ich halte alle derartigen metaphysischen Gründe für unzureichend. Freilich den Begriff der Bewegung müssen wir jedenfalls bilden. Wenn sich daher alle scheinbar qualitativen Veränderungen unter dem Bilde von Bewegungen oder Änderungen der Anordnung kleinster Teile darstellen ließen, so würde dies zu einer besonders einfachen Naturerklärung führen. Die Natur würde uns dann am begreiflichsten erscheinen. Allein wir können sie dazu nicht zwingen. Die Möglichkeit, daß dies nicht angeht, daß wir zur Darstellung der Natur auch noch andere Bilder von anderen Veränderungen notwendig haben, muß offen gelassen werden, und es ist begreiflich, daß die Berücksichtigung dieser Möglichkeit gerade durch die neuere Entwicklung der Physik nahegelegt wurde.

Die mechanische Physik hatte sich alle Körper als Aggregate materieller Punkte gedacht, welche direkt in die Ferne aufeinander wirken. In ganz kleine (molekulare) Entfernungen sollten die Kohäsions-, Adhäsions- und chemischen Kräfte wirken, in weitere Distanzen die Gravitation. Neben der ponderabeln Materie wurde noch der Lichtäther angenommen, den man sich vollkommen analog einem festen Körper dachte, wogegen man die elektromagnetischen Erscheinungen, wie wir schon eingangs erörterten, durch die elektrischen und magnetischen Fluida erklärte, deren Teilchen ebenfalls direkt in die Ferne aufeinander wirken sollten. Die letztere Hypothese wußte lange allen beobachteten Erscheinungen gerecht zu werden. Erst vor wenig mehr als 10 Jahren gelang es Hertz, durch Versuche zu bewiesen, daß, wie schon Faraday und Maxwell vermutet hatten, die elektrischen und magnetischen Kräfte nicht unmittelbar in die Ferne wirken, sondern durch Zustandsveränderungen bedingt sind, welche sich mit der Lichtgeschwindigkeit von Volumelement zu Volumelement fortpflanzen. Dadurch erhielt die altehrwürdige Theorie der elektrischen Fluida einen Stoß, dem sie auch bald erlag. Aber auch noch eine andere Theorie wurde durch Hertz' Versuche getroffen. Es zeigten nämlich die Gesetze der Fortpflanzung der elektromagnetischen Wellen eine so absolute Übereinstimmung mit den Gesetzen der Lichtbewegung, daß an der Identität beider Erscheinungen nicht mehr gezweifelt werden konnte. War damit auch noch nicht definitiv widerlegt, daß das Licht auf einer schwingenden Bewegung der kleinsten Teilchen eines Lichtäthers beruht, so war doch erwiesen, daß dieser Lichtäther sicherlich andere viel kompliziertere Eigenschaften haben muß, als man ihm bisher beigelegt hatte. Hierdurch gewann die Theorie der

Elektrizität und des Magnetismus ein solches Übergewicht, daß von einigen Seiten der Versuch gemacht wurde, an Stelle der mechanischen Hegemonie in der theoretischen Physik eine solche des Elektromagnetismus zu setzen, indem man versuchte, umgekehrt die einfachsten Gesetze der Mechanik aus der Theorie des Elektromagnetismus herzuleiten.

Anderseits war man gegen alle Hypothesen mißtrauisch geworden und beschränkte die Aufgabe der Theorie darauf, eine nirgends über das erfahrungsmäßig Gegebene hinausgehende Beschreibung der Erscheinungen zu liefern. Man hat da die Wahl zwischen zwei extremen Methoden. Macht man zu spezielle Hypothesen, so läuft man Gefahr, Überflüssiges und sogar Unrichtiges in den Vorstellungskreis aufzunehmen. Sucht man sich dagegen aller Hypothesen zu entschlagen, so wird die Theorie unbestimmt und ungeeignet, ganz neuartige Erscheinungen vorauszusagen und so das Experiment auf neue Bahnen zu lenken. Man begreift, daß auf eine Zeit allzu kühner Hypothesen eine entsprechende Reaktion folgte.

Dazu kam, daß ein Begirff, dessen Wichtigkeit schon von Leibniz klar erkannt wurde, und der längst in der Mechanik eine bedeutende Rolle spielte, sich allmählich zum mächtigen, die ganze Erscheinungswelt umfassenden Bande herauswuchs, nämlich der der Energie. Obwohl abstrakter als der Begriff der Materie, konnte er doch auch bei jenen Erscheinungen noch genau verfolgt und sogar quantitativ bestimmt werden, wo uns alle Anhaltspunkte über eine Materie, an die sie etwa gebunden wären, fehlen.

Die Energie zeigt nun in jeder ihrer Erscheinungsformen andere charakteristische Eigentümlichkeiten und doch wieder merkwürdige Analogien, so daß die Lehre von den Wandlungen und Eigenschaften der Energie bald so einflußreich wurde, daß sie auch ihrerseits die Hegemonie in der theoretischen Physik anstrebte und diese zur Energetik zu machen suchte. Ich brauche dies gerade hier nicht weiter zu erörtern, da ja sowohl die extremste Richtung der direkten Fernwirkung, als auch die Energetik je in einer Antrittsvorlesung eines Mitglieds dieser Universität so lichtvoll behandelt wurden.

Was die formale logische Grundlage betrifft, so hatte die alte Mechanik sich dem Dualismus zwischen Kraft und Stoff angeschlossen. Die Materie ist das Bewegliche. Man ist nun gewohnt, für jede spezielle Bewegung die Ursache aufzusuchen. Indem man diese Denkgewohnheit über die Grenzen ihrer Berechtigung ausdehnte, also in ihrer Anwendung über das Ziel hinausschoß, glaubte man auch dafür, daß überhaupt Bewegungserscheinungen eintreten, eine besondere von der Materie getrennte Ursache annehmen zu müssen, welcher man den Namen Kraft gab und neben der Materie eine besondere Existenz zuschrieb. Kirchhoff leugnete die Notwendigkeit hiervon und glaubte, mit der bloßen Annahme der Materie und der Tatsache ihrer Bewegung nach bestimmten zu beschreibenden Gesetzen ausreichen zu können. Er behielt jedoch die direkte Fernwirkung bei. Wenn wir aber ernstlich fragen, was von derselben nach unsern heutigen Anschauungen übrig geblieben ist, so finden wir nicht mehr viel. Die elektrischen und magnetischen Kräfte wirken nicht in die Entfernung, sondern von Volumelement zu Volumelement. Von den elastischen und chemischen Kräften, von der Adhäsion und Kohäsion, deren Wirkungsbereich ohnedies ein winzig kleiner ist, kann ebenfalls keine direkte Fernwirkung nachgewiesen werden. Es bleibt nur die Gravitation, aber auch hier läßt die Analogie des Wirkungsgesetzes mit dem der elektrostatischen und magnetischen Kräfte die Vermittelung durch ein Medium wahrscheinlich erscheinen.

Wenn auch Newton selbst die direkte Fernwirkung nur als einen Notbehelf erklärte, so ist doch das ganze Gebäude der klassischen Mechanik auf die Idee derselben zugeschnitten. Es kann uns daher nicht wundern, daß Hertz dasselbe von Grund aus zu reformieren suchte und an Stelle der beschleunigenden Wirkungen Bedingungsgleichungen setzte. Aber auch Hertz konstruierte die Materie aus materiellen Punkten. Dieselben üben zwar keine Kräfte in die Ferne aufeinander aus, aber die Bedingungen, welche zwischen ihnen bestehen, verbinden entfernte Punkte ebenso unvermittelt direkt miteinander. Hertz setzt also an Stelle der Fernwirkungen gewissermaßen Fernbedingungsgleichungen.

Brill hat versucht, die Hertzsche Methode auf Kontinua anzuwenden, und es gelang ihm auf diese Weise die Ableitung der Bewegungsgleichungen für inkompressible Flüssigkeiten. Man könnte nun nach Lord Kelvin die Natur aus einem Wechselspiele von Wirbelringen oder sonstigen Bewegungserscheinungen in einer solchen Flüssigkeit erklären, in der auch starre Gebilde eingetaucht sein könnten. Man hätte dann in der Tat ein Bild der gesamten Erscheinungswelt ganz auf dem Boden der Hertzschen Mechanik gewonnen. Aber man sieht sofort, es wäre nicht gar viel von den alten phantastischen Weltbildern verschieden. Der Gewinn wäre bei weitem nicht so groß, als es die schöne philosophische Grundlage der Hertzschen Mechanik verspricht. Die letzte in einer anderen hypothesenfreieren Weise auszubauen, ist aber bisher nicht gelungen.

Verlocken die neuesten Ansichten über den Elektromagnetismus nur das Heil ausschließlich in der Wirkung von Volumelementen auf benachbarte zu suchen, so veranlaßten gerade auch wieder in neuester Zeit gewisse an Kathodenstrahlen und bei der Elektrolyse beobachtete Erscheinungen zur Annahme, daß selbst die Elektrizität eine atomistische Zusammensetzung hat, aus diskreten Elementen, den Elektronen, besteht. Man sieht also, die alte Kantsche Antinomie, der Gegensatz zwischen der Teilbarkeit der Materie ins Unendliche und ihrer atomistischen Konstitution, hält die Wissenschaft noch immer in Atem. Nur betrachten wir gegenwärtig beide Ansichten nicht als solche, die mit inneren logischen, aus den Denkgesetzen entspringenden Widersprüchen behaftet sind, sondern wir sehen in jeder ein von uns konstruiertes inneres Bild und fragen, welches Bild mit mehr Klarheit und Leichtigkeit ausgebaut werden kann, und mit der größten Korrektheit und einem Minimum von Unbestimmtheit die Gesetze der Erscheinungen wiedergibt.

Wenn wir nun zum Schlusse das Resultat unserer Betrachtungen resumieren, so können wir als solches bezeichnen, daß sich eine Seite aller Vorgänge der unbelebten und belebten Natur durch rein mechanische Bilder in einer Exaktheit darstellen, wie man sich ausdrückt, begreiflich machen läßt, wie es sonst in keiner anderen Weise bisher gelungen ist, während anderseits doch alle höheren Bestrebungen und Ideale keine Einbuße erleiden.

Und nun noch ein Wort an Sie, meine künftigen Schüler und studentische Kommilitonen! Seien Sie voll Idealismus und hoher Begeisterung in der Auffassung dessen, was

Ihnen in der Alma mater geboten wird, aber in der Verarbeitung seien Sie mechanisch, unermüdlich und gleichförmig fortarbeitend, wie Maschinen.

II. Antritts-Vorlesung.
Gehalten in Wien im Oktober 1902.

Meine Herren und Damen!

Man pflegt die Antrittsvorlesung stets mit einem Lobeshymnus auf seinen Vorgänger zu eröffnen. Diese hier und da beschwerliche Aufgabe kann ich mir heute ersparen, denn gelang es auch Napoleon dem Ersten nicht, sein eigener Urgroßvater zu sein, so bin doch ich gegenwärtig mein eigener Vorgänger. Ich kann also sofort auf die Behandlung meines eigentlichen Themas eingehen.

Nun, in der Abhaltung von Antrittsvorlesungen über die Prinzipien der Mechanik habe ich mir nachgerade eine gewisse Routine erworben. Schon die Vorlesung, mit der ich vor 33 Jahren in Graz meine Tätigkeit als ordentlicher Universitätsprofessor begann, behandelte dieses Thema. Seitdem eröffne ich in Wien am heutigen Tage zum 3. Male meine Vorlesungen mit der Betrachtung dieser Materie, dazu kommt einmal eine Antrittsvorlesung in München und einmal einer in Leipzig über denselben Gegenstand.

Er ist in der Tat bedeutend genug, daß man ihn so oft behandeln kann, ohne sich allzusehr zu wiederholen. Die Mechanik ist das Fundament, auf welches das ganze Gebäude der theoretischen Physik aufgebaut ist, die Wurzel, welcher alle übrigen Zweige dieser Wissenschaft entsprießen. Man begreift das, wenn man einerseits die historische Entwicklung der physikalischen Wissenschaften betrachtet, andererseits auch, wenn man deren logischen inneren Zusammenhang ins Auge faßt.

Mag sich die Wissenschaft noch so sehr der Idealität ihrer Ziele rühmen und auf die Technik und Praxis mit einer gewissen Geringschätzung herabschauen, es läßt sich doch nicht leugnen, daß sie ihren Ursprung in dem Streben nach der Befriedigung rein praktischer Bedürfnisse nahm. Andererseits wäre der Siegeszug der heutigen Naturwissenschaft niemals ein so beispiellos glänzender gewesen, wenn dieselbe nicht an den Technikern so tüchtige Pioniere besäße.

Um die ersten Spuren mechanischer Tätigkeit des Menschen zu finden, müssen wir uns aus der heutigen Zeit, aus dem Zeitalter der Röntgenstrahlen und der Telegraphie ohne Draht in die allerersten Uranfänge menschlicher Kultur zurückversetzen. Das erste menschliche Werkzeug war der Knüttel. Ihn handhabt auch der Orang-Utang und zwar zu einem Zwecke, dem sich noch heute, wo wir uns so erhaben über ihn denken, ein Gutteil menschlichen Erfindungsgeistes und technischen Scharfsinns zuwendet. Wie soll ich diesen Zweck nennen? Menschenmord nennen ihn die Friedensfreunde; Einsetzen des höchsten Preises des Lebens für die edelsten Güter der Menschheit, für Ehre, Freiheit und Vaterland, nennen ihn die Soldaten.

Wie dem auch sei, jedenfalls müssen wir im Knüttel schon ein mechanisches Werkzeug, das erste Geschenk des erwachenden Sinnes für Technik erblicken. Als später die Kultur der Menschheit sich zu entwickeln begann, waren es nicht akustische oder optische Apparate, kalorische oder gar elektromagnetische Maschinen, was man zuerst erfand. Die Sache ging ein wenig langsamer. Das Bedürfnis, natürliche Höhlen besser zu verschließen, künstliche anzulegen, führte allmählich zum Bau von Wohnungen und Burgen. Die Notwendigkeit, zu diesem Zwecke wuchtige Steine oder kolossale Baumstämme herbeizuschaffen, reizte den Erfindungsgeist. Der Mensch rundete passend geformte Äste zu Walzen, baute später roh gezimmerte Räder, den Knüttel benutzte er als Hebel in der primitivsten Form und betrat so erst unbewußt, dann mit immer mehr Absicht und Bewußtsein, das Gebiet der Mechanik im engeren Sinne.

Hut ab vor diesen Erfindern in Bärenfällen und Schuhen aus Baumrinde. Der Mensch, der zuerst mittelst geschickt untergelegter Walzen einen Stein bewegt hat, dessen Wucht für immer den Riesenfäusten seiner Mitmenschen zu spotten schien, empfand sicher nicht geringere Genugtuung als Marconi, da er das erste durch die Luft über den Ozean geleitete Telegraphensignal vernahm, selbstverständlich unter der Voraussetzung, daß alles wahr ist, was die Zeitungen hierüber berichten.

Aus so unscheinbaren Anfängen wuchs die Mechanik, anfangs unendlich langsam, aber doch stetig und später in immer rascherem Tempo empor. Schon Archimedes flößte das zu seinen Zeiten Erreichte solche Bewunderung ein, daß er sich die Welt aus den Angeln zu heben getraut hätte, wenn ihm nur ein fester Stützpunkt hätte geboten werden können. Nun, die heutigen Fortschritte der Technik haben zwar nicht die Erdkugel bewegt, aber die ganze soziale Ordnung, den ganzen Wandel und Verkehr der Menschheit haben sie in der Tat nahezu aus den Angeln gehoben.

Ja, die Fortschritte auf dem Gebiete der Naturwissenschaften haben sogar die ganze Denk- und Empfindungsweise der Menschheit vom Grund aus umgestaltet. Während das frühere humanistische Zeitalter in allem Beseeltes, Empfindendes erblickte, gewöhnen wir uns leider immer mehr, alles vom Standpunkte der Maschine zu betrachten. Früher durchschweifte der Fußwanderer singend Wald und Flur, und was konnte man in der Postkutsche besseres tun, als dichten und träumen, wenn nicht gerade der Ärger über die Langeweile überwog; jetzt wird im Expreßzug, im Ozeandampfer noch gearbeitet und gerechnet. Ehemals suchte der Kutscher durch Zureden in der Menschensprache den Sinn seines Gaules zu lenken; jetzt dirigiert man den Elektromotor oder das Automobil mit etlichen Kurbeln schweigend.

Und doch werden wir die Vorstellung der Beseeltheit der Natur nicht los. Die großen Maschinen von heute, arbeiten sie nicht wie bewußte Wesen? Sie schnauben und pusten, heulen und winseln, stoßen Klagelaute, Angst- und Warnungsrufe aus, bei Überschuß von Arbeitskraft pfeifen sie gellend. Sie nehmen die zur Erhaltung ihrer Kraft erforderlichen Stoffe aus der Umgebung auf und scheiden davon das Unbrauchbare wieder aus, genau denselben Gesetzen untertan wie unser eigener Körper.

Es hat für mich einen eigentümlichen Reiz, mir vorzustellen, wie die in den verschiedensten Gebieten bahnbrechenden Geister sich über das freuen würden, was ihre Nachfolger, vielfach auf ihren Schultern stehend, nach ihnen errungen haben, so z. B., was Mozart empfinden würde, wenn er jetzt eine Meisteraufführung der 9. Simphonie oder des Parsifal anhören könnte. Ungefähr dasselbe müßten die großen griechischen Naturphilosophen, vor allem der mathematische Feuerkopf Archimedes zu den Leistungen unserer heutigen Technik sagen; an Begeisterung und Sinn für das Großartige würde es ihnen gewiß nicht fehlen. Bezeichnen wir doch noch heute den höchsten Grad der Begeisterung mit dem schönen griechischen Worte Enthusiasmus.

Doch ich bin ein wenig von meinem eigentlichen Gegenstande abgeirrt und muß wieder zu diesem zurückkehren.

Ich sprach bisher fortwährend von Maschinen und von Technik. Sie würden aber fehl gehen, wenn Sie erwarteten, daß ich Sie in meinen Vorlesungen in die Kunst des Maschinenbaues einweihen werde. Dies ist Sache der technischen Mechanik und Maschinenlehre; der Gegenstand meiner Vorlesungen aber wird die analytische Mechanik sein. Ihre Definition ist viel allgemeiner. Sie hat die Gesetze zu erforschen, nach denen sich die Gesamtheit der Bewegungserscheinungen in der uns umgebenden Natur abspielt.

Wir finden daselbst zunächst sehr viele Körper, welche eine, wenigstens soweit die Beobachtung geht, unveränderliche Gestalt haben. Ihre Bewegung ist also eine bloße Ortsveränderung und Drehung ohne jede Formänderung und die analytische Mechanik wird zunächst die Gesetze für diese Ortsveränderung anzugeben haben. Andere Körper, die Flüssigkeiten (tropfbare und gasförmige), ändern ihre Gestalt während der Bewegung fortwährend in der mannigfaltigsten Weise. Man kann sich nun ein anschauliches Bild dieser steten Gestaltänderungen machen, wenn man sich die Flüssigkeiten aus kleinsten Teilchen zusammengesetzt denkt, von denen sich jedes selbständig nach denselben Gesetzen wie die festen Körper bewegt, jedoch so, daß stets 2 benachbarte Teilchen der Flüssigkeit immer nahezu dieselbe Bewegung machen. Zu den Kräften, welche von außen auf jedes Teilchen wirken, sind noch die hinzuzunehmen, welche die verschiedenen Teilchen aufeinander ausüben. Auf diese Weise kann auch die Bewegung der Flüssigkeiten auf die Gesetze der Mechanik der festen Körper zurückgeführt werden.

Die Bewegungserscheinungen sind diejenigen, welche wir am häufigsten und unmittelbarsten beobachten. Alle anderen

II. Antritts-Vorlesung

Naturerscheinungen sind versteckter. Wir können auch die Bewegungserscheinungen mit der geringsten Summe von Begriffen erfassen. Wir reichen zu ihrer Beschreibung mit dem Begriffe des Ortes im Raume und der zeitlichen Veränderung desselben aus, wogegen wir bei den anderen Erscheinungen noch viel unklarere Begriffe, wie Temperatur, Lichtintensität und Farbe, elektrische Spannung usw., nötig haben.

Es ist nun überall die Aufgabe der Wissenschaft, das Kompliziertere aus dem Einfacheren zu erklären; oder, wenn man lieber will, durch Bilder, welche dem einfacheren Erscheinungsgebiete entnommen sind, anschaulich darzustellen. Daher suchte man auch in der Physik die übrigen Erscheinungen, die des Schalles, Lichtes, der Wärme, des Magnetismus und der Elektrizität auf bloße Bewegungserscheinungen der kleinsten Teilchen dieser Körper zurückzuführen, und zwar gelingt dies bei sehr vielen, freilich nicht bei allen Erscheinungen mit gutem Erfolge. Dadurch wurde eben die Wissenschaft der Bewegungserscheinungen, also die Mechanik, zur Wurzel der übrigen physikalischen Disziplinen, welche allmählich immer mehr und mehr sich in spezielle Kapitel der Mechanik zu verwandeln schienen.

Erst in neuerer Zeit ist dagegen eine Reaktion eingetreten. Die Schwierigkeiten, welche die rein mechanische Erklärung des Magnetismus und der Elektrizität bot, ließen Zweifel darüber aufkommen, ob alles mechanisch erklärbar sei und gerade der Elektromagnetismus gewann immer an Wichtigkeit nicht nur für die Praxis, sondern auch für die Theorie. Schließlich wurde seine Macht so groß, daß er sogar den Spieß umzukehren und die Mechanik elektromagnetisch zu erklären suchte. Während man früher Magnetismus und Elektrizität durch eine rotierende oder schwingende Bewegung der kleinsten Teile der Körper zu erklären versucht hatte, so ging man jetzt darauf aus, die Fundamentalgesetze der Bewegung der Körper selbst aus den Gesetzen des Elektromagnetismus abzuleiten.

Das bekannteste Gesetz der Mechanik ist das der Trägheit. Jeder Gymnasiast ist heutzutage damit vertraut, wobei ich natürlich bloß von der Trägheit im physikalischen Sinne spreche. Bis vor kurzem hielt man das Trägheitsgesetz für das erste Fundamentalgesetz der Natur, welches selbst unerklärbar ist, aber zur Erklärung aller Erscheinungen beigezogen werden muß. Nun folgt aber aus den Maxwellschen Gleichungen für den Elektromagnetismus, daß ein bewegtes elektrisches Partikelchen, ohne selbst Masse oder Trägheit zu besitzen, bloß durch die Wirkung des umgebenden Äthers sich genau so bewegen muß, als ob es träge Masse hätte. Man machte daher die Hypothese, daß die Körper keine träge Masse besitzen, sondern bloß aus massenlosen elektrischen Partikelchen, den Elektronen, bestehen, ihre Trägheit also eine bloß scheinbare, durch die Wirkung des umgebenden Äthers bei ihrer Bewegung durch denselben hervorgerufene sei. In ähnlicher Weise gelang es, auch die Wirkung der mechanischen Kräfte auf elektromagnetische Erscheinungen zurückzuführen. Während man also früher alle Erscheinungen durch die Wirkung von Mechanismen erklären wollte, so ist jetzt der Äther ein Mechanismus, der an sich freilich wieder vollkommen dunkel, die Wirkung aller Mechanismen erklären soll. Man wollte jetzt nicht mehr alles mechanisch erklären, sondern suchte vielmehr einen Mechanismus zur Erklärung aller Mechanismen.

Was heißt es nun, einen Mechanismus vollkommen richtig verstehen? Jedermann weiß, daß das praktische Kriterium dafür darin besteht, daß man ihn richtig zu behandeln weiß. Allein ich gehe weiter und behaupte, daß dies auch die einzig haltbare Definition des Verständnisses eines Mechanismus ist. Man wendet da freilich ein, daß es denkbar ist, daß eine Person die Behandlungsweise eines Mechanismus erlernt hat, ohne diesen selbst zu verstehen. Allein dieser Einwand ist nicht stichhaltig. Wir sagen bloß, sie versteht den Mechanismus nicht, weil ihre Kenntnis seiner Behandlungsweise auf dessen reguläre Tätigkeit beschränkt ist. Sobald am Mechanismus etwas gebrochen ist, schlecht funktioniert oder sonst eine unvorhergesehene Störung eintritt, weiß sie sich nicht mehr zu helfen. Daß er den Mechanismus verstehe dagegen, sagen wir von demjenigen, der auch in allen diesen Fällen das Richtige zu tun weiß. So scheint dieser Umstand wirklich die Definition des Verständnisses zu bilden. Wie wir die Begriffe bilden sollen, kann nicht definiert werden, ist auch

II. Antritts-Vorlesung 197

in der Tat vollkommen gleichgültig, wenn sie nur stets zur richtigen Handlungsweise führen.

So ist ein bekannter verlockender Fehlschluß der sogenannte Solipsismus, die Ansicht, daß die Welt nicht real, sondern ein bloßes Produkt unserer Phantasie, wie ein Traumgebilde sei. Auch ich hing dieser Schrulle nach, versäumte infolgedessen, praktisch richtig zu handeln, und kam dadurch zu Schaden; zu meiner größten Freude, denn ich erkannte darin den gesuchten Beweis der Existenz der Außenwelt, welcher allein darin bestehen kann, daß man minder zu richtigen Handlungen befähigt ist, wenn man diese Existenz in Zweifel zieht.

Als ich vor 33 Jahren meine schon besprochenen ersten Vorlesungen über Mechanik hielt, neckte mich einer meiner damaligen Grazer Kollegen, indem er sagte: „Wie kann man sich nur mit so etwas rein Mechanischem befassen." Er beabsichtigte natürlich bloß ein Wortspiel; ich aber saß ihm auf und eiferte mich, darzutun, daß die Mechanik nichts Mechanisches sei; aber trotz ihrer Schwierigkeit, trotz des unendlichen Aufwandes von Scharfsinn, den durch Jahrhunderte hindurch die größten Gelehrten auf ihre Entwickelung verwendeten, hat es doch mit dem Mechanischen etwas auf sich.

Vom Begriffe der Trägheit habe ich schon gesprochen, ein 2. Grundbegriff der Mechanik ist der der Arbeit. Man könnte das wichtigste Gesetz der Mechanik ungefähr dahin aussprechen, daß die Natur alles mit einem Minimum von Arbeitsaufwand leistet. Wem kämen dabei nicht wieder triviale Nebengedanken? Ist der Arbeitsbegriff nicht für die Praxis ebenso der wichtigste und zugleich rätselvollste wie für die gesamte Naturwissenschaft? Schon das aus dem Paradiese vertriebene erste Menschenpaar sah in der Arbeit den höchsten Fluch, andererseits aber wäre der Mensch ohne Arbeit kein Mensch. Stetige unausgesetzte Arbeit hat der Mensch freilich mit dem Zugtier, ja sogar mit der leblosen, von ihm selbst fabrizierten Maschine gemein und doch wird Arbeitsamkeit als eine der schönsten Charaktereigenschaften eines jeden, vom Herrscher bis zum Tagelöhner, gepriesen.

Zum Schlusse möchte ich die Frage aufwerfen, ist die Menschheit durch alle Fortschritte der Kultur und Technik glücklicher geworden? In der Tat eine heikle Frage. Gewiß, ein Mechanismus, die Menschen glücklich zu machen, ist noch nicht erfunden worden. Das Glück muß jeder in der eigenen Brust suchen und finden.

Aber schädliche, das Glück störende Einflüsse hinwegzuschaffen, gelang der Wissenschaft und Zivilisation, indem sie Blitzgefahr, Seuchen der Völker und Krankheiten der einzelnen in vielen Fällen erfolgreich zu bekämpfen wußte. Sie vermehrte ferner die Möglichkeit, das Glück zu finden, indem sie uns Mittel bot, unseren schönen Erdball leichter zu durchschweifen und kennen zu lernen, den Aufbau des Sternenhimmels uns lebhaft vorzustellen und die ewigen Gesetze des Naturganzen wenigstens dunkel zu ahnen. So ermöglicht sie der Menschheit eine immer weiter gehende Entfaltung ihrer Körper- und Geisteskräfte, eine immer wachsende Herrschaft über die gesamte übrige Natur und befähigt den, der den inneren Frieden gefunden hat, diesen in erhöhter Lebensentfaltung und größerer Vollkommenheit zu genießen.

Hochgeehrte Anwesende, ich habe die Aufgabe, Ihnen in den gegenwärtigen Vorlesungen gar Mannigfaltiges darzubieten: Verwickelte Lehrsätze, auf das höchste verfeinerte Begriffe, komplizierte Beweise. Entschuldigen Sie, wenn ich von alledem heute noch wenig geleistet habe. Ich habe nicht einmal, wie es sich geziemen würde, den Begriff meiner Wissenschaft, der theoretischen Physik, definiert, nicht einmal den Plan entwickelt, nach dem ich dieselbe in diesen Vorlesungen zu behandeln gedenke. Alles das wollte ich Ihnen heute nicht bieten, ich denke, daß wir später im Verlaufe der Arbeit besser darüber klar werden. Heute wollte ich Ihnen vielmehr nur ein Geringes bieten, für mich freilich auch wiederum alles, was ich habe, mich selbst, meine ganze Denk- und Empfindungsweise.

Ebenso werde ich auch im Verlaufe der Vorlesungen von Ihnen gar Mannigfaltiges fordern müssen: Angestrengte Aufmerksamkeit, eisernen Fleiß, unermüdliche Willenskraft. Aber verzeihen Sie mir, wenn ich, ehe ich an dieses alles gehe, Sie für mich um etwas bitte, woran mir am meisten gelegen ist, um Ihr Vertrauen, Ihre Zuneigung, Ihre Liebe, mit einem Worte, um das höchste, was Sie zu geben vermögen, Sie selbst.

Ein Antrittsvortrag zur Naturphilosophie.[1])

Meine Damen und Herren!

Sie haben sich ungewöhnlich zahlreich zu den bescheidenen Eingangsworten eingefunden, die ich heute an Sie zu richten habe. Ich kann mir dies nur daraus erklären, daß meine gegenwärtigen Vorlesungen in der Tat in gewisser Beziehung ein Kuriosum im akademischen Leben sind, nicht durch Inhalt, nicht durch Form, aber durch begleitende Nebenumstände.

Ich habe nämlich bisher nur eine einzige Abhandlung philosophischen Inhalts geschrieben, und wurde hierzu durch einen Zufall veranlaßt. Ich debattierte einmal im Sitzungssaal der Akademie aufs lebhafteste über den unter den Physikern gerade wieder akut gewordenen Streit über den Wert der atomistischen Theorien mit einer Gruppe von Akademikern, unter denen sich Hofrat Professor Mach befand.

Ich bemerke bei dieser Gelegenheit, daß ich in der Tätigkeit, die mit meiner heutigen Vorlesung beginnt, in gewisser Hinsicht Nachfolger Hofrat Machs bin, und mir eigentlich die Pflicht obgelegen hätte, die Vorlesung mit seiner Ehrung zu beginnen. Ich glaube aber, ihn besonders zu loben, hieße Ihnen gegenüber Eulen nach Athen tragen, und nicht bloß

---

1) Aus der „Zeit" 11. Dez. 1903.

Ihnen gegenüber, sondern jedem Österreicher, ja allen Gebildeten der Welt gegenüber.

Mach hat selbst in so geistreicher Weise ausgeführt, daß keine Theorie absolut wahr, aber auch kaum eine absolut falsch ist, daß vielmehr jede Theorie allmählich vervollkommnet werden muß, wie die Organismen nach der Lehre Darwins. Dadurch, daß sie heftig bekämpft wird, fällt das Unzweckmäßige allmählich von ihr ab, während das Zweckmäßige bleibt, und so glaube ich, Prof. Mach am besten zu ehren, wenn ich in dieser Weise zur Weiterentwicklung seiner Ideen, soweit es in meinen Kräften steht, das Meinige beitrage.

In jener Gruppe von Akademikern sagte bei der Debatte über die Atomistik Mach plötzlich lakonisch: „Ich glaube nicht, daß die Atome existieren." Dieser Ausspruch ging mir im Kopf herum.

Es war mir klar, daß wir Gruppen von Wahrnehmungen zu Vorstellungen von Gegenständen vereinen, wie zu der eines Tisches, eines Hundes, eines Menschen usw. Wir haben auch Erinnerungsbilder an diese Vorstellungsgruppen. Wenn wir uns neue Vorstellungsgruppen bilden, die diesen Erinnerungsbildern ganz analog sind, so hat die Frage einen Sinn, ob den entsprechenden Gegenständen eine Existenz zukommt oder nicht. Wir haben da gewissermaßen einen genauen Maßstab für den Existenzbegriff. Wir wissen genau, was die Frage bedeutet, ob der Vogel Greif, das Einhorn, ein Bruder von mir existiert. Wenn wir dagegen ganz neue Vorstellungen bilden, wie die des Raumes, der Zeit, der Atome, der Seele, ja selbst Gottes, weiß man da, fragte ich mich, überhaupt, was man darunter versteht, wenn man nach der Existenz dieser Dinge fragt? Ist es da nicht das einzig richtige, sich klar zu werden, was man mit der Frage nach der Existenz dieser Dinge überhaupt für einen Begriff verbindet?

Diskussionen dieser Art bildeten den Gegenstand meiner einzigen Abhandlung aus dem Gebiete der Philosophie. Sie sehen, diese war wohl echt philosophisch; abstrus genug mindestens, um diesen Namen zu verdienen. Außer ihr habe ich nichts auf diesem Gebiete publiziert. Nun, das möchte noch hingehen; wenn man recht boshaft sein wollte, könnte man sagen, daß hier und da schon jemand an einer Universität gelehrt hat, der noch um eine, der Publikation würdige Arbeit weniger über sein Fach geschrieben hat.

Jedenfalls aber muß es mich mit der größten Bescheidenheit erfüllen. Man sagt, wem Gott ein Amt gibt, dem gibt er auch den Verstand. Anders das Ministerium; dieses kann zwar den Lehrauftrag, den Gehalt, aber niemals den Verstand geben; für letzteren fällt die Verantwortung allein auf mich.

Nicht bloß bei Verfassung meiner einzigen Abhandlung, auch sonst grübelte ich oft über das enorme Wissensgebiet der Philosophie. Unendlich scheint es mir und meine Kraft schwach. Ein Menschenleben wäre nur wenig, um einige Erfolge auf demselben zu erringen; die unermüdete Tätigkeit eines Lehrers von der Jugend bis zum Alter unzureichend, sie der Nachwelt zu übermitteln, und mir soll dies Nebenbeschäftigung neben einem anderen allein die ganze Kraft erfordernden Lehrgegenstand sein?

Schiller sagt: „Es wächst der Mensch mit seinen Zwecken." Lieber guter Schiller! ach, ich finde, es wächst der Mensch nicht mit seinen höheren Zwecken.

Als ich Bedenken trug, diese schwere Last auf mich zu nehmen, sagte man mir, ein anderer würde es auch nicht besser machen. Wie arm erscheint mir dieser Trost in dem Augenblick, wo ich die Last heben soll.

Und doch, was mich niederdrückt, soll es mich nicht wieder aufrichten? Wenn ich, der ich mich so wenig mit Philosophie beschäftigt habe, als der würdigste befunden wurde, sie vorzutragen, ist das nicht doppelt ehrenvoll für mich?

Wenn es für den Professor der Medizin oder der Technik wünschenswert ist, daß er, um nicht zu verknöchern, neben seiner Lehrtätigkeit auch fortwährend Praxis betreibe, ja, wenn man Moltke zum Mitglied der historischen Klasse der Berliner Akademie wählte, nicht weil er Geschichte schrieb, sondern weil er Geschichte machte, vielleicht wählte man auch mich, nicht weil ich über Logik schrieb, sondern weil ich einer Wissenschaft angehöre, bei der man zur täglichen Praxis in der schärfsten Logik die beste Gelegenheit hat.

Bin ich nur mit Zögern dem Rufe gefolgt, mich in die Philosophie hineinzumischen, so mischten sich desto öfter

Philosophen in die Naturwissenschaft hinein. Bereits vor langer Zeit kamen sie mir ins Gehege. Ich verstand nicht einmal, was sie meinten, und wollte mich daher über die Grundlehren aller Philosophie besser informieren.

Um gleich aus den tiefsten Tiefen zu schöpfen, griff ich nach Hegel; aber welch unklaren, gedankenlosen Wortschwall sollte ich da finden! Mein Unstern führte mich von Hegel zu Schopenhauer. In der Vorrede des ersten Werkes des letzteren, das mir in die Hände fiel, fand ich folgenden Passus, den ich hier wörtlich verlesen will: „Die deutsche Philosophie steht da mit Verachtung beladen, vom Ausland verspottet, von der redlichen Wissenschaft ausgestoßen gleich einer . . . . ." Den folgenden Passus unterdrücke ich im Hinblick auf die anwesenden Damen. „. . . Die Köpfe der jetzigen gelehrten Generation sind desorganisiert durch Hegelschen Unsinn. Zum Denken unfähig, roh und betäubt, werden sie die Beute des platten Materialismus, der aus des Basiliskenei hervorgekrochen ist." Damit war ich nun freilich einverstanden, nur fand ich, daß Schopenhauer seine eigenen Keulenschläge ganz wohl auch selbst verdient hätte.

Allein auch Herbarts Rechnungen über Erscheinungen der Psychologie schienen mir eine Persiflage auf die analogen Rechnungen in den exakten Wissenschaften. Ja, selbst bei Kant konnte ich verschiedenes so wenig begreifen, daß ich bei dessen sonstigem Scharfsinn fast vermutete, daß er den Leser zum besten haben wolle oder gar heuchle. So entwickelte sich damals in mir ein Widerwille, ja Haß gegen die Philosophie. Im Hinblick auf diese alten philosophischen Systeme möchte ich fast sagen, daß man in mir den Bock zum Gärtner gemacht hat. Oder hat man mir gerade diesen Lehrauftrag erteilt, wie man einen alten Demokraten zum Hofrat ernennt, damit er vollends aus einem Saulus zum Paulus werde? Ich fürchte, zwischen Bock und Hofrat werde ich in diesen Vorlesungen hin- und herschwanken, und wenn ich auch nie in den Stil, wovon ich eben eine Probe vorlas, zu verfallen hoffe, so werde ich vielleicht doch hier und da etwas derb nach der Machschen Methode an der Vervollkommnung philosophischer Systeme arbeiten.

Mein Widerwille gegen die Philosophie wurde übrigens damals fast von allen Naturforschern geteilt. Man verfolgte jede metaphysische Richtung und suchte sie mit Stumpf und Stiel auszurotten; doch diese Gesinnung dauerte nicht an. Die Metaphysik scheint einen unwiderstehlichen Zauber auf den Menschengeist auszuüben, der durch alle mißlungenen Versuche, ihren Schleier zu heben, nicht an Macht einbüßt. Der Trieb, zu philosophieren, scheint uns unausrottbar angeboren zu sein. Nicht bloß Robert Mayer, der ja durch und durch Philosoph war, auch Maxwell, Helmholtz, Kirchhoff, Ostwald und viele andere opferten ihr willig und erkannten ihre Fragen als die höchsten an, so daß sie heute wieder als die Königin der Wissenschaften dasteht.

Schon ein Mann, welcher an der Wiege der induktiven Wissenschaft stand, Roger Bacon von Verulam, nennt sie eine gottgeweihte Jungfrau; freilich fügt er dann gleich wieder malitiös bei, daß sie gerade dieser hohen Eigenschaft wegen ewig unfruchtbar bleiben müsse. Unfruchtbar sind allerdings viele Untersuchungen auf metaphysischem Gebiete geblieben, aber wir wollen doch die Probe machen, ob jede Spekulation auch wirklich unfruchtbar sein müsse. Schon am Eingang zu unserer Tätigkeit finden wir eine große Schwierigkeit, die, den Begriff der Philosophie festzustellen. (Hier geht der Vortragende die wichtigsten bisher gebräuchlichen Definitionen der Philosophie durch, von denen ihm jede unhaltbar scheint. Hierauf fährt er fort:) Bei so schwierigen Dingen kommt es zunächst auf die richtige Fragestellung an. Wir wollen daher vorerst die Frage selbst genauer analysieren. Man kann sie in den folgenden verschiedenen Formen stellen: 1. Wie wurde die Philosophie von den verschiedenen Philosophen definiert? 2. Welche Definition würde dem allgemeinen Sprachgebrach am besten entsprechen? 3. Welche scheint mir am zweckmäßigsten? 4. Wie will ich ohne Rücksicht darauf, wie es andere taten, ob es dem Sprachgebrauche entspricht, ob es zweckmäßig ist, einem unwiderstehlichen Zwange gemäß den Begriff der Philosophie fassen? Wie drängt mich mein inneres Gefühl, jede Faser meines Denkens, die Frage zu lösen? Wir können jede dieser Fragen wieder in mehrere spalten und analysieren. Absolute Gründlichkeit würde auch dann noch nicht erreicht. Aber wir setzen die Analyse nicht weiter fort, weil wir uns jetzt passabel zu verstehen glauben.

Ich will nun die Frage im letzteren Sinne beantworten: Welche Definition der Philosophie drängt sich mir mit innerem unwiderstehlichem Zwange auf? Da empfand ich stets wie einen drückenden Alp das Gefühl, daß es ein unauflösbares Rätsel sei, wie ich überhaupt existieren könne, daß eine Welt existieren könne, und warum sie gerade so und nicht irgendwie anders sei. Die Wissenschaft, der es gelänge, dieses Rätsel zu lösen, schien mir die größte, die wahre Königin der Wissenschaften, und diese nannte ich Philosophie.

Ich gewann immer mehr an Naturkenntnis, ich nahm die Darwinsche Lehre in mich auf und ersah daraus, daß es eigentlich verfehlt ist, so zu fragen, daß es auf diese Frage keine Antwort gibt; aber die Frage kehrte immer mit gleicher zwingender Gewalt wieder. Wenn sie unberechtigt ist, warum läßt sie sich dann nicht abweisen? Daran knüpfen sich unzählige andere: Wenn es hinter den Wahrnehmungen noch etwas gibt, wie können wir auch nur zur Vermutung davon gelangen?[1]) Wenn es nichts dahinter gibt, würde dann eine Marslandschaft oder die eines Sirius-Trabanten wirklich nicht existieren, wenn kein belebtes Wesen je imstande ist, sie wahrzunehmen? Wenn alle diese Fragen sinnlos sind, warum können wir sie nicht abweisen, oder was müssen wir tun, damit sie endlich zum Schweigen gebracht werden? Licht in diesen Fragen wenigstens zu suchen, soll die Aufgabe meiner gegenwärtigen Vorlesungen sein.

Ich habe bisher keine Ahnung, wo es zu finden ist, ich lebe daher in einer wahren Faust-Stimmung. Dieser sagt ja auch: „Ich soll lehren mit sauerm Schweiß, was ich selbst nicht weiß." Ich will es auch nicht lehren, sondern bloß alles zusammensuchen, was dazu beitragen kann, langsam und langsam Licht in dieses Dunkel zu bringen und Sie dazu anregen, in gemeinsamer Arbeit mit mir das beste zu tun, um die Erreichung dieses Zieles zu fördern.

Meine Methode vorzutragen, mag manchem absonderlich erscheinen, vielleicht ist sie doch echt akademisch. Der akademische Vortrag im höchsten Sinne des Wortes hat ja weniger den Zweck, fertige Lösungen von Problemen zu leh-

---

[1]) Auf die Notwendigkeit, daß neben den Wahrnehmungen auch der Trieb, Objekte zu denken, gegeben sein muß, wies, wenn ich ihn recht verstand, der früher gelästerte Schopenhauer hin.

ren, als vielmehr Probleme zu stellen und die Anregung zu ihrer Lösung zu geben. Wir werden daher die verschiedenen Grundbegriffe aller Wissenschaften durchgehen und alle mit Rücksicht auf dieses vorgesteckte Ziel betrachten, sub specie philosophandi.

Schon der Titel, den ich meinen gegenwärtigen Vorlesungen gab, ist ein Stein des Anstoßes. Dieser ist nämlich die wörtliche Übersetzung des Titels des ersten und größten Werkes, das über theoretische Physik geschrieben wurde, den principia philosophiae naturalis von Newton. Würde ich ihn im selben Sinne wie Newton verstehen, so müßte ich einen Grundriß der theoretischen Physik vortragen. Ich habe diesen Titel nur gewählt, um Ihnen zu zeigen, wie wenig der Philosoph an Worten kleben darf. Die Worte sind genau dieselben, aber wir verstehen darunter heute etwas total anderes, als Newton zu seiner Zeit und die konservativen Engländer teilweise noch heute.

Ich eile nun zum Schlusse. Ich gab meiner ersten Vorlesung in Wien einen Schluß, der mir besonders gefiel, nicht seines Inhalts, nicht seiner Form wegen, sondern weil er gerade das ausdrückte, was mir am Herzen lag; nicht weil er geistreich gemacht war, sondern weil er nicht gemacht war. Ich empfinde heute genau wieder dasselbe und kann es daher nicht anders als wieder mit denselben Worten ausdrücken: Ich sagte damals: „Meine Damen und Herren: Vieles ist es, was ich Ihnen in diesen Vorlesungen darbieten soll, komplizierte Lehrsätze, verwickelte Schlußfolgerungen, schwer zu erfassende Beweise. Verzeihen Sie, wenn ich von alledem Ihnen heute noch nichts bot. Ich wollte Ihnen heute nur weniges geben, freilich alles, was ich habe, meine ganze Denk- und Sinnesweise, mein innerstes Gemüt, mit einem Worte, mich selbst.

Ich werde auch im Verlaufe der Vorlesungen viel von Ihnen fordern müssen: angestrengten Fleiß, gespannte Aufmerksamkeit, unermüdliche Arbeit. Aber heute will ich Sie um etwas ganz anderes bitten: um Ihr Vertrauen, Ihre Zuneigung, Ihre Liebe, mit einem Worte, um das beste, was Sie haben, Sie selbst." Diese Worte von damals sollen auch heute den Schluß meiner Rede an Sie bilden.

Über statistische Mechanik.[1]

Hochansehnliche Versammlung!

Mein gegenwärtiger Vortrag ist unter der Rubrik „angewandte Mathematik" eingereiht worden, während meine Tätigkeit als Lehrer und Forscher, der Wissenschaft der Physik gewidmet ist. Der gewaltige Riß, welcher die letztere Wissenschaft in zwei getrennte Lager spaltet, ist kaum irgendwo schärfer präzisiert worden, als bei der Einteilung des Vortragsstoffes für diesen wissenschaftlichen Kongreß, welcher ein so enorm ausgedehntes Material zu bewältigen hatte, daß er gewissermaßen als eine Flut, oder um den Lokalton zu wahren, als ein Niagarafall wissenschaftlicher Vorträge bezeichnet werden kann. — Ich spreche da von der Zweiteilung in die theoretische und experimentelle Physik. Während ich als Vertreter der theoretischen Physik unter A. normativ science eingereiht worden bin, erscheint die experimentelle Physik erst viel später unter C. physical science. Dazwischen liegt Geschichte, Sprachwissenschaft, Literatur-, Kunst- und Religionswissenschaft. Über all das hinweg muß der theoretische Physiker dem Experimentalphysiker die Hand reichen. Wir werden die Frage nach der Berechtigung dieser Zweiteilung der Wissenschaft überhaupt und der Physik insbesondere in eine theoretische und experimentelle daher nicht völlig umgehen können.

Hören wir hierüber zunächst einen Forscher aus einer Zeit, wo die Naturwissenschaft noch wenig über ihre ersten Anfänge hinausgewachsen war, Immanuel Kant. Derselbe

---

[1] Vortrag gehalten beim wissenschaftlichen Kongreß in St. Louis, 1904.

verlangt von jeder Wissenschaft, daß sie aus einheitlichen Prinzipien, aus festgefügten Theorien streng logisch entwickelt werde. Die Naturwissenschaft gilt ihm kaum weiter als eine vollwertige Wissenschaft, als insoweit sie auf mathematischer Grundlage aufgebaut ist. So zählt er die Chemie seinerzeit gar nicht zu den Wissenschaften, weil sie bloß auf rein empirischer Grundlage beruhe und eines einheitlichen regulativen Prinzips entbehre.

Von diesem Standpunkte betrachtet, würde die theoretische Physik bevorzugt der experimentellen gegenüberstehen, gewissermaßen den höheren Rang einnehmen. Die experimentelle hätte bloß die Bausteine zusammenzutragen, wogegen es der theoretischen zukäme, daraus das Gebäude aufzuführen.

Anders jedoch fällt diese Reihenfolge in der Rangordnung aus, wenn wir die Errungenschaften innerhalb der letzten Dezennien ins Auge fassen, sowie die Fortschritte, welche etwa in der nächsten Zeit zu erwarten sind. Die Kette der experimentellen Entdeckungen des vorigen Jahrhunderts erhielt mit der Auffindung der Röntgenstrahlen einen würdigen Abschluß. Diesen schließt sich im jetzigen Jahrhundert ein wahres Füllhorn von neuen Strahlen mit den rätselhaftesten in unsere ganze Naturanschauung aufs tiefste eingreifenden Eigenschaften an. Die Enthüllung solcher völlig neuer Tatsachen verspricht um so größere künftige Erfolge, je rätselhafter und den bisherigen Anschauungen widersprechender anfangs alles scheint. Die Besprechung dieser experimentellen Erfolge ist jedoch hier nicht meine Sache. Ich muß vielmehr die dankbare Aufgabe der Schilderung aller Früchte, welche auf diesem Gebiete bisher, man könnte sagen, fast täglich eingeheimst worden sind, und welche noch zu erwarten stehen, den Vertretern der experimentellen Physik auf diesem Kongresse überlassen.

In einer gleich glücklichen Lage befindet sich der Vertreter der theoretischen Physik keineswegs. Auch auf diesem Gebiete herrscht augenblicklich volle Regsamkeit. Man könnte fast sagen, es ist in Umwälzung begriffen. Allein wie wenig greifbar sind die hier erzielten Resultate gegenüber den experimentellen! Es zeigt sich da wohl, wie in gewissem Sinne dem Experimente der Vorrang gegenüber aller Theorie zukommt. Eine unmittelbare Tatsache ist sofort begreiflich. Ihre Früchte können in der kürzesten Frist zutage treten, wie die verschiedenen Anwendungen der Röntgenstrahlen, wie die Benutzung der Hertzschen Wellen zur Telegraphie ohne Draht. Der Kampf der Theorien dagegen ist ein unendlich langwieriger, ja fast scheint es, als ob gewisse Streitfragen, die so alt sind, wie die Wissenschaft, auch so lange fort leben sollten, wie diese.

Jede sicher festgestellte Tatsache bleibt für immer unabänderlich; sie kann höchstens erweitert, ergänzt werden, es können neue hinzukommen; aber sie kann nicht vollkommen umgestoßen werden. Daher erklärt es sich, daß die Entwicklung der experimentellen Physik kontinuierlich fortschreitet, niemals allzu plötzliche Sprünge macht, daß sie niemals von großen Umwälzungen und Erschütterungen heimgesucht wird. Nur in seltenen Fällen kommt es vor, daß man etwas für eine Tatsache hält, was sich hinterher als Irrtum herausstellt, und auch in diesen Fällen wird die Aufklärung der Irrtümer rasch erfolgen und nicht von großem Einflusse auf das gesamte Gebäude der Wissenschaft sein.

Es wird freilich mit großem Nachdrucke betont, daß auch jede erschlossene und logisch als notwendig erkannte Wahrheit unumstößlich fortbestehen bleiben muß. Allein, wenn dies auch kaum angezweifelt werden kann, so lehrt doch die Erfahrung, daß das Gebäude unserer Theorien keineswegs aus lauter solchen logisch unumstößlich begründeten Wahrheiten aufgebaut ist. Dieses setzt sich vielmehr aus vielfach willkürlichen Bildern des Zusammenhangs der Erscheinungen, aus sogenannten Hypothesen zusammen.

Ohne ein, wenn auch geringes Hinausgehen über das direkt wahrgenommene gibt es keine Theorie, ja nicht einmal eine übersichtlich zusammenfassende zur Vorhersagung künftiger Erscheinungen taugliche Beschreibung der Naturtatsachen. Es gilt dies ebensowohl von den alten Theorien, denen jetzt vielfach der Boden streitig gemacht wird, als auch von den modernsten, welche sich einer großen Illusion hingeben, wenn sie sich hypothesenfrei dünken.

Freilich kann man die Hypothesen sehr unbestimmt halten, oder gar in die Form von mathematischen Formeln, oder einem solchen äquivalenten Gedankenausdruck durch

Worte fassen. Dann kann die Übereinstimmung mit dem gegebenen Schritt für Schritt kontrolliert werden; ein gänzlicher Umsturz des bisher gebauten wird zwar auch dann nicht absolut ausgeschlossen sein, wie wenn sich das Gesetz der Erhaltung der Energie doch noch als falsch herausstellen würde. Aber ein solcher Umsturz wird doch äußerst selten hier und da bis zur Undenkbarkeit unwahrscheinlich sein.

Eine derartige unbestimmt gehaltene, wenig spezialisierte Theorie wird wohl als wertvoller Leitfaden bei Experimenten dienen können, welche zur detaillierten Ausarbeitung schon gewonnener Kenntnisse angestellt werden und sich in bereits geebneten Bahnen bewegen; allein hierüber hinaus geht ihre Brauchbarkeit nicht.

Im Gegensatz hierzu werden Hypothesen, welche der Phantasie einigen Spielraum lassen und kühner über das vorliegende Materiale hinausgehen, stete Anregung zu neuartigen Versuchen geben und so Pfadfinder zu völlig ungeahnten Entdeckungen werden. Freilich wird eine solche Theorie naturgemäß dem Wandel unterworfen sein, und es wird vorkommen, daß ein kompliziertes Lehrgebäude zusammenstürzt und durch ein neues ersetzt wird, welches mehr leistet, wobei freilich dann die alte Theorie als Bild für ein beschränktes Erscheinungsgebiet im Rahmen der neuen in der Regel noch Platz findet, wie die Emissionstheorie behufs Beschreibung der Erscheinungen der Katoptrik und Dioptrik, die Hypothese des elastischen Lichtäthers behufs Darstellung der Interferenz- und Beugungserscheinungen, die Lehre von den elektrischen Fluidis zur Beschreibung der elektrostatischen Erscheinungen.

Von mächtigen Umwälzungen dürften übrigens die Theorien, welche sich stolz als hypothesenfrei bezeichnen, auch nicht verschont bleiben; so wird es wohl niemandem zweifelhaft sein, daß die unter dem Namen der Energetik bekannte Theorie ihre Einkleidung vollkommen verändern muß, wenn sie anders fortbestehen will.

Man hat den physikalischen Hypothesen den Vorwurf gemacht, daß sie sich unter Umständen als schädlich erwiesen und den Fortschritt der Wissenschaft gehemmt hätten. Dieser Vorwurf basiert hauptsächlich auf der Rolle, welche die Hypothese der elektrischen Fluida in der Entwicklung der Elektrizitätslehre gespielt hat. Diese Hypothese wurde durch Wilhelm Weber zu hoher Vollendung gebracht, und die allgemeine Anerkennung, welche dessen Arbeiten in Deutschland fanden, stand dort in der Tat dem Studium der Maxwellschen Lehre im Wege. Ähnlich, wie schon Newtons Emanationstheorie der Anerkennung der Undulationstheorie im Wege stand. Derartige Übelstände werden sich auch in Hinkunft kaum ganz vermeiden lassen. Man wird immer bestrebt sein, die gerade herrschende Ansicht möglichst zu vervollkommnen und in sich abzuschließen. Wenn dann eine derartige in sich übereinstimmende Theorie nirgends auf einen Widerstand mit der Erfahrung stößt, gleichgültig, ob sie aus mechanischen Bildern, aus geometrischen Veranschaulichungen oder aus einem mathematischen Formelapparate besteht. Es wird immer möglich sein, daß eine neue noch nicht an der Erfahrung geprüfte Theorie auftritt, welche ein weit größeres, aber noch unbekanntes Erscheinungsgebiet darstellt. Dann wird die alte Theorie solange die meisten Anhänger zählen, bis jenes Erscheinungsgebiet dem Experimente zugänglich gemacht wird und entscheidende Stichproben die Überlegenheit der neuen Theorie außer Zweifel setzen. Es ist gewiß nützlich, wenn die Webersche Theorie für immer als warnendes Beispiel aufgestellt wird, daß man sich die nötige Beweglichkeit des Geistes stets wahren soll. Die Verdienste Webers aber werden dadurch sicher nicht geschmälert werden, von dessen Theorie ja Maxwell selbst mit der größten Bewunderung spricht. Ja, auch gegen die Nützlichkeit der Hypothesen kann dieser Fall nicht ins Feld geführt werden, da auch die Maxwellsche Theorie anfangs des hypothetischen nicht weniger, als irgendeine andere enthielt und erst, nachdem sie allgemein anerkannt war, durch Hertz, Poynting und andere mehr davon befreit wurde.

Von den Gegnern der Hypothesen in der Physik wurde auch der Vorwurf erhoben, daß die Schöpfung und Weiterentwicklung verschiedener mathematischer Methoden zum Behufe der Berechnung hypothetischer Molekularbewegungen unnütz oder gar schädlich gewesen sei. Diesen Vorwurf kann ich nicht als berechtigt anerkennen. Wäre er es, so müßte auch die Wahl meines gegenwärtigen Vortragsthemas als eine verfehlte bezeichnet werden, und dieser Umstand mag es entschuldigen, daß ich mich hier nochmals über das vielbehandelte Thema des Gebrauchs der Hypothesen in der Physik verbreitet habe und diesen zu rechtfertigen suchte.

Ich habe nämlich zum Gegenstande meines heutigen Vortrages nicht die gesamte Entwicklung der physikalischen Theorie gewählt. Ich hatte diesen Gegenstand vor einigen Jahren auf der deutschen Naturforscherversammlung in München behandelt, und obwohl seitdem sich wieder so manches ereignet hat, so hätte ich mich doch jetzt vielfach wiederholen müssen. Zudem ist auch derjenige, der selbst ausgesprochen einer bestimmten Partei angehört, weniger imstande, die übrigen Parteien vollkommen objektiv zu beurteilen. Ich spreche da nicht von einer Kritik ihres Wertes, mein Vortrag soll niemals kritisierend, sondern nur berichtend sein. Auch bin ich vom Werte der Ansichten meiner Gegner überzeugt und trete nur abwehrend auf, wenn sie den Nutzen der meinigen verkleinern wollen. Aber gerade einen vollkommen sachgemäßen Bericht, eine Aufdeckung des Ineinandergreifens aller Gedankenfäden kann man schwerlich ebenso von der Ansicht eines anderen, wie von der eigenen geben.

Ich will daher als Endziel meines heutigen Vortrages nicht allein die kinetische Molekulartheorie, sondern noch überdies einen weitgehend spezialisierten Zweig derselben wählen. Weit davon entfernt in Abrede zu stellen, daß derselbe Hypothetisches enthält, muß ich ihn vielmehr als ein kühn über die reinen Beobachtungstatsachen hinausgehendes Bild bezeichnen. Und dennoch halte ich ihn nicht für unwürdig, an dieser Stelle vorgebracht zu werden; so weit geht mein Vertrauen auf die Nützlichkeit der Hypothesen, sobald diese gewisse Eigentümlichkeiten der beobachteten Tatsachen in einem neuen Lichte darstellen und Beziehungen zwischen denselben mit einer Klarheit veranschaulichen, welche durch keine anderen Mittel erreichbar ist. Freilich werden wir immer des Umstandes eingedenk bleiben müssen, daß es Hypothesen sind, der steten Fortbildung fähig und bedürftig und dann, aber erst dann aufzugeben, wenn alle Beziehungen, welche sie darstellen, auch in anderer noch klarerer Weise verstanden werden können.

Zu den Fragen, die ich oben erwähnt habe, welche so alt sind, wie die Naturwissenschaft selbst, ohne bisher eine Lösung gefunden zu haben, gehört die, ob die Materie kontinuierlich, oder ob sie aus diskreten Bestandteilen, (aus sehr vielen, aber doch nicht im mathematischen Sinne unendlich vielen Individuen) zusammengesetzt zu denken ist. Es ist dies eine der schwierigen Fragen, welche das Grenzgebiet der Philosophie und Physik bilden.

Noch vor wenigen Dezennien hatten die Naturforscher eine große Scheu davor, sich in die Diskussion solcher Fragen zu vertiefen. Gerade die vorliegende ist für die Naturwissenschaft zu aktuell, als daß man ihr ganz hätte aus dem Wege gehen können; aber man kann sie nicht diskutieren, ohne zugleich noch tiefer liegende zu berühren, wie die nach dem Wesen des Kausalgesetzes, der Materie, der Kraft usw. Diese letzteren sind es, von denen man damals zu sagen pflegte, sie kümmern den Naturforscher nicht, sie seien ganz der Philosophie zu überweisen. Heutzutage ist das wesentlich anders geworden; es zeigt sich bei den Naturforschern sogar eine große Vorliebe, philosophische Gegenstände zu behandeln, und wohl mit Recht. Eine der ersten Regeln der Naturforschung ist es ja, niemals blindlings dem Instrumente, mit dem man arbeitet, zu trauen; sondern es nach allen Seiten zu prüfen. Wie sollten wir da den uns angeborenen oder historisch entwickelten Begriffen und Meinungen blindlings vertrauen, um so mehr, als schon Beispiele genug vorliegen, wo sie uns in die Irre führten? Wenn wir aber einmal die einfachsten Elemente prüfen, wo wäre da die Grenze zwischen Naturforschung und Philosophie, an der wir Halt machen sollten?

Ich hoffe, daß es mir keiner der etwa anwesenden Philosophen übelnehmen, oder darin einen Vorwurf erblicken wird, wenn ich freimütig sage, daß man mit der Zuweisung dieser Fragen an die Philosophie vielleicht auch schlechte Erfahrungen gemacht hat. Die Philosophie hat die Klärung dieser Fragen auffallend wenig gefördert, und sie konnte es allein und von ihrem einseitigen Standpunkte aus so wenig, als die Naturwissenschaft allein es vermag. Wenn wirkliche Fortschritte möglich sind, so sind sie nur vom Zusammenwirken beider Wissenschaften zu erwarten. Daher möge man verzeihen, wenn ich als Nichtfachmann diese Fragen streife; ihr Zusammenhang mit dem Endziele meines Vortrages ist ja ein zu inniger.

Suchen wir uns bei dem berühmten Denker, den ich schon einmal zitiert habe, bei Immanuel Kant über die besprochene Frage Rat zu holen, ob die Materie kontinuierlich oder atomistisch zusammengesetzt ist. Sie wird von diesem in seinen Antinomien behandelt. Von allen dort zusammengestellten Fragen führt er aus, daß sich sowohl das pro als auch das contra streng logisch beweisen läßt. Es läßt sich strenge beweisen, daß die Teilbarkeit der Materie keine Grenze haben kann, und doch widerspricht eine ins unendliche gehende Teilbarkeit den Gesetzen der Logik. Ebenso setzt Kant in den Antinomien auseinander, daß ein Anfang und ein Ende der Zeit eine Grenze, wo der Raum aufhört, ebenso undenkbar ist, wie absolut unendliche Dauer, absolut unendliche Ausdehnung.

Dies ist keineswegs die einzige Gelegenheit, wo das philosophische Denken sich in Widersprüche verwickelt, vielmehr begegnet man solchen Schritt für Schritt. Die landläufigsten Dinge sind der Philosophie die Quelle unauflösbarer Rätsel. Zur Erklärung unserer Wahrnehmungen konstruiert sie den Begriff der Materie und findet diese dann vollständig untauglich, selbst Wahrnehmungen zu haben, oder in einem Geiste Wahrnehmungen zu erzeugen. Mit unendlichem Scharfsinn konstruiert sie einen Begriff des Raumes oder der Zeit und findet es dann absolut unmöglich, daß in diesem Raume sich Dinge befinden, daß in dieser Zeit sich Vorgänge abspielen. Sie findet unübersteigliche Schwierigkeiten in dem Verhältnisse von Ursache und Wirkung, von Leib und Seele, in der Möglichkeit eines Bewußtseins, kurz, in allem und jedem. Ja zum Schluß findet sie es vollkommen unerklärlich und sieht darin einen Widerspruch in sich selbst, daß überhaupt etwas existiert, daß etwas entstanden ist und sich verändern kann.

Dies Logik zu nennen, kommt mir vor, wie wenn jemand, um eine Bergtour zu machen, ein so langes faltenreiches Gewand anzöge, daß sich darin seine Füße fortwährend verwickelten und er schon bei den ersten Schritten in der Ebene hinfiele. Die Quelle dieser Art Logik ist das übermäßige Vertrauen in die sogenannten Denkgesetze. Wohl ist es sicher, daß wir keine Erfahrungen machen könnten, wenn uns nicht gewisse Formen des Verknüpfens der Wahrnehmung, also des Denkens angeboren wären. Wenn wir diese Denkgesetze nennen wollen, so sind sie insofern freilich aprioristisch, als sie vor jeder Erfahrung in unserer Seele oder, wenn wir lieber wollen, in unserem Gehirn vorhanden sind. Allein nichts scheint mir weniger motiviert, als ein Schluß von der Apriorität in diesem Sinne auf absolute Sicherheit, auf Unfehlbarkeit. Diese Denkgesetze haben sich nach den gleichen Gesetzen der Evolution gebildet, wie der optische Apparat des Auges, der akustische des Ohres, die Pumpvorrichtung des Herzens. Im Verlauf der Entwicklung der Menschheit wurde alles unzweckmäßige abgestreift, und so entstand jene Einheitlichkeit und Vollendung, welche leicht Unfehlbarkeit vortäuschen kann. So erregt ja auch die Vollkommenheit des Auges, des Ohres, der Einrichtung des Herzens unsere Bewunderung, ohne daß jedoch die absolute Vollkommenheit dieser Organe behauptet werden kann. Ebensowenig dürfen die Denkgesetze als absolut unfehlbar betrachtet werden. Ja gerade sie haben sich behufs Erfassung des zum Lebensunterhalt notwendigen, des praktisch Nützlichen herausgebildet. Mit diesem zeigen die Resultate experimenteller Forschungen weit mehr Verwandtschaft, als die Prüfung des Werkzeugs des Denkens. Es kann uns daher nicht wunder nehmen, daß die zur Gewohnheit gewordenen Denkformen den abstrakten, dem praktisch anwendbaren so fern liegenden Problemen der Philosophie nicht ganz angepaßt sind und sich seit Thales Zeiten noch nicht angepaßt haben. Daher scheint dem Philosophen das einfachste am rätselhaftesten. Und er findet überall Widersprüche. Diese aber sind nichts anderes, als unzweckmäßige, verfehlte Nachbildungen des uns gegebenen durch unsere Gedanken. In dem gegebenen selbst können keine Widersprüche liegen. Sobald daher Widersprüche scheinbar nicht zu beseitigen sind, müssen wir sofort das, was wir unsere Denkgesetze nennen, was aber nichts anderes, als ererbte und angewöhnte zur Bezeichnung der praktischen Erfordernisse durch Äonen bewährte Vorstellungen sind, zu prüfen, zu erweitern und abdruck des Gegebenen anzustreben. Dann müssen allmählich diese Verwicklungen und Widersprüche verschwinden. Es muß klar hervortreten, was im Gebäude der Gedanken Baustein, was Mörtel ist, und das drückende Gefühl, daß das Einfachste am unerklärlichsten, das Trivialste am rätselhaftesten ist, würde von uns genommen. Unberechtigte Denkgewohnheiten können mit der Zeit weichen. Beweis dafür ist, daß heute jeder Gebildete die Lehre von den Gegenfüßlern und viele die nichteuklidische Geometrie begreifen. Würde es daher der Philosophie gelingen, ein System zu schaffen, wo in allen im Frühern besprochenen Fällen die Nichtberechtigung der Fragestellung klar hervorträte und dadurch der angewohnte Trieb danach allmählich erstürbe, so wären mit einem Schlage die dunkelsten Rätsel gelöst, und die Philosophie des Namens einer Königin der Wissenschaften würdig.

Unsere angeborenen Denkgesetze sind zwar die Vorbedingung unserer komplizierten Erfahrung, aber sie waren es nicht bei den einfachsten Lebewesen. Bei diesen entstanden sie langsam auch durch deren einfache Erfahrungen und vererbten sich auf die höher organisierten Wesen fort. Dadurch erklärt es sich, daß darin synthetische Urteile vorkommen, welche von unseren Ahnen erworben, für uns angeboren, also aprioristisch sind. Es folgt daraus ihre zwingende Gewalt, aber nicht ihre Unfehlbarkeit.

Wenn ich sage, Urteile wie „alles muß entweder rot, oder nicht rot sein", stammen aus der Erfahrung, so meine ich nicht, daß jeder einzelne diese nichtssagende Wahrheit an der Erfahrung kontrolliere, sondern, daß er die Erfahrung macht, daß seine Eltern jedes Ding entweder rot, oder nichtrot nennen, und diese Benennung nachahmt.

Es mag wohl scheinen, als ob wir uns mit philosophischen Fragen allzu eingehend beschäftigt hätten; allein es scheint mir, daß wir das, was wir nun gewonnen haben, nicht auf kürzerem und einfacherem Wege hätten erreichen können, nämlich ein unbefangenes Urteil darüber, wie die Frage nach der atomistischen Zusammensetzung der Materie aufzufassen ist. Wir werden uns nun nicht auf das Denkgesetz berufen, daß es keine Grenzen der Teilung der Materie geben könne. Dieses Denkgesetz ist nicht mehr wert, als wenn ein naiver Mensch sagen würde, wohin immer ich auf der Erde ging, schienen mir die Lotrichtungen immer parallel, daher kann es keine Gegenfüßler geben. Wir werden vielmehr einesteils nur vom Gegebenen ausgehen, andererseits aber, bei Bildung und Verbindung unserer Begriffe keine andere Rücksicht kennen, als das Bestreben, einen möglichst adäquaten Ausdruck des Gegebenen zu erhalten.

Was den ersten Punkt betrifft, so weisen die mannigfaltigsten Tatsachen der Wärmetheorie, der Chemie, der Kristallographie darauf hin, daß in den dem Anscheine nach kontinuierlichen Körpern keineswegs der Raum unterschiedslos und gleichförmig mit Materie erfüllt ist, sondern daß sich darin ungemein zahlreiche Einzelwesen, die Moleküle und Atome, befinden, welche zwar außerordentlich, aber nicht im mathematischen Sinne unendlich klein sind. Man kann ihre Größe nach verschiedenen, sehr disparaten Methoden berechnen und erhält immer das gleiche Resultat.

Die Fruchtbarkeit dieses Gedankens hat sich in neuester Zeit wieder bewährt. Alle Erscheinungen, welche an den Kathodenstrahlen, Bequerelstrahlen usw. beobachtet wurden, deuten darauf hin, daß man es dabei mit winzigen fortgeschleuderten Teilchen, den Elektronen, zu tun hat. Nach einem heftigen Kampfe siegte diese Ansicht vollständig über die ihr anfangs gegenüberstehende Undulationstheorie dieser Erscheinungen. Die erstere Theorie taugte nicht nur viel besser zur Erklärung der bisher bekannten Tatsachen, sie bot auch Anregung zu neuen Experimenten und gestattete bisher unbekannte Erscheinungen vorauszusagen; hierdurch entwickelte sie sich zu einer atomistischen Theorie der gesamten Elektrizitätslehre. Wenn sich diese mit gleichem Erfolge wie in den letzten Jahren weiter entwickelt, wenn Erscheinungen, wie die von Ramsay beobachtete Umwandlung von Radiumemanation in Helium nicht vereinzelt bleiben, so verspricht diese Theorie noch zu ungeahnten Aufschlüssen über die Natur und Beschaffenheit der Atome zu führen. Die Rechnung ergibt nämlich, daß die Elektronen noch viel kleiner als die Atome der ponderablen Materie sind, und die Hypothese, daß die Atome aus zahlreichen Elementen aufgebaut sind, sowie verschiedene interessante Ansichten über die Art und Weise dieses Aufbaus sind heute in aller Munde. Das

Wort Atom darf uns da nicht irreführen, es ist aus alter Zeit übernommen; Unteilbarkeit schreibt heute kein Physiker den Atomen zu.

Allein alle diese Tatsachen und die daraus gezogenen Konsequenzen sind es nicht, die ich hier ins Feld führen will; sie sind nicht imstande, die Frage nach der begrenzten oder unendlichen Teilbarkeit der Materie zum Austrag zu bringen. Wenn wir uns das, was man in der Chemie die Atome nennt, aus Elektronen zusammengesetzt denken, was würde uns schließlich hindern, die Elektronen als ausgedehnte, kontinuierlich mit Materie erfüllte Körperchen vorzustellen?

Wir wollen vielmehr hier getreu den früher entwickelten philosophischen Prinzipien folgen, also in möglichst unbefangener Weise die Begriffsbildung selbst prüfen, sie widerspruchslos und möglichst zweckmäßig zu gestalten suchen.

Da zeigt sich nun, daß wir das Unendliche nicht anders definieren können, als die Limite immer wachsender endlicher Größen, wenigstens war bisher noch niemand imstande, in anderer Weise einen irgendwie faßbaren Begriff des Unendlichen aufzustellen. Wollen wir uns daher vom Kontinuum ein Bild in Worten machen, so müssen wir uns notwendig zuerst eine große endliche Zahl von Teilchen denken, die mit gewissen Eigenschaften begabt sind, und das Verhalten des Inbegriffs solcher Teilchen untersuchen. Gewisse Eigenschaften dieses Inbegriffs können sich nun einer bestimmten Limite nähern, wenn man die Anzahl der Teilchen immer mehr zu-, ihre Größe immer mehr abnehmen läßt. Von diesen Eigenschaften kann man dann behaupten, daß sie dem Kontinuum zukommen, und dies ist meiner Ansicht nach die einzige widerspruchsfreie Definition eines mit gewissen Eigenschaften begabten Kontinuums.

Die Frage, ob die Materie atomistisch zusammengesetzt oder kontinuierlich ist, reduziert sich daher darauf, ob jene Eigenschaften bei Annahme einer außerordentlich großen, endlichen oder ihre Limite bei stets wachsender Teilchenzahl die beobachteten Eigenschaften der Materie am genauesten darstellen. Freilich die alte philosophische Frage haben wir hiermit nicht beantwortet, aber wir sind doch von dem Bestreben geheilt, sie auf einem widersinnigen und aussichtslosen Wege entscheiden zu wollen. Der Denkprozeß, daß wir zuerst die Eigenschaften eines endlichen Inbegriffs untersuchen und dann die Zahl der Glieder des Inbegriffs außerordentlich wachsen lassen müssen, bleibt ja in beiden Fällen derselbe, und es ist nichts anderes, als der abgekürzte Ausdruck genau desselben Denkprozesses durch algebraische Zeichen, wenn man, wie dies öfter geschieht, die Differentialgleichungen selbst zum Ausgangspunkte einer mathematisch physikalischen Theorie macht.

Die Glieder des Inbegriffs, den wir als Bild der materiellen Körper wählen, können wir uns jedenfalls nicht als immer absolut ruhend denken, da es sonst überhaupt keine Bewegung gäbe; auch nicht in einem und demselben Körper als relativ ruhend, weil wir uns sonst von den Flüssigkeiten keine Rechenschaft geben könnten. Es ist ferner noch kein Versuch gemacht worden, sie anders als den allgemeinen Gesetzen der Mechanik unterworfen zu denken. Wir wollen daher zur Naturerklärung den Inbegriff einer außerordentlich großen Zahl sehr kleiner, in steter Bewegung begriffener, den Gesetzen der Mechanik unterworfener Urindividuen wählen. Es ist dagegen eine Einwendung erhoben worden, welche wir passend zum Ausgangspunkte der Betrachtungen machen können, die das Schlußziel dieses Vortrags bilden sollen. Die Grundgleichungen der Mechanik ändern ihre Form nicht im mindesten, wenn man darin bloß das Vorzeichen der Zeit umkehrt. Alle rein mechanischen Vorgänge können sich daher in dem einen Sinne genau so, wie im entgegengesetzten, im Sinne der wachsenden Zeit genau so, wie im Sinne der abnehmenden, abspielen. Nun bemerken wir aber schon im gewöhnlichen Leben, daß Zukunft und Vergangenheit keineswegs sich so vollkommen decken, wie die Richtung nach rechts und die nach links, daß vielmehr beide deutlich voneinander verschieden sind.

Genauer präzisiert wird dies durch den sogenannten zweiten Hauptsatz der mechanischen Wärmetheorie. Derselbe sagt aus, daß, wenn ein beliebiges System von Körpern sich selbst überlassen und nicht von andern Körpern beeinflußt ist, immer der Sinn angegeben werden kann, in dem jede Zustandsänderung sich abspielt. Es läßt sich nämlich eine gewisse Funktion des Zustands sämtlicher Körper, die Entropie, angeben, welche so beschaffen ist, daß jede Zustandsänderung nur in dem Sinne vor sich gehen kann, welcher ein Wachstum dieser Funktion bedingt, so daß dieselbe mit wachsender Zeit nur wachsen kann. Dieses Gesetz ist freilich nur durch Abstraktion gewonnen, wie das galiläische Prinzip; denn es ist unmöglich, ein System von Körpern in aller Strenge dem Einflusse aller übrigen zu entziehen. Aber da es mit den übrigen Gesetzen zusammen bisher immer richtige Resultate ergeben hat, so halten wir es für richtig, wie dies nicht anders beim galiläischen Prinzipe zutrifft.

Es folgt aus diesem Satze, daß jedes abgeschlossene System von Körpern endlich einem bestimmten Endzustande zustreben muß, für welchen die Entropie ein Maximum ist. Man hat sich gewundert, als schließliche Konsequenz dieses Satzes zu finden, daß die gesamte Welt einem Endzustande zueilen muß, wo alles Geschehen aufhört; allein diese Konsequenz ist selbstverständlich, wenn man die Welt als endlich und als dem zweiten Hauptsatze unterworfen betrachtet. Sieht man die Welt als unendlich an, so stellen sich wieder die besprochenen Denkschwierigkeiten ein, wenn man sich das Unendliche nicht als eine bloße Limite vorstellt.

Da in den Differentialgleichungen der Mechanik selbst absolut nichts dem zweiten Hauptsatze Analoges existiert, so kann derselbe nur durch Annahmen über die Anfangsbedingungen mechanisch dargestellt werden. Um die hierzu tauglichen Annahmen zu finden, müssen wir bedenken, daß wir behufs Erklärung kontinuierlich scheinender Körper voraussetzen müssen, daß von jeder Gattung von Atomen oder allgemeiner, mechanischen Individuen außerordentlich viele in den mannigfaltigsten Anfangslagen befindliche vorhanden sein müssen. Um diese Annahme mathemathisch zu behandeln, wurde eine eigene Wissenschaft erfunden, welche nicht die Aufgabe hat, die Bewegungen eines einzelnen mechanischen Systems, sondern die Eigenschaften eines Komplexes sehr vieler mechanischer Systeme zu finden, die von den mannigfaltigsten Anfangsbedingungen ausgehen. Das Verdienst, diese Wissenschaft in ein System gebracht, in einem größeren

Buche dargestellt und ihr einen charakteristischen Namen gegeben zu haben, gebührt einem der größten amerikanischen Gelehrten, was reines abstraktes Denken, rein theoretische Forschung anbelangt, vielleicht dem größten, Willard Gibbs, dem kürzlich verstorbenen Professor von Yale College. Er nannte diese Wissenschaft die statistische Mechanik. Sie zerfällt in zwei Teile. Der erste untersucht die Bedingungen, unter welchen sich die äußerlich bemerkbaren Eigenschaften eines Komplexes sehr vieler mechanischer Individuen gar nicht ändern, trotz lebhafter Bewegung der Individuen, diesen ersten Teil möchte ich die statistische Statik nennen. Der zweite Teil berechnet die allmählichen Änderungen dieser äußerlich sichtbaren Eigenschaften, wenn jene Bedingung nicht erfüllt ist. Er mag die statistische Dynamik heißen. Auf die weite Perspektive, welche sich uns eröffnet, wenn wir an eine Anwendung dieser Wissenschaft auf die Statistik der belebten Wesen, der menschlichen Gesellschaft, der Soziologie usw., und nicht bloß auf mechanische Körperchen denken, mag hier nur mit einem Worte hingewiesen werden.

Eine Entwicklung der Details dieser Wissenschaft wäre nur an der Hand mathematischer Formeln in einer Reihe von Vorlesungen möglich. Sie ist, abgesehen von mathematischen, auch nicht frei von prinzipiellen Schwierigkeiten. Sie basiert nämlich auf der Wahrscheinlichkeitsrechnung. Nun ist diese zwar ebenso exakt, wie jede andere Mathematik, sobald der Begriff der gleichen Wahrscheinlichkeit gegeben ist. Aber dieser kann als Fundamentalbegriff nicht wieder abgeleitet werden, sondern ist als gegeben zu betrachten. Es geht hier so, wie bei den Formeln der Methode der kleinsten Quadrate, welche sich auch nur unter bestimmten Annahmen über die gleiche Wahrscheinlichkeit von Elementarfehlern einwurfsfrei ergeben. Aus diesen prinzipiellen Schwierigkeiten erklärt es sich, daß selbst das einfachste Resultat der statistischen Statik, der Beweis des Maxwellschen Geschwindigkeitsgesetzes unter Gasmolekülen, noch immer bestritten wird.

Die Lehrsätze der statistischen Mechanik sind strenge Folgen der gemachten Annahmen und werden immer wahr bleiben, wie alle wohlbegründeten mathematischen Lehrsätze. Ihre Anwendung auf das Naturgeschehen aber ist das Prototyp einer physikalischen Hypothese. Gehen wir nämlich von den einfachsten Grundannahmen über die gleiche Wahrscheinlichkeit aus, so finden wir für das Verhalten von Aggregaten sehr vieler Individuen ganz analoge Gesetze, wie sie die Erfahrung für das Verhalten der materiellen Welt zeigt. Progressive oder drehende sichtbare Bewegung muß immer mehr in unsichtbare Bewegung der kleinsten Teilchen, in Wärmebewegung übergehen, wie Helmholtz charakteristisch sagt: Geordnete Bewegung geht immer mehr in ungeordnete über; die Mischung der verschiedenen Stoffe, sowie der verschiedenen Temperaturen, der Stellen mehr oder minder lebhafter Molekularbewegung, muß eine immer gleichförmigere werden. Daß diese Mischung nicht schon von Anfang eine vollständige war, daß die Welt vielmehr von einem sehr unwahrscheinlichen Anfangszustande ausging, das kann man zu den fundamentalen Hypothesen der ganzen Theorie zählen, und man kann sagen, daß der Grund davon ebensowenig bekannt ist, wie überhaupt der Grund, warum die Welt gerade so und nicht anders ist. Aber man kann auch noch einen anderen Standpunkt einnehmen. Zustände großer Entmischung, respektive großer Temperaturunterschiede, sind nach der Theorie nicht absolut unmöglich, sondern nur äußerst unwahrscheinlich, allerdings in einem geradezu unfaßbar hohen Grade. Wenn wir uns daher die Welt nur als groß genug denken, so werden nach den Gesetzen der Wahrscheinlichkeitsrechnung daselbst bald da, bald dort Stellen von den Dimensionen des Fixsternhimmels mit ganz unwahrscheinlicher Zustandsverteilung auftreten. Sowohl bei ihrer Bildung, als auch bei ihrer Auflösung wird der zeitliche Verlauf ein einseitiger sein, wenn sich also denkende Wesen an einer solchen Stelle befinden, so müssen sie von der Zeit genau denselben Eindruck gewinnen, den wir haben, obwohl der zeitliche Verlauf für das Universum als ganzes kein einseitiger ist. Die hier entwickelte Theorie geht zwar kühn über die Erfahrung hinaus, aber sie hat gerade die Eigenschaft, welche jede derartige Theorie haben soll, indem sie uns die Erfahrungstatsachen in ganz neuartiger Beleuchtung zeigt und zu weiterem Nachdenken und Forschen anregt. Im Gegensatze zum ersten Hauptsatze erscheint nämlich der zweite als bloßer Wahrscheinlichkeitssatz, wie es Gibbs schon in den siebziger Jahren des vorigen Jahrhunderts ausgesprochen hat.

Ich bin hier philosophischen Fragen nicht aus dem Wege gegangen in der festen Hoffnung, daß ein einmütiges Zusammenwirken der Philosophie und Naturwissenschaft jeder dieser Wissenschaften neue Nahrung zuführen wird, ja, daß man nur auf diesem Wege zu einem wahrhaft konsequenten Gedankenausdruck gelangen kann. Wenn Schiller zu den Naturforschern und Philosophen seiner Zeit sagte: „Feindschaft sei zwischen euch, noch kommt das Bündnis zu frühe", so stehe ich nicht mit ihm im Widerspruch, ich glaube eben, daß jetzt die Zeit für das Bündnis gekommen ist.

Entgegnung auf einen von Prof. Ostwald über das Glück gehaltenen Vortrag.[1)]

Schopenhauer schickt seiner Kritik der Kantischen Philosophie eine Einleitung voraus, in welcher er erklärt, vorher ein für allemal seiner großen Verehrung für Kant Ausdruck geben zu müssen, um sich dann später Kürze halber bloß auf Besprechung dessen beschränken zu können, was ihm fehlerhaft scheint und nicht den Gedankengang wieder fortwährend mit der Versicherung dieser Verehrung und dem Hervorheben des vielen Vortrefflichen unterbrechen zu müssen, was Kant neben dem ihm unrichtig Scheinenden vorbringt. Diese Erklärung soll verhüten, daß trotz der scharfen Worte, die er dann später gegen Kant gebraucht, jemand seine hohe Meinung von Kants großem Genius in Zweifel ziehe. Das gleiche Verfahren schlage ich hier ein, indem ich im voraus Herrn Geheimrat Ostwald meinen speziellen persönlichen Dank für den hohen Genuß und die mannigfaltigen geistigen Anregungen abstatte, die mir aus seinen so vielseitigen, ebenso originellen als tiefsinnigen Schriften und Vorträgen zuteil wurden, dann aber mich lediglich gegen das, womit ich nicht einverstanden bin, ohne alle weiteren Umschweife wende.

Ich bemerke ferner, daß eine derartige Kontroverse niemals den Zweck haben kann, den Gegenstand zu erschöpfen, oder gar zur Entscheidung zu bringen, welche der beiden Parteien Recht, welche Unrecht hat; in der Regel hat weder der eine noch der andere absolut Recht oder absolut

---

1) In der Wiener philosophischen Gesellschaft 1904.

Unrecht. Der Zweck der Kontroverse ist vielmehr, den Gegenstand allseitig zu beleuchten, und die Debattierenden sowohl als auch die Zuhörer zu weiterem Nachdenken anzuregen. Deshalb verzichte ich auch nach einer etwaigen Replik von vornherein auf jede Duplik.

Schon seit langem, gewiß schon lange vor Einführung des Wortes Energie in seiner heutigen Bedeutung durch Rankine in die Naturwissenschaft, hat man eine kräftige Willensbetätigung als Energie bezeichnet. Wir wollen sie psychische Energie im Gegensatz zur physikalischen Energie Rankines nennen. Wir haben also da für zwei Objekte dasselbe Wort, aber es fragt sich noch, ob jedesmal in derselben Bedeutung; ich möchte das bezweifeln. In der Naturwissenschaft ist die Energie eine Größe, die sich genau messen läßt, die in verschiedenen Gebieten eine Rolle spielt, aber sobald sie überall im passenden Maße gemessen wird, sich der Quantität nach genau erhält, so daß, wenn sie irgendwo verschwindet, immer anderswo ein genau gleicher Betrag zum Vorschein kommt.[1]) Nur wenn der Nachweis geliefert worden wäre, daß bei Entwicklung psychischer Energie wirklich jedesmal eine genau äquivalente (gleichwertige) Menge physikalischer verschwindet, d. h. daß die psychische Energie in einem solchen Maße gemessen werden kann, daß die entwickelte psychische Energie jedesmal der verschwundenen physikalischen genau gleich ist, hätte man das Recht, von psychischer Energetik zu sprechen.

Der Nachweis dieses Satzes ist aber keineswegs gelungen; ja, es spricht alles dafür, daß dieser Nachweis überhaupt unmöglich ist, und zwar aus dem Grunde, weil der Satz vollkommen falsch ist. Der vollkommene Parallelismus zwischen den psychischen Erscheinungen und den physikalischen Gehirnvorgängen macht es wahrscheinlich, daß alle Energie fortwährend in der Form von physikalischer Energie der Gehirnmasse bestehen bleibt, und die psychischen Vorgänge bloße energielose parallellaufende Begleiterscheinungen, ja vielleicht bloß eine zweite Abbildung derselben Erscheinungen von einem anderen Gesichtspunkte aus be-

---

1) Wärmeenergie läßt sich in elektrische verwandeln, chemische Energie in Wärme usf.

trachtet in unserem Intellekte sind, die also als solche unmöglich irgend eine neue Energie im physikalischen Sinne enthalten können.

Würden wir den seelischen Erscheinungen wirklich eine neue Form der physikalischen Energie, die psychische im Ostwaldschen Sinne, zuschreiben und annehmen, daß psychische und physikalische Energie sich gegenseitig nach dem Energiesatze ineinander verwandeln können, so würden wir wieder auf die uralte Lehre von einer besonderen neben dem Leibe existierenden Psyche zurückkommen, welche auf Teile der Gehirnmasse oder sonstige Teile des Leibes bewegend wirken kann, wie ein Magnet auf weiches Eisen, eine Ansicht, die wohl von allen naturwissenschaftlich klar denkenden Physiologen und wohl auch schon von den am klarsten denkenden Philosophen als nicht wahrscheinlich bezeichnet werden wird.

Aber sei dem wie immer, selbst wenn man eine solche Wechselwirkung zwischen Leib und Seele wieder annehmen will, so bleibt doch sicher, daß das, was man Energie der Willenskraft nennt, etwas ganz von dem Verschiedenes ist, was man in der Naturwissenschaft Energie nennt. Denken wir uns einen sehr energischen Mann. Er geht zuerst im Zimmer auf und ab und faßt Entschlüsse; dann teilt er dieselben den Mitgliedern seiner Familie, seinen Freunden, seinen Untergebenen in klaren und entschiedenen Worten mit und erreicht, daß alle ausführen, was er anstrebte. Zu allen diesen Vorgängen ist sicher ein bestimmtes Quantum physikalischer Energie notwendig, da sie ja von physikalischen Vorgängen der Gehirnmasse und der Glieder des Leibes begleitet werden. Aber nun vergleichen wir damit einen Neurastheniker, der wie besessen in seinem Zimmer hin- und herrennt, wettert und flucht, seine Umgebung anschreit und auszankt, bloß deshalb, weil er zweifelt, daß das schöne Wetter anhalten wird, und er sich nicht entschließen kann, ob er spazieren gehen oder zu Hause bleiben soll. Spricht nicht alles dafür, daß die Tätigkeit des Neurasthenikers ebensoviel, ja vielleicht mehr physikalische Energie aufbrauchen wird, als die des willensstarken Mannes, und trotzdem entwickelt der letztere die höchste, der erstere gar keine psychische Energie.

Man könnte zur Verteidigung der Ostwaldschen Ansicht

hingegen folgendes bemerken: Die auf Bewegung der Beine beim Auf- und Abgehen im Zimmer, des Kehlkopfes, der Lunge, Zunge usw. beim Sprechen, sowie auch die auf Herstellung der beim Denken nötigen Gehirnfunktionen verwendete Energie sei freilich in beiden Fällen dieselbe; allein abgesehen von dieser, verwandle sich noch ein zahlenmäßig definiertes Quantum physikalischer Energie in eine vollkommen neue Energieform, die rein psychische im Ostwaldschen Sinne, welche sich vollkommen gegen die physikalische austausche. Dies zu widerlegen wäre natürlich ebenso schwer, als es zu beweisen. Jedenfalls aber ist es vorschnell, daraus, daß es Sprachgebrauch geworden ist, beides mit demselben Namen Energie zu bezeichnen, den Schluß zu ziehen, daß die psychische auch einer äquivalenten Menge physikalischer Energie entspreche, also dem Satze von der Erhaltung der Energie unterworfen sein müsse, der für die physikalische nicht aus der Luft gegriffen, sondern erst als Naturgesetz anerkannt wurde, nachdem die ausgedehntesten und mühevollsten Experimente seine Richtigkeit bewiesen hatten.

Zudem könnte die psychische Energieform nur ganz vorübergehend außerhalb der physikalischen Vorgänge des Leibes ihren Sitz haben und müßte sich immer wieder rasch in rein physikalische umwandeln; denn sonst müßte ja mit der Zeit ein großer Energiebetrag außerhalb der physikalischen Vorgänge des Leibes vorhanden sein, und dieser müßte beim Tode plötzlich wieder als rein physikalische Energie, Wärme oder sonst irgendwie wahrnehmbar zum Vorschein kommen, wenn man nicht gar annehmen will, daß die Psyche ihre Energie mit ins Jenseits nimmt und daß sich dort nicht bloß Geister, sondern auch Wesen befinden, welche dem Robert Mayerschen Gesetze (Erhaltung der Energie) unterworfene Veränderungen erleiden.

Wenn dagegen physikalische Energie und das, was ich psychische nannte, zwei total verschiedene und wegen einer sehr oberflächlichen Ähnlichkeit mit demselben Namen bezeichnete Sachen sind, so halte ich es für verfehlt, weil falsche Vorstellungen erweckend und zu Irrtümern verleitend, wenn man unterschiedslos und ohne jede Reserve von einer energetischen Theorie der Mechanik, der Chemie, der psychologischen Phänomene, des Glückes usw. spricht.

Entgegnung auf einen über das Glück gehaltenen Vortrag 229

Es zollt Herr Geheimrat Ostwald in allen seinen Schriften Mach hohe Anerkennung und gewiß mit Fug und Recht; meine Verehrung gegen Mach ist keine geringere, wenn ich auch nicht in allem gleicher Meinung mit ihm bin. Was aber die Ostwaldsche Energetik anbelangt, so glaube ich, daß sie lediglich auf einem Mißverständnisse der Machschen Ideen beruht. Mach wies darauf hin, daß uns bloß der gesetzmäßige Verlauf unserer Sinneswahrnehmungen und Vorstellungen gegeben ist, daß dagegen alle physikalischen Größen, die Atome, Moleküle, Kräfte, Energien usw. bloße Begriffe zur ökonomischen Darstellung und Veranschaulichung dieser gesetzmäßigen Beziehungen unserer Sinneswahrnehmungen und Vorstellungen sind. Die letzteren sind also das einzige in erster Linie existierende, die physikalischen Begriffe sind bloß von uns hinzugedacht. Ostwald verstand von diesem Satze nur die eine Hälfte, daß die Atome nicht existieren; er fragte sofort: „Ja, was existiert denn sonst?" und gab darauf die Antwort, die Energie sei eben das Existierende. Meines Dafürhaltens ist diese Antwort ganz dem Sinne Machs entgegen, der die Energie gerade so, wie die Materie für einen symbolischen Ausdruck gewisser zwischen den Wahrnehmungen bestehender Beziehungen, gewisser Gleichungen zwischen den gegebenen psychischen Erscheinungen halten muß.

Was den Begriff des Glücks betrifft, so leite ich ihn aus der Darwinschen Theorie ab. Ob sich während der Jahrmillionen in der enormen Wassermasse auf der Erde das erste Protoplasma „durch Zufall" im feuchten Schlamme entwickelte, ob Eizellen, Sporen oder sonstige Keime in Staubform oder in Meteoriten eingebettet einmal aus dem Weltenraume auf die Erde gelangt sind, kann uns hier gleich gelten. Höher entwickelte Individuen sind kaum vom Himmel gefallen. Es waren also zunächst nur ganz einfache Individuen, einfache Zellen oder Protoplasmaklümpchen vorhanden. Stete Bewegung, die sogenannte Brownsche Molekularbewegung, ist ja, wie man weiß, allen kleinen Klümpchen eigen; auch ein Anwachsen durch Aufsaugen ähnlicher Bestandteile und eine nachherige Vermehrung durch Teilung ist auf rein mechanischem Wege vollkommen begreiflich. Ebenso begreiflich ist es, daß die raschen Bewegungen durch die Umgebung beeinflußt und modifiziert wurden. Solche Klümpchen, bei denen diese Modifikation in dem Sinne erfolgte, daß sie sich durchschnittlich (mit Vorliebe) dorthin bewegten, wo es besser zum Aufsaugen geeignete Stoffe (bessere Nahrung) gab, gelangten besser zum Wachstume und häufiger zur Fortpflanzung und überwucherten daher bald alle andern.

In diesem einfachen mechanisch leicht begreiflichen Vorgange haben wir Vererbung, Zuchtwahl, Sinneswahrnehmung, Verstand, Willen, Lust und Schmerz alles in nuce beisammen. Es bedarf nur einer quantitativen Steigerung unter stetiger Anwendung desselben Prinzipes, um durch das ganze Pflanzen- und Tierreich zur Menschheit mit all ihrem Denken und Empfinden, Wollen und Handeln, ihrer Lust und ihrem Schmerze, ihrem künstlerischen Schaffen und wissenschaftlichen Forschen, ihrem Edelmut und ihren Lastern zu gelangen.

Zellen, welche sich zu größeren Gesellschaften, unter denen Arbeitsteilung Platz griff, assoziiert hatten und durch Teilung wieder Zellen mit ähnlichen Tendenzen abschieden, hatten größere Chancen im Kampf ums Dasein, besonders wenn gewisse Zellen bei schädlichen Einflüssen nicht ruhten, bis die Arbeitszellen diese nach Möglichkeit entfernt hatten (Schmerz). Die Tätigkeit dieser Zellen war besonders wirksam, wenn sie, sobald ja einmal die Entfernung der schädlichen Einflüsse nicht vollständig gelungen war, andauerte und eine nur sehr langsam nachlassende Spannung hinterließ, welche die Erinnerungszellen belastete und bei Wiederkehr ähnlicher Umstände die Bewegungszellen zu noch energischerem und umsichtigerem Zusammenwirken anstachelte. Dieser Zustand heißt andauernde Unlust, Gefühl des Unglücks. Das Gegenteil, die vollkommene Freiheit von solcher bohrender Nachwirkung, die Mahnung an die Erinnerungszellen, daß die Bewegungszellen in ähnlichen Fällen künftig gerade wieder so wirken sollen, heißt dauernde Lust, Gefühl des Glückes.

Damit sind freilich alle Abstufungen dieser Gefühle in hoch organisierten Wesen nicht im entferntesten erschöpft. Zu einer Physiologie des Glücks ist nicht einmal der Anfang gemacht; aber es ist doch der Gesichtspunkt fixiert, unter dem man die betreffenden Erscheinungen betrachten muß, wenn

Entgegnung auf einen über das Glück gehaltenen Vortrag 231

man nicht bloß schön klingende, erhebende, poetische, begeisternde Phrasen darüber machen, sondern sie naturwissenschaftlich erklären will.

Natürlich ist dabei bloß eine, die naturwissenschaftlich begreifliche Seite der Gefühlserscheinungen ins Auge gefaßt. Man sieht ein, warum uns die Vorgänge eines Organismus, der dem unsrigen ganz ähnlich gebaut ist, viel direkter berühren und in einem ganz andern Lichte erscheinen, als die eines vollkommen heterogenen, so daß wir eine von Menschenhand aus Stangen und Rädern fabrizierte Maschine nie glücklich oder unglücklich nennen würden, selbst wenn sie ebenso kompliziert gebaut und zentralistisch organisiert wäre wie unser Organismus, und analog durch äußere Einflüsse zu zweckmäßiger Tätigkeit angeregt würde, eine Idee, in die wir uns freilich auch viel schwerer hineinversetzen können, als es die Anhänger der Hypothese besonderer von den Gehirnvorgängen getrennt existierender psychischer Erscheinungen glauben.

Auch daß für jedes Individuum bloß die eigenen psychischen Phänomene (nicht die damit identischen, aber als mechanische Vorgänge nicht erkannten Gehirnprozesse) das unmittelbar gegebene und die Atome, Kräfte und Energieformen viel später zur Abbildung der Gesetzmäßigkeiten der Wahrnehmungen gedanklich dazu konstruierte Begriffe sind, ist hierdurch vollkommen klar gemacht.

Wie man aber sagen kann, man fühle unmittelbar, daß unsere Empfindungen nicht bloß eine Betrachtung der rein physikalischen Vorgänge von einer andern Seite, sondern etwas von diesen ganz Verschiedenes zu ihnen neu Hinzukommendes sein müßten, konnte ich nie begreifen. So glaubten die Menschen vor Kolumbus, unmittelbar zu fühlen, daß Gegenfüßler unmöglich seien, und die vor Kopernikus, daß sich die Erde nicht drehe.

Ostwald drückt die Größe des Glücks durch die algebraische Formel $E^2 - W^2 = (E+W)(E-W)$ aus, wobei E die mit Absicht und Erfolg, W die mit Widerwillen aufgewandte Energie bedeutet. Dazu möchte ich noch bemerken, daß der echte Mathematiker bestimmte Potenzexponenten nur in eine Formel aufnimmt, wenn durch genaue Messungen konstatiert ist, daß nur gerade diese Potenzexponenten und keine andern zur Übereinstimmung mit der Erfahrung erforderlich sind. Hat Ostwald bewiesen, daß $E^4 - W^4$, $E^n - W^n$ oder zahlreiche ähnliche Formeln schlechter mit der Erfahrung übereinstimmen?

Daß neben der Differenz $E - W$ auch die Summe $E + W$ zum Glücke beiträgt, ist die Überzeugung eines tatenlustigen Westeuropäers. Ein Buddhist, dessen Ideal die Abtötung des Willens ist, würde vielleicht schreiben: $\dfrac{E - W}{E + W}$. Wir kennen in der Mathematik auch Formeln, wo die Rechnungsoperationen nur symbolisch gemeint sind; aber dann muß auch die Anwendbarkeit jedes Rechengesetzes von neuem bewiesen werden. Ist die Formel nur symbolisch gemeint, so ist es nicht mehr evident, daß die beiden Ausdrücke $(E + W)(E - W)$ nnd $E^2 - W^2$ auch wirklich gleich, d. h. die Multiplikationsregeln für algebraische Größen auch auf diese symbolischen Ausdrücke anwendbar sind, sondern dieses bedarf erst eines besonderen Beweises.

Dagegen fehlen in Ostwalds Formel wieder Größen, von denen das Glück offenbar abhängt, z. B. die unmittelbar vorhergehenden Glücksumstände. Die Rücksicht hierauf veranlaßte meinen als Gymnasiast verstorbenen Bruder Albert zu folgender Definition des Glückes: Das Glück jemandes ist gleich dem Grade der Erfreulichkeit dessen, was er gerade denkt, weniger dem, was er für den durchschnittlichen Grad der Erfreulichkeit dessen hält, was er dächte, wenn er das nicht dächte, was er denkt. (à la Behrisch vgl. Goethes Wahrheit und Dichtung, 2 Seiten vor Beginn des 8. Buches.)

(Dieser Aufsatz entstand über Auftrag des Herrn Herausgebers der „Umschau", welcher die flüchtigen Worte in seiner Zeitschrift zu veröffentlichen wünschte, die ich Herrn Prof. Ostwald auf seinen in Wien 1904 über das Glück gehaltenen Vortrag geantwortet hatte. Ich glaube, daß ich damals nicht der einzige war, der den Eindruck hatte, Ostwald habe sich halb und halb einen Scherz erlaubt, und in diesem Sinne entgegnete ich. Ein Scherz scheint es doch auch, daß ich meine Entgegnung lange vor der Drucklegung des Ostwaldschen Vortrages veröffentlichte.

Der Vollständigkeit halber habe ich sie auch hier aufgenommen; aber den leichtfertigen Ton kann ich jetzt, nachdem der Ostwaldsche

Vortrag gedruckt erschien[1]), nur bedauern. Denn wenn ein Forscher vom Rufe und Einflusse Ostwalds der exakten Methode, die sich im Verlaufe von Jahrhunderten herausgebildet und als die allein zum Ziele führende bewährt hat, einen derartigen Faustschlag versetzt, so ist das bitterer Ernst. Daher möge man gestatten, daß ich dem vorstehenden Aufsatze noch einige ergänzende Bemerkungen beifüge.)

Schon vor mehreren Jahren hatte ich Gelegenheit, auf rein physikalischem Gebiete der Energetik Ostwalds energisch entgegenzutreten. Wenn ich dasselbe nun wieder tue, so hat das gewiß nicht persönliche Gründe; ich glaube ja das Glück zu haben, mich zu den besten Freunden Ostwalds zählen zu dürfen und bin ein Bewunderer seiner Arbeiten auf physiochemischem Gebiete; auch bin ich durchaus kein prinzipieller Gegner der Bestrebungen, eine Theorie aufzubauen, welche den Energiebegriff an die Spitze stellt, nur ein Gegner der Art und Weise, wie dies Ostwald versucht.

Wenn ich daher jetzt wieder der Energetik E Ostwalds, soweit es in meiner Macht steht, ein W entgegenzusetzen suche, so geschieht es bloß, weil ich mich des Gedankens nicht erwehren kann, daß eine Rückkehr zu der unexakten Methode des Ostwaldschen Aufsatzes über das Glück, die man endlich überwunden glaubte, einen Rückschritt der Wissenschaft um Jahrhunderte bedeuten würde.

Nach den nunmehrigen Erklärungen Ostwalds kann kein Zweifel darüber bestehen, daß er von Energie im gewöhnlichen physikalischen Sinne des Wortes spricht. Die gesamte Energie C, welche im Organismus durch Oxydation der in den Speisen genossenen Stoffe gewonnen und teils direkt in Wärme, teils in mechanische Energie umgesetzt wird, teilt Ostwald zunächst in 2 Teile, diejenige D, welche auf unbewußte physiologische Funktionen (Unterhaltung der Körperwärme, Blutzirkulation, Atmung, Verdauung etc.) verwendet wird und diejenige $E + W$, deren Umwandlung mit Bewußtseinsakten verknüpft ist. Die erstere läßt er ganz aus dem Spiele, nur die letztere wird in seinen Betrachtungen über das Glück beigezogen.

Gleich bei Beginn der Diskussion dieser Größe $E + W$

---

[1]) A theory of happiness by Wilhelm Ostwald; the international quaterly vol. XI p. 316, july 1905. Ann. d. Naturphilos. IV S. 457.

spielt ihm schon, wie mir scheint, die unbewußte Erinnerung an den andern psychologischen, Seite 365 besprochenen Sinn des Wortes Energie einen bösen Streich. Weil das, was wir psychologisch Energie nennen, in der innigsten Beziehung mit der Willensanstrengung steht, so findet er es wahrscheinlich, daß die Größe $E + W$ der Willensstärke proportional ist. Als Beweis für diese Hypothese führt er bloß an, daß ein ermüdetes Gehirn zu Willensanstrengungen unfähig ist, und daß uns ungewöhnliche Willensanstrengungen ermüden. Er gibt auch zu, daß hier wohl noch ein persönlicher Faktor ins Spiel kommt, so daß bei verschiedenen Personen derselbe Willensakt sehr verschiedenen Ausgaben von Speisestoffverbrennungsenergie entsprechen mag. Allein ich halte diese Hypothese Ostwalds, daß auch bei ein und derselben Person auch nur ein Schatten von Proportionalität zwischen der aufgewandten physikalischen Energie $E + W$ und der Willensstärke bestehe, für absolut verfehlt.

Der Wille scheint mir überall nur den Charakter des auslösenden Agens zu haben, das zum Spiele der Energieumwandlung den Anstoß gibt, aber seine Intensität scheint mir dem dann erfolgenden Umsatz so wenig proportional zu sein, wie etwa die Intensität des Funkens, der ein Pulverfaß zur Explosion bringt, dem Energieumsatze bei der Explosion. Ich kann im Zimmer auf und ab gehen, einen Spaziergang machen, einen Berg besteigen. Alles das führe ich bewußt, mit Willen aus; allein meine Willensintensität kann sehr gering sein. Der unbedeutendste Umstand würde mich veranlassen, diese Handlungen zu unterlassen, obwohl dabei ein großer Energieumsatz stattfindet. Ich wende ganz wenig Energie im psychologischen, aber viel im physikalischen Sinne auf.

Dagegen kann ich im höchsten Grade die Lösung einer mir wichtigen mathematischen Aufgabe[1]) oder das Erreichen einer Ehrenstelle, oder einer Geldsumme oder die Befreiung von einem körperlichen Schmerze usw. wünschen und anstreben, aber mein Nachdenken ist mit einem sehr kleinen

---

1) Die Schwierigkeit der Aufgabe spielt dabei keine wesentliche Rolle. Ein Rätsel könnte ebenso schwierig sein und das Gelingen seiner Auflösung könnte mir doch wenig wichtig sein.

Aufwande rein physikalischer Energie verbunden. Das Gelingen der Lösung der Aufgabe macht mich überaus glücklich, das Unterlassen der Bergbesteigung würde mich gar nicht unglücklich machen. Aus diesen Betrachtungen folgt, daß nicht die Quantität $E+W$ des physikalischen Energieumsatzes für die Intensität, mit der man etwas will, maßgebend ist.

Nun kann aber doch unmöglich das Wesen der Energetik darin bestehen, daß man überall das Wort Energie anhängt, gleichgültig, ob dieses Wort, das in der Physik einen ganz bestimmten Sinn hat, hinpaßt, oder nicht. Mit der Größe des Glücks hat offenbar die Quantität der beim Willensakte umgewandelten Energie gar nichts zu schaffen, sondern nur die wirkliche Intensität des Willens, die etwas total davon Verschiedenes ist.

Ein ganz ähnliches Bewandtnis hat es mit der Art und Weise, wie Ostwald von der gesamten Energie $E+W$ den Teil W abspaltet, der gegen den Willen ausgegeben wird. Wenn etwas gegen unseren Willen geschieht, ist uns das unangenehm; es trägt nicht zu unserem Glücke, sondern zu unserem Unglücke bei. Um das einzusehen, bedarf es keiner Energetik; aber auch hier halte ich das Quantum der gegen unseren Willen aufgewendeten physikalischen Energie für ein möglichst unzweckmäßig gewähltes Maß. Die Unannehmlichkeit ist allem andern eher, als der in physikalischem Maße gemessenen gegen unseren Willen aufgewandten Energie proportional. Wir können mit sehr kleinem Energieaufwande einen furchtbaren, für unser ganzes Leben verhängnisvollen Bock schießen und mit sehr großem Energieaufwande uns ganz unbedeutende Unannehmlichkeiten zuziehen.

Ostwald sagt selbst einmal, daß es nicht auf den wirklichen Widerstand, sondern bloß auf unser psychisches Gefühl eines Widerstandes ankommt, und letzteres hat meiner Ansicht nach sonst mit der Energie gar nichts zu schaffen, als daß es mit physikalisch-chemischen Vorgängen im Gehirne und in der Außenwelt verknüpft ist und diese nicht ohne Energieumsatz möglich sind; aber von einer Proportionalität des Gefühles mit dem Energieumsatze, von einer Meßbarkeit des einen durch das andere ist gar keine Spur vorhanden.

Es scheint also hier wieder W nur deshalb als Energie

236 Entgegnung auf einen über das Glück gehaltenen Vortrag

angesprochen worden zu sein, weil es eben Prinzip des Energetikers ist, alles, ob es der mechanischen Energie proportional ist oder nicht, Energie zu nennen.

Übrigens finde ich, daß diese Spaltung der gesamten bewußt aufgewandten Energie $E + W$ in die beiden Teile E und W auch aus anderen Gründen keineswegs so einfach ist, wie sich Ostwald dieselbe vorstellt.

Man denkt da unwillkürlich an ein Gewicht, welches bald (gewissermaßen seinem Willen gemäß) sinkt, bald (seinem Willen entgegen) gehoben wird. Allein diese Analogie ist sofort abzuweisen, da ja das Gewicht bald positive, bald negative Arbeit leistet, und keine Arbeitsquelle enthält, während der Mensch in der Oxydation der Speisestoffe in sich eine Arbeitsquelle enthält, die er mit und gegen den Willen in Arbeit vom selben Vorzeichen verwandelt. Es muß daher der unmittelbar von meinem Willen ausgelöste Energieumsatz immer meinem Willen gemäß vor sich gehen, erst bei den späteren sekundären Wirkungen kann es fraglich werden, ob sie meinem Willen entsprechen oder nicht.

Wenn ich eine Differentialgleichung integriere, so erfolgen die Bewegungen meines Bleistifts immer genau meinen Willensimpulsen gemäß, nur das Schlußresultat kann dann von dem gewünschten verschieden sein. Es sind also sehr häufig nicht die Energiebetätigungen als solche, von denen unser Glück oder Unglück abhängt, sondern die von unserem Willen unabhängigen Konsequenzen, die sich später sekundär daran knüpfen; ja die Energiebetätigung selbst kann gar nicht in eine unserm Willen entsprechende und eine ihm entgegengesetzte eingeteilt werden, sondern nur jene späteren Konsequenzen, die gar nicht mehr unsre eigene Energieausgabe sind. Nicht eine widerwillige Energieausgabe, sondern nur die Überzeugung (vielleicht manchmal die Furcht), daß unsere Energiebetätigung später nicht die von uns gewünschten Konsequenzen nach sich ziehen wird, macht uns unglücklich. Wenn wir durch Furcht vor Strafe oder vor anderem drohenden Unheil gezwungen werden, gegen unsern Willen Energie auszugeben, so wächst unser Unglücksgefühl gar nicht mit der verausgabten Energie; das Unglücksgefühl ist noch größer, wenn wir gar nichts zur Abwehr des Unheiles tun können.

Daher kommt es auch, daß nicht nur zu unserm momentanen Wohlbefinden, sondern geradezu zu unserm Glücksgefühle Dinge beitragen, die gar nicht von unserm Willen abhängig sind, z. B. schlechte Verdauung oder eine Leberkrankheit zu unserem Unglücke, ein Glas guten Weines, nach Ostwald auch fortschreitende Paralyse zu unserem Glücke. Freilich sagt Ostwald, dies käme daher, daß uns W im erstern Falle vergrößert, im letztern verkleinert erscheint. Aber der Unbefangene wird kaum in Abrede stellen können, daß sich die Sache umgekehrt verhält. Nicht weil ihm W vergrößert erscheint, fühlt sich der Leberkranke unglücklich, sondern weil er sich durch rein physiologische Agentien, denen es gewiß nicht einfiele, einer mit oder einer gegen den Willen verausgabten Energie proportional zu sein, unglücklich fühlt, erscheint ihm W vergrößert, erscheint ihm alles so trübselig. Wenn es ihm nun gelingt, durch Einnahme von Pillen das Übel zu beseitigen, so hat er dabei vielleicht sehr wenig Energie aufgewandt und doch sein Glücksgefühl enorm verbessert. Eher hätte es daher noch einen Sinn, die Energie nicht in gemäß und gegen den Willen verausgabte zu spalten, sondern jede Energiemenge mit dem Grade ihrer Gewolltheit zu multiplizieren, der im ersteren Falle positiv, im letzteren negativ anzunehmen wäre und dann die Summe dieser Produkte an Stelle von Ostwalds $E-W$ zu setzen; aber auch das ginge nicht, da nicht die Energieausgabe, sondern erst ihre Folgen das gewollte sind. Die Erklärung, warum bei schlechter Verdauung W so groß, im Weinrausche oder bei Paralyse so klein erscheint, bleibt Ostwald schuldig.

Ich hätte noch viele, mehr ins Detail eingehende Bemerkungen zu machen. So müßten die vom subjektiven Gefühle, vom persönlichen Faktor abhängigen Nullpunktsverschiebungen des Niveaus, von dem aus die Differenz $E-W$ gemessen wird, in der Formel Ausdruck finden; denn eine Formel hat doch den Zweck, Unbekanntes durch Bekanntes, nicht durch anderes Unbekanntes auszudrücken. Ebenso müßte in einer Formel, die Anspruch auf Brauchbarkeit erhebt, die allbekannte, nicht in Ostwalds Formel, sondern erst in den Erläuterungen enthaltene Nachwirkung vorausgegangenen Glücks oder Unglücks auf unser momentanes Glücksgefühl enthalten sein, welche dieses mit allen übrigen

Gefühlen gemein hat. Ich meine, daß uns das plötzliche Auffinden eines verloren geglaubten Gegenstandes glücklich macht, gerade so, wie uns nach Aufenthalt in einem finstern Raume ein Raum von normaler Helligkeit blendend hell erscheint. Was nützt eine Formel, wenn ein Umstand, der für das momentane Glücksgefühl so wichtig ist, darin gar keinen Ausdruck findet, sondern erst nachträglich mit Worten dazu bemerkt werden muß!

Doch ich würde fürchten, langweilig zu werden, wenn ich noch weiter ins Detail eingehen würde. Ich resümiere daher kurz. Bei unbefangener Analyse scheint mir der ganze Inhalt der Ostwaldschen Formel einfach der zu sein, daß wir uns um so glücklicher fühlen, je mehr (E) unserm Willen gemäß und je weniger (W) gegen unsern Willen geschieht.[1]) Dazu fügt Ostwald freilich noch den Faktor $E+W$, also die Behauptung, daß sich energischere Menschen im Glücke glücklicher, im Unglücke unglücklicher fühlen, als solche von weniger Energie. Das dürfte auch gerade keine epochemachende Entdeckung sein. Zudem wäre es noch zu beweisen; buddhistische Heilige dürften das Gegenteil behaupten. Man bedenke auch noch, daß wir es hier nicht etwa mit der moralischen, sondern mit der chemisch-physikalischen, der Verbrennungswärme der Nahrungsmittel proportionalen Energie zu tun haben, so daß dieser Faktor hauptsächlich für die Herkulesse der Schaubuden und für körperlich schwer Arbeitende große Werte hat.

Es scheinen mir auch sämtliche Betrachtungen, welche Herr Ostwald anstellt, keineswegs organisch aus seiner Formel herauszuwachsen, eine Analyse derselben im Sinne der analytischen Geometrie oder Mechanik darzustellen, sondern vielmehr nur in losem Zusammenhange mit der Formel zu stehen. Ich möchte sagen, der Name Energie wird in der ganzen Abhandlung eitel genannt. Es kommt mir vor, als ob jemand sagen würde, die Schönheit der Musik sei ge-

---

1) Daher kann ich mir auch unmöglich denken, daß jemand aus dieser Formel praktische, fürs Leben nützliche Winke erhalten hätte, die dazu beitrugen, ihn glücklich zu machen. Die Formel sagt ja nur 1. sei energisch und 2. sieh zu, daß alles deinem Willen gemäß verläuft, und ich glaube, soviel weiß jedermann auch ohne eine mathematische Formel.

messen durch $(E - W)(E + W)$, wobei E die in Übereinstimmung mit dem guten Geschmacke, W die wider denselben verausgabte Schallenergie ist, wobei der Faktor $E - W$ ausdrücken soll, daß Musik um so schöner ist, je mehr sie dem guten Geschmacke entspricht, der Faktor $E + W$ aber, daß überhaupt starke Musik im allgemeinen auch stärker wirkt, als zu schwache. Freilich ohrenbetäubende würde dann wieder dem guten Geschmacke zuwiderlaufen, für sie wäre also W wieder sehr groß, daher $E - W$ klein, oder selbst negativ.

Warum erscheint mir nun ein scheinbar so harmloser Aufsatz, wie der besprochene Ostwaldsche für die Wissenschaft so gefährlich? Weil er einen Rückfall in das Wohlgefallen am rein Formalen bedeutet, in die für den Fortschritt so verderbliche Methode der sogenannten Philosophen, Lehrgebäude aus bloßen Worten und Phrasen zu konstruieren und bloß auf eine hübsche formale Verflechtung derselben Gewicht zu legen, was man rein logische oder gar aprioristische Begründung nannte, ohne darauf zu achten, ob diese Verflechtung auch genau der Wirklichkeit entspricht und in den Tatsachen genügend begründet ist, einen Rückfall in die Methode, sich von vorgefaßten Meinungen beherrschen zu lassen, alles unter dieselben Einteilungsprinzipe beugen, in dasselbe System künstlich hineinzwängen zu wollen, die wahre Mathematik vor lauter algebraischen Formeln, die wahre Logik vor lauter anscheinend schulgerecht gebauten Syllogismen, die wahre Philosophie vor lauter philosophisch sich herausputzenden Krimskrams, den Wald vor lauter Bäumen nicht sehen zu wollen, eine Methode, die leider der Menge immer sympathischer sein wird, als die der Phantasie weniger Spielraum gebende naturwissenschaftliche.

Über eine These Schopenhauers.[1]

Geehrte Versammlung!

Ein Schriftsteller hat einmal gesagt, bei einer literarischen Leistung sei das wichtigste, daß man ihr den richtigen Titel gibt. Bei einem Roman und Theaterstück sei der Erfolg in Frage gestellt, wenn der Titel schlecht gewählt ist. Wenn dies auch bei einem philosophischen Vortrage zutrifft, so bin ich heute schlecht daran.

Ich will über Schopenhauer sprechen; um nun dem Vortrage ein Lokalkolorit zu geben, wollte ich schon im Titel den Stil Schopenhauers nachahmen. Dieser zeichnet sich besonders durch die Ausdrucksweise aus, welche man früher die des Naschmarkts nannte, jetzt könnte man sie auch die „parlamentarische" nennen.

In diesem Sinne hatte ich für meinen Vortrag folgenden Titel gewählt: „Beweis, daß Schopenhauer ein geistloser, unwissender, Unsinn schmierender, die Köpfe durch hohlen Wortkram von Grund aus und auf immer degenerierender Philosophaster sei." Diese Worte sind ad verbum der vierfachen Wurzel usw., (3. von Frauenstädt herausgegebene Auflage, S. 40) entnommen, nur beziehen sie sich dort auf einen anderen Philosophen. Schopenhauers Stil wurde mit seinem Zorne wegen Übergehung bei Stellenbesetzungen entschuldigt. Frage: ist dieser Zorn oder meiner wegen der Sache der heiligere?

Nun, dieser Titel wurde mir kassiert, und zwar mit Recht. Denn was hätte ich in meinem Vortrage bieten sollen,

---

[1] Vortrag, gehalten vor der philosophischen Gesellschaft in Wien, 21. Januar 1905.

wenn ich im Titel mein ganzes Pulver — hier wäre schon am Platze zu sagen Dynamit — verpufft hätte. Ich war aber zu bequem, mit Mühe nach einem zweiten völlig adäquaten Titel zu suchen, und so ist der in der Einleitung gedruckte Titel zustande gekommen, welcher der Sache nicht ganz entspricht.

Ich will nicht über eine These „Schopenhauers", ich will über sein ganzes System vortragen. Aber beileibe keine komplette Kritik, sondern nur abgerissene Gedanken darüber.

Was ich vorbringen werde, ist vielleicht nichts Neues. Wollte ich das konstatieren, so müßte ich die Werke aller der verschiedenen Philosophen durchgehen, und da bin ich in einer Verlegenheit. Ich weiß nicht einmal recht, was Philosophie ist. Das passiert auch bei den anderen Wissenschaften, daß man keine strenge Definition ihres Begriffes geben kann, aber man kennt doch die Objekte, mit denen sie sich beschäftigen. Bei der Philosophie aber, da weiß ich nicht einmal recht, ob sie sich durch die Objekte ihres Forschungsgebietes von den anderen Wissenschaften unterscheidet, ob sie z. B. die Erforschung der psychischen Erscheinungen ist, oder ob sie sich bloß in der Methode von anderen Wissenschaften unterscheidet.

Ich will mich nicht mit dieser Frage näher beschäftigen. Ich verstehe vielmehr ohne Rücksicht auf die Definition der Philosophie unter Philosophen diejenigen Schriftsteller, die man bisher so gemeinhin mit diesem Namen bezeichnete.

In den Werken dieser Philosophen ist viel Zutreffendes und Richtiges enthalten. Zutreffend und richtig sind ihre Bemerkungen, wenn sie über andere Philosophen schimpfen, nur was sie selbst hinzutun, hat diese Eigenschaft meist nicht. Wenn ich daher jetzt verschiedenes gegen Schopenhauer sage, so bin ich überzeugt, daß sich vieles schon bei den anderen Philosophen findet. Ich kann nur wünschen, daß von dem, was ich neues sage, das nicht gelte, was ich über das bei den Philosophen vorkommende Neue bemerkte.

Bekannt ist der alte Streit zwischen Idealismus und Materialismus. Der Idealismus behauptet nur die Existenz des Ich, die Existenz der verschiedenen Vorstellungen, und sucht daraus die Materie zu erklären. Der Materialismus geht von der Existenz der Materie aus und sucht daraus die Empfindungen zu erklären.

Schopenhauer sucht über diese Gegensätze hinweg zu kommen, indem er sagt, die Existenz der ganzen Welt beruhe auf dem Subjekt und Objekt. Das Subjekt sei für sich allein gar nichts, ebenso das Objekt sei für sich allein gar nichts. Nur in der Beziehung zueinander existieren sie. Ein Objekt könne nur relativ auf das Subjekt existieren und umgekehrt.

Die Sache wird dadurch noch verwickelter, daß er annimmt, daß das Subjekt sein eigenes Objekt sein kann. Dann hat man wieder bloß ein Subjekt und kein Objekt. Er klärt dies in der folgenden Weise auf: „Das erkennende Subjekt kann nicht Objekt sein, aber das wollende Subjekt kann Objekt sein, dann ist das Subjekt gespalten in ein wollendes und ein erkennendes. Das wollende ist Objekt des erkennenden. Fragen nach einer näheren Erklärung schneidet er ab, indem er sagt: das sei der Weltknoten, den man nicht lösen kann.

Schopenhauer geht dann über zu dem, was Kant die Formen der Anschauung nennt, zu Zeit und Raum. Ich will seine Worte zitieren: „Wäre die Zeit die alleinige Form der Anschauung, so gäbe es kein Zugleichsein und deshalb nichts Beharrliches, keine Dauer. Denn die Zeit wird nur wahrgenommen, sofern sie erfüllt ist, und ihr Fortgang nur durch den Wechsel des sie Erfüllenden. Das Beharren eines Objektes wird daher nur erkannt durch den Gegensatz des Wechsels anderer, die mit ihm zugleich sind; die Vorstellung des Zugleichseins ist in der bloßen Zeit nicht möglich. . . .

Wäre dagegen der Raum die alleinige Form der Anschauung, so gäbe es keinen Wechsel; denn Wechsel oder Veränderung ist Sukzession der Zustände, und Sukzession ist nur in der Zeit möglich. Daher kann man die Zeit auch definieren als die Möglichkeit entgegengesetzter Bestimmungen an demselben Dinge. Wir sehen also, daß die beiden Formen der empirischen Vorstellungen, obwohl sie bekanntlich unendliche Teilbarkeit und unendliche Ausdehnung gemein haben, doch grundverschieden sind, indem das, was der einen wesentlich ist, in der andern gar keine Bedeutung hat, das Nebeneinander keine in der Zeit, das Nacheinander keine im Raume."

Ich glaube, Sie werden zugeben, daß da wenig wirklicher Gehalt darinnen ist. Es heißt eigentlich nur: „Zeit ist Zeit, Raum ist Raum."

Man hat heute in der Lehre von Raum und Zeit wirklich wesentliche Fortschritte gemacht gegenüber diesem Schopenhauerschen Standpunkte. Namentlich den Raum hat man, bloß gestützt auf den Zahlbegriff, ohne jede Zuhilfenahme der Anschauung konstruiert; man konnte konstatieren, welche Eigenschaften dem Raum blieben und welche sich änderten, wenn man dieses oder jenes der geometrischen Axiome fallen ließe, mit welchen Raumerfahrungen daher speziell jedes der geometrischen Axiome zusammenhängt, und daß eigentlich keines derselben a priori evident sei.

Überhaupt war Schopenhauer in dem, was er als aprioristisch bezeichnete, keineswegs besonders glücklich. So bezeichnete er es als aprioristisch klar, daß der Raum drei Ausdehnungen hat. Heute wissen die Forscher, daß „a priori" ein mehr als drei dimensionaler Raum denkbar, daß auch ein nicht Euklidischer Raum nicht undenkbar ist. Natürlich handelt es sich nicht darum, ob der erfahrungsgemäße Raum ein Euklidischer ist oder nicht, es handelt sich vielmehr darum, was a priori evident, was bloßer Erfahrungssatz ist.

Ebenso folgert Schopenhauer aus dem Satze vom zureichenden Grunde, daß das Gesetz der Erhaltung der Materie a priori klar wäre. Gerade über dieses Gesetz hat Landolt Versuche angestellt, welche es anfangs zu widerlegen schienen. Heute ist es freilich wahrscheinlicher, daß sie dem Gesetze von der Erhaltung der Materie nichts werden anhaben können. Allein es handelt sich hier nicht um das Resultat der Versuche, vielmehr bloß darum, ob überhaupt Versuche die Macht hätten, das Gesetz zu widerlegen, ob die Logik dem Zeiger der Wage Landolts seinen Weg vorschreiben kann.

Zum zweiten Male sind Zweifel an der Richtigkeit dieses Gesetzes gelegentlich des Verhaltens des Radiums aufgetaucht. Ich bin der Überzeugung, daß auch diese Versuche das Gesetz bestätigen werden. Aber es ist das ein Beweis, daß es kein aprioristisches Gesetz ist. Wenn es nicht gelten würde, könnten wir vom logischen Standpunkte nichts entgegnen.

Schopenhauer stützt sich darauf, daß, wenn es erfahrungsgemäß nicht gelten würde, wir zum Begriffe der Materie überhaupt nicht kommen könnten. Die Materie ist uns allen das Bleibende, nur dadurch können wir zu diesem Begriffe kommen. Aber daraus folgt nicht, daß eine Ausnahme nicht vorkommen kann. Wenn Landolts Versuche das Gegenteil nachweisen würden, dann müßte man eben die Idee von der Materie ändern und sie im allgemeinen als bleibend, in einzelnen Ausnahmefällen aber als veränderlich ansehen.

Nun will ich speziell zur Rolle übergehen, welche bei Schopenhauer der Wille spielt. Schopenhauer meint da, daß, „wenn ein Stein zur Erde fällt, dies ebenso ein Willensakt ist, wie wenn ich selbst etwas will. Weil ich aber in mir drin stecke, weiß ich, daß es ein Willensakt ist. Wenn ich ins innerste Wesen des Steines blicken könnte, so sähe ich, daß er ebenso einen Willen hat. Es ist dies eine ganz geistreiche Bemerkung, aber wenn Schopenhauer jetzt fest überzeugt ist, dadurch, daß er für die Kräfte in der anorganischen Natur dasselbe Wort Wille verwendet, wie für gewisse psychologische Prozesse, die wir an uns selbst erfahren, habe er einen kolossalen Fortschritt in der Naturerkenntnis gemacht, so gibt er sich denn doch einer etwas naiven Illusion hin. Wir werden besser das Wort „Wille" für den bewußten Trieb zu handeln, bei den Menschen und höheren Tieren reservieren und nicht auf Pflanzen und Steine anwenden, um für jedes der Phänomene ein charakteristisches Wort zu haben, ohne zu fürchten, daß wir deswegen daraus minder klug würden, als Schopenhauer aus seiner Vorstellungsweise.

In einer noch sonderbareren Weise wird von Schopenhauer der Begriff der „Freiheit" hereingebracht. Der Wille sei als Subjekt, als Ding an sich notwendig unbedingt frei, da auf das Ding an sich das Kausalgesetz gar keine Anwendung habe. Es stehe ihm vollständig frei unter anderen äußeren Umständen wieder ganz anders zu handeln. Die Handlungen des Willens aber, seine Manifestationen oder Objektivationen unter gegebenen Umständen seien durch diese vollständig determiniert, also vollkommen unfrei, und aus der Freiheit des Willens als Ding an sich erkläre sich das dunkle Gefühl, daß auch unsere Handlungen frei seien. Nur eine Hintertür läßt er auch für diese offen, daß, wenn der Wille die eigene Vernichtung anstrebt, er von nichts mehr abhängig ist, und daß dann ein Moment der Freiheit eintrifft.

Daß die Betrachtungen Schopenhauers geistreich gemacht, zu lebhaftem Spiele des Witzes und der Gedanken anregend sind, aber doch keine bleibende Wahrheit enthalten, zeigt sich in ihrer Anwendung. Er wendet sie an auf die verschiedenen Künste. Diese sollen die Befreiung des Willens von der Objektivität sein, dessen Läuterung von allem besonderen, speziellen. Die Architektur ist die Kunst der festen Körper, die mit festen Körpern arbeitet, ihr gegenüber stellt er die Wasserkünste, die mit den tropfbarflüssigen Körpern arbeiten, die Gartenkunst, die mit den Pflanzen arbeitet und eine Reihe von Künsten, die mit den Menschen und Tieren arbeiten. Eine Kunst, die mit den gasförmigen Körpern arbeitet, vergißt er ganz. Das wäre also, ich weiß nicht, ob eine Kunst, sich Luft zuzufächeln oder eine Kunst, die mit Gerüchen arbeitet, die also die Aufgabe hätte, den Geruchsinn in künstlerischer Weise anzuregen. Eine solche Kunst gibt es nicht, woraus aber noch nicht folgt, daß sie logisch widersinnig wäre. Ihr dürfte an Wichtigkeit freilich noch die Kochkunst vorangehen, oder besser ausgedrückt, die künstlerische Einwirkung auf den Geschmackssinn.

Die von Schopenhauer dann weiter erwähnte Reihe von Künsten ahmt zunächst die Natur sichtbar nach. So die Plastik, der freilich die Schneider- und Coiffeurkunst in Punkto Selbständigkeit vielleicht gar noch über ist. So die Landschafts-, Pflanzen- und Stillebenmalerei; die sich daran anschließende Tier- und Menschenmalerei, welche mit der Tierplastik zusammen zum ersten Male bewegte Objekte, wenn auch nur in einer Fase der Bewegung darstellen. Die Menschenmalerei ist Porträtierkunst, Malerei erdachter dramatischer Szenen oder Historienmalerei, in der jedoch nur der rein menschliche, nicht der geschichtliche Wert des Dargestellten in Betracht kommt.

Den Übergang zur Dichtkunst bildet die symbolische

Plastik und Malerei, da die Dichtkunst nur durch Gedankensymbole wirkt. Ihre subjektivste Form ist die Lyrik, dann kommen alle Formen dichterischer Erzählungen in Prosa und Versen, endlich die objektivste Poesie, die dramatische, die aber gerade wieder die Malerei, Musik, den Tanz und die schauspielerische Darstellung zuzieht, welche letztere als die vollkommenste Plastik bezeichnet werden muß, verglichen mit der in Stein oder Erz.

Wir kommen endlich zur Musik. Diese ist nach Schopenhauer die direkte Darstellung des nicht objektivierten Willens, während jede andere Kunst zwar auch den Willen, aber nur indirekt eine einzelne Objektivierung desselben darstellt. Da wir nun nicht den Willen selbst, sondern nur dessen Objektivierungen wahrnehmen können, so können wir die Musik nicht gedanklich analysieren. Ich möchte beipflichten, daß die Musik etwas ganz besonderes vor den anderen Künsten voraus hat. Aber haltbar ist Schopenhauers Lehre in ihren Details nicht. Manches ist sogar direkt komisch. So, wenn der Grundbaß dem Mineralreiche, die tiefern Zwischenstimmen dem Pflanzenreiche, die höhern dem Tierreiche und der Diskant dem Menschenreiche gleichen soll. Die Musik ist nach Schopenhauer ein Spiegel der Welt, aber nicht ihre Abbildung, oder wie die anderen Künste die Abbildung eines Teils derselben, sondern sie steht der ganzen Welt gleichberechtigt gegenüber, indem die Welt die eine, die Musik eine mit andern Mitteln bewerkstelligte, aber davon unabhängige Manifestation des Weltwillens ist. Daher auch der paradoxe Satz, die Musik könnte auch bestehen bleiben, wenn die Welt nicht wäre. Freilich dann wären keine Geigen, keine schalleitende Luft, kein erregtes Ohr, keine empfindende Seele. Allein das sind nur die Kunstmittel, entsprechend dem Pinsel, Farbentopf, der Palette, Leinwand, dem Lichtäther, dem Auge und der Psyche des Schauenden bei der Malerei. Der Maler aber braucht dazu noch das Objekt, das er abmalt. Das braucht die Musik nicht, welche aus ihren Mitteln direkt das Bild des Weltwillens schafft. Freilich könnte man dasselbe auch von der Feuerwerkskunst oder einer Pflanzen nicht kopierenden Ornamentik oder einer praktischen Zwecken nicht dienenden Architektur, ja selbst von der Tanzkunst behaupten.

Wie im höchsten, so zeigt sich die Extravaganz Schopenhauers auch im geringfügigsten. So z. B. hat er eine furchtbare Antipathie gegen den Bart des Mannes. Er ist etwas Schlechtes, und zwar aus philosophischen Gründen. 1. Die Behaarung erinnert an das Tierreich, und daher muß der Mann die Behaarung der unteren Gesichtshälfte ablegen. 2. Der Bart ist eine Verlängerung desjenigen Teiles des Gesichts, welcher das Animalische darstellt, und die Kauwerkzeuge enthält. Dieser Teil des Gesichtes soll beschränkt werden. Drittens soll der Bart eine ganz tote, keine Nerven und Muskeln enthaltende Substanz sein, und es soll geschmacklos sein, wenn man so viel tote Substanz mit sich herumträgt.

So sucht Schopenhauer seine Ansicht ästhetisch zu begründen. Eine Erklärung, die näher liegt, wäre die gewesen, daß ein Gegner Schopenhauers, etwa einer, der sich seiner Ernennung zum Professor widersetzt hat, einen langen Bart getragen hätte. Man sieht, wie sich ein Philosoph, der die Ästhetik bloß vom theoretischen Standpunkte aus betrachtet, verirren kann. Das Resultat ist mit Gebrauch der Schopenhauerschen Ausdrucksweise: „Dummheit, Einfältigkeit, Albernheit, Pinselhaftigkeit, Torheit, verschrobener Unsinn, verbohrter Stumpfsinn, himmelschreiender Blödsinn." Ich hoffe, diese Dynamitladung genügt.

Nun komme ich zu demjenigen Gegenstande, der, wenn im Titel von einer These die Rede war, am ersten damit gemeint sein konnte. Es ist die Ethik.

Schopenhauer leitet aus seiner ganzen Willenslehre die Konsequenz ab, daß das Leben ein Unglück sei. „Denn es existiert nichts als der Wille. Der Wille aber muß immer etwas wollen, etwas erstreben. Solange er das Angestrebte nicht erreicht hat, ist er unbefriedigt, unglücklich. Wenn das Erstrebte erreicht ist, hört der Wille auf und das Glück auch. Entweder man strebt wieder nach etwas Neuem, ist wieder unbefriedigt, oder es kommt die Langeweile, der schlechteste Zustand. Also kann man sich nicht helfen, das Leben ist immer unglücklich. Die einzig richtige Ethik besteht darin, daß der Wille sich selbst leugnet, und daß man den Übergang zum Nichts vorbereitet. Das ist dann das Glück."

Es ist dies einer alten Lehre der Inder entnommen, wonach ganz merkwürdig geschlossen wird, daß das Seiende nicht in mehrere Dinge gespalten sein kann. Es müßte sonst das eine das sein, wie das andere nicht ist. Es ist aber ein Widerspruch, daß ein Seiendes zugleich etwas nicht ist. Ferner kann sich das Seiende nicht ändern. Es müßte sonst jetzt das nicht sein, was früher war, also wieder das Seiende nicht sein. Das wahrhaft Seiende muß also ein einziges, ewig unteilbares und ewig unveränderliches sein.

Nun bemerkt man aber, daß das Nichts alle diese Eigenschaften besitzt. Das Nichts ist einheitlich, es gibt nicht mehrere Nichts. Das Nichts ist auch nicht mit der Zeit veränderlich. Daher ist in Wirklichkeit das Nichts das Seiende, alles, was wir für seiend halten, das ewig in sich Gespaltene, mit sich Uneinige, sich selbst Bekriegende, unfaßbar im selben Momente, in dem es geboren ward, wieder Verschwindende ist aber in Wahrheit nichts. Nur weil wir selbst nichts sind, können wir den Schleier der Maja nicht lüften und halten das Nichts für etwas, das wahrhaft Seiende für das Nichts. Dies ist auch Schopenhauers Ansicht. Die Auflösung ins Nichts sucht er uns dadurch zu versüßen, daß er sie als Übergang ins eigentliche Sein darstellt.

Näheres darüber lehrt ein tieferes Eingehen in die Theorie des Nichts. Es ist zu unterscheiden:

1. Das nihil privativum, welches nur gegenüber gewissen Dingen nichts ist. Z. B. ich erwarte, daß sich in einem Schächtelchen Schmuck befindet, und sage enttäuscht, es ist nichts darin, obwohl Lichtäther, atmosphärische Luft, vielleicht sogar auch Baumwolle darin ist.

2. Das nihil negativum, das schon mehr nichts ist, als das Nichts sub 1, also etwas, was nichtser ist als nichts. Z. B. ich denke einen wirklich leeren Raum, selbst frei von Lichtäther. Allein auch dieser ist noch ein Gedankending, bloß relativ nichts, und man kann ihm die Idee des nihil absolutum gegenüberstellen, eines nichts, welches wirklich gar nichts ist, des Nirwana oder Pratschna Paramita der Inder. Wer so philosophiert, muß sich noch geschmeichelt fühlen, wenn man sagt, es kommt nichts dabei heraus; denn gerade das hält er ja für das eigentliche Etwas.

Aber lassen wir diese theoretischen Spekulationen, ob auch der Begriff des Nichts bloß ein relativer ist, ob etwas bloß relativ gegen etwas anderes nichts sein könne, beiseite und fragen vielmehr nach den praktischen Konsequenzen. Da zeigt sich gerade die Lehre, daß die Ethik dazu führen soll, nach dem Nichts zu streben, nach der Entsagung, als verfehlt. Wenn diese unter den Germanen angenommen würde, würden wir zu Hindus werden, und die anderen Völker würden über uns herfallen.

Aber die Menschen waren so gescheit und haben Schopenhauer nicht geglaubt. Meiner Ansicht nach ist es vollkommen verfehlt, wenn man es als Aufgabe der Ethik betrachtet, aus metaphysischen Argumenten zu deduzieren, ob das Leben als Ganzes ein Glück oder Unglück ist. Dies ist für jeden einzelnen eine Frage seines subjektiven Gefühls, seiner körperlichen Gesundheit, seiner äußeren Verhältnisse. Kein Unglücklicher hat etwas davon, wenn wir ihm auch noch metaphysisch beweisen, daß das Leben ein Unglück ist. Wenn wir aber nach Heil- oder Linderungsmitteln der physischen und moralischen Gebrechen suchen, so kann wenigstens einigen Unglücklichen wirklich geholfen werden.

Die Ethik hat daher zu fragen, wann der einzelne seinen Willen behaupten darf, wann er ihn dem der andern unterordnen muß, damit die Existenz der Familie, des Volksstammes, der ganzen Menschheit und dadurch die aller einzelnen zusammen möglichst gefördert werde. Diese angeborene Fragelust aber schießt über das Ziel hinaus, wenn man fragt, ob das Leben überhaupt zu fördern oder zu hemmen sei. Wenn irgend eine Ethik bewirken würde, daß der ihr anhängende Volksstamm herabkommt, ist sie dadurch widerlegt. Nicht die Logik, nicht die Philosophie, nicht die Metaphysik, entscheidet in letzter Instanz, ob etwas wahr oder falsch ist, sondern die Tat. „Im Anfang war die Tat." Was uns zu richtigen Taten leitet, ist wahr.

Deshalb halte ich die Errungenschaften der Technik nicht für nebensächliche Abfälle der Naturwissenschaften, ich halte sie für logische Beweise. Hätten wir diese praktischen Errungenschaften nicht erzielt, so wüßten wir nicht, wie man schließen muß. Nur solche Schlüsse, welche praktischen Erfolg haben, sind richtig.

Freilich, wenn sich einmal eine Methode, zu schließen, durch Jahrtausende erprobt und vererbt hat, scheint sie uns a priori richtig, und wir können oft lange mit ihr ohne praktische Erprobung weiter arbeiten, z. B. wenn wir vertrauen, daß uns die Rechnung richtiges ergibt; allein einmal muß sie durch Taten erprobt worden sein, und von Zeit zu Zeit muß sie wieder erprobt werden.

Ebenso unhaltbar, wie sich die Schopenhauerschen Gedanken erwiesen, scheinen mir nun auch die der sämtlichen anderen Philosophen in ihrem eigentlichen Kerne, inklusive Kant, zu sein, was zu erweisen mir freilich jetzt die Zeit fehlt.

Es entsteht nun die Frage: „War die Arbeit dieser großen Geister wirklich eine vergebene? Diese Frage muß ich verneinen, denn diese Philosophen haben noch viel naiveren Anschauungen ein Ende gemacht. Sie haben dadurch Nützliches geleistet, daß sie schlechte Ansichten wegräumten, deren Fehler aufdeckten und so einen Übergang zu klareren Ansichten verbreiteten.

Ähnliches ereignete sich ja oft auch auf dem Gebiete anderer Wissenschaften, wofür ich als Beispiel Wilhelm Weber anführe. Dieser hat eine Theorie der Elektrizität und des Magnetismus aufgestellt, welche heute als unrichtig erkannt ist; und doch gehört er zu denen, welche diese beiden Wissenschaften am meisten gefördert haben. Er hat die Anregung zu vielen Experimenten gegeben, durch die dann der Boden für die neue Theorie geebnet worden ist. Obwohl Webers Theorie heute nicht haltbar ist, ist er einer der größten Elektriker aller Zeiten.

Von diesem Standpunkte muß ich innigen Dank denen sagen, welche mich empfohlen haben zum Lehrauftrage für Philosophie, indem ich hierdurch Gelegenheit hatte, in die Literatur derselben tiefer einzudringen. Wie viele bisher wahren Nutzen aus meinen Vorlesungen geschöpft haben, kann ich nicht beurteilen. Aber ich habe den Trost, daß einer dabei viel gelernt hat, und das — bin ich selbst.

Eine andere Frage ist die, ob diejenigen, welche mich dazu empfohlen haben, auch mit mir zufrieden sind. Nun, wenn sie erwartet haben, daß ich in das alte Geleise eintreten und darin mitlaufen werde, haben sie sich freilich getäuscht. Vielleicht wäre dies nicht einmal wünschenswert. Es könnte doch sein, daß ein Hecht im Karpfenteich größern Nutzen hat, als noch ein Karpfen mehr.

Nach meiner Ansicht ist alles Heil für die Philosophie zu erwarten von der Lehre Darwins. So lange man an einen besonderen Geist glaubt, der ohne mechanische Mittel imstande ist, die Objekte zu erkennen, an einen besonderen Willen, der wieder ohne mechanische Mittel geeignet ist, das für uns Zuträgliche zu wollen, kann man die einfachsten psychologischen Erscheinungen nicht erklären.

Erst wenn man einsieht, daß Geist und Wille nicht ein Etwas außer dem Körper, daß sie vielmehr komplizierte Wirkungen von Teilen der Materie sind, deren Wirkungsfähigkeit durch Entwicklung immer vollkommener wird, erst wenn man einsieht, daß Vorstellung, Wille und Selbstbewußtsein nur die höchsten Entwicklungsstufen derjenigen physikalisch-chemischen Kräfte der Materie sind, durch welche Protoplasmabläschen zunächst befähigt wurden, solche Regionen aufzusuchen, die für sie günstiger sind, solche zu vermeiden, die ihnen ungünstig sind, wird einem in der Psychologie alles klar.

Man versteht dann, daß mit jeder Wahrnehmung, auch mit jeder Willensentschließung, rein mechanische Vorgänge verbunden sind, daß Empfindung und Wille sofort ganz verkehrt und unrichtig wirken, wenn diese mechanischen Vorgänge gestört sind, daß sie ganz aufhören bei noch größerer Störung. Man versteht auch, daß in dem Momente, wo verschiedene Vorstellungen in Wechselwirkung treten, zwischen den ihnen entsprechenden Neuronen sich verbindende Fasern bilden, daß, wenn das Kind anfängt Gesichts- und Gehörsempfindungen zu kombinieren, sich Fasern zwischen den Gehirnzentren des Gesichts- und Gehörssinnes bilden, und ebenso zwischen den Gehirnzentren des Gesichts- und Tastsinnes, und den motorischen Nerven, wenn es anfängt nach Gesehenem zu greifen.

Man versteht dann, wie in der Menschheit der Eigennutz das Vorherrschende ist, aber dabei doch der Trieb, sich für andere zu opfern, nicht ganz fehlt. Man versteht, warum der Eigennutz durch Gesetze eingeschränkt und bekämpft werden muß, dagegen der Trieb, sich für die Gesamtheit zu opfern, durch Lob und Belohnung in jeder Weise gefördert wird. Man versteht, daß das angeborene Streben, selbständig zu sein, zu einem sonst ganz unbegreiflichen Eigensinne sich steigert, weil der Schwächling, in dem dieser Trieb zu schwach auftritt, im Kampfe ums Dasein unterliegt.

Betrachten wir ein anderes, ganz einfaches und banales Beispiel. Von der Urbevölkerung sind gewiß zahllose an Genuß von schlechtem Wasser gestorben. Die, welche Vorliebe für Fruchtsäfte hatten, waren im Vorteil. Aber auch die ungegorenen Fruchtsäfte konnten leicht Bakterien enthalten, so daß die, die eine Vorliebe für gegorene Säfte hatten, einen Vorteil im Kampf ums Dasein besaßen, und indem sich diese Vorliebe für gegorene Säfte durch Vererbung entwickelte, ist sie zu einer Gewohnheit geworden, die allerdings oft über das Ziel hinaus schießt. Ich muß gestehen, daß, wenn ich Antialkoholiker wäre, ich vielleicht nicht lebend aus Amerika zurückgekommen wäre; einen so heftigen Darmkatarrh hatte ich mir durch das dortige schlechte Wasser zugezogen; sogar die dort mit Mineralwasser-Etiketten versehenen Flaschen dürften meistens Flußwasser enthalten, und nur durch alkoholische Getränke wurde ich gerettet.

Wie wird es jetzt um das stehen, was man in der Logik Denkgesetze nennt? Nun, diese Denkgesetze werden im Sinne Darwins nichts anderes sein als ererbte Denkgewohnheiten. Die Menschen haben sich allmählich gewöhnt, die Worte, mit denen sie sich verständigen und die sie beim Denken still vor sich hin sagen, deren Gedächtnisbilder, und alles was an inneren Vorstellungen zur Bezeichnung der Dinge verwendet wird, so festzustellen und zu verbinden, daß sie dadurch befähigt wurden, jedesmal in die Erscheinungswelt in der beabsichtigten Weise einzugreifen und andere zu veranlassen, in der beabsichtigten Weise einzugreifen, d. h. sich mit ihnen zu verständigen. Diese Eingriffe werden durch das Aufbewahren und zweckmäßige Ordnen der Erinnerungsbilder und das Erlernen und die Einübung des Sprechens sehr gefördert, welche Förderung das Kriterium der Wahrheit ist.

Diese Methode, die Vorstellungsbilder und die still und laut gesprochenen Worte zusammenzustellen, hat sich immer mehr und mehr vervollkommnet und sich so vererbt, daß sich feste Gesetze des Denkens entwickelt haben. Es ist ganz richtig, daß, wenn wir diese Denkgesetze nicht mitbringen würden, jedes Erkennen aufhören würde und die Wahrnehmungen ohne jeden Zusammenhang wären.

Da nun der Wille, d. h. das ererbte Streben in die Erscheinungswelt in einer für uns förderlichen Weise einzugreifen, die allmähliche Vervollkommnung der Vorstellungen bewirkt hat, so haben wir die Welt als Wille und Vorstellung, wie sie Schopenhauer sich nicht besser wünschen kann.

Man kann diese Denkgesetze aprioristisch nennen, weil sie durch die vieltausendjährige Erfahrung der Gattung dem Individuum angeboren sind. Jedoch es scheint nur ein logischer Schnitzer von Kant zu sein, daß er daraus auch auf ihre Unfehlbarkeit in allen Fällen schließt.

Nach der Darwinschen Theorie ist dieser Schnitzer vollkommen erklärlich. Nur das, was sicher war, hat sich vererbt. Was unrichtig war, ist abgestoßen worden. So erhielten diese Denkgesetze einen derartigen Anschein von Unfehlbarkeit, daß man sogar die Erfahrung vor ihren Richterstuhl stellen zu dürfen glaubte. Da sie nun aprioristisch genannt wurden, schloß man, daß alles aprioristische unfehlbar, vollkommen sei. Ebenso hat man früher angenommen, daß unser Ohr, unser Auge auch absolut vollkommen seien, weil sie wirklich sich zu staunenswürdiger Vollkommenheit entwickelt haben. Heute weiß man, daß es ein Irrtum ist, daß sie nicht vollkommen sind.

Analog möchte ich bestreiten, daß unsere Denkgesetze absolut vollkommen sind. Im Gegenteil, diese Denkgesetze sind uns so zur festen Gewohnheit geworden, daß sie über das Ziel hinausschießen und uns auch dann nicht loslassen, wenn sie nicht mehr am Platze sind. Sie verhalten sich hierin nicht anders, als alle vererbten Gewohnheiten.

So hat das kleine Kind den Saugtrieb, sonst wäre es unmöglich, daß es am Leben bleibe, und dieser Saugtrieb wird ihm so zur Gewohnheit, daß es später am leeren Kautschuk saugt. So schießen auch die Denkgesetze oft über das Ziel hinaus und der Philosoph sucht aus dem Begriffe des Nichts eine ganze Theorie der Welt herauszusaugen. Ebenso schießt die altbewährte und, wie schon das ewige Warumfragen kleiner Kinder zeigt, vererbte Gewohnheit stets nach der Ursache zu fragen, über das Ziel hinaus, wenn wir nach der Ursache fragen, warum das Gesetz der Ursache und Wirkung gilt; ebenso wenn wir fragen, warum die Welt überhaupt existiert, warum sie gerade so ist, wie sie ist, warum wir überhaupt, warum wir gerade jetzt existieren usw.

Eine besonders frappierende Erscheinung hierbei ist, daß das Bedürfnis der Fragestellung und das quälende Gefühl, keine Antwort zu finden, nicht aufhört, wenn wir die Verfehltheit der Fragestellung klar erkannt haben. Allein gerade diese Erscheinung ist aus der Darwinschen Theorie vollkommen erklärlich; die Angewöhnung ist eben mächtiger als die Erkenntnis, daß die Frage unnütz ist. Auch Sinnestäuschungen verschwinden ja nicht, wenn man sie auch physikalisch oder physiologisch vollkommen erklärt hat. So tritt bei den philosophischen Problemen eine Verstandestäuschung ein.

Ebenso ist es mit dem Trieb zu klassifizieren. Dieser ist ja etwas sehr nützliches, und man muß suchen, die Klassifikation möglichst logisch zu gestalten. Dadurch entsteht der Trieb, alles zu klassifizieren, alles in ein Schema zu drängen, wie in ein Prokrustesbett, und es willkürlich kürzer zu schneiden oder zu verlängern, nur damit es in die vorgefaßte Idee vom Schema paßt.

So halten wir eine Menge von Begriffen für klar oder gar a priori gegeben, die eigentlich nur leere Worte sind. Wir meinen, weiß Gott wie gelehrt zu sein, wenn wir, ohne einen klaren Begriff mit den betreffenden Worten zu verbinden, fragen, ob etwas synthetisch oder analytisch, ob transzendental oder empirisch, real oder ideal oder materiell, ob es quantitativ oder qualitativ ist. Über solche Fragen können die Philosophen ganze Abhandlungen schreiben; nur ob sie sich über die Bedeutung der Fragestellung vollkommen klar sind, danach fragen sie nicht.

Noch ein Beispiel: Wir sind gewohnt, alles nach seinem Wert zu taxieren. Je nachdem es die Lebensbedingungen fördert oder hemmt, ist es wertvoll oder wertlos. Das wird uns so zur Gewohnheit, daß wir uns fragen zu müssen glauben, ob das Leben selbst einen Wert hat. Das ist eine solche Frage, die vollkommen widersinnig ist. Das Leben selbst müssen wir als dasjenige annehmen, was Wert hat, und ob etwas einen Wert hat, können wir nur relativ gegen das Leben beurteilen, nämlich, ob es geeignet ist, das Leben zu fördern oder nicht. Dabei reden wir natürlich dem einzelnen ein, nicht dasjenige habe für ihn Wert, was sein individuelles, sondern vielmehr das, was das Leben seiner Familie, seines Volksstammes, ja gar der ganzen Menschheit fördere. Da nun diejenigen, die das glauben (die Edeln), von der Gesamtheit in jeder Weise gefördert und belohnt werden, so haben sie mehr Chancen im Kampfe ums Dasein, und es vererbt sich der Edelmut wie leider auch der Eigennutz, der wieder in entgegengesetzter Weise Chancen bietet.

Wenn wir aber fragen, ob das Leben an sich einen Wert hat, heißt das: „Ob das Leben geeignet ist, das Leben zu fördern." Es ist das also eine Frage, die keinen Sinn hat. Gemäß der Definition können wir nur fragen: „Wie kann das Leben gefördert werden?" Das Wertvolle ist eben das, was das Leben fördert. Die Frage nach dem Werte des Lebens selbst hat keinen Sinn; daß sie sich uns aufdrängt, ist aber nach der Darwinschen Theorie leicht erklärlich. Es ist wieder ein über das Ziel Hinausschießen einer Denkgewohnheit.

In einem Briefwechsel, den ich über verwandte Fragen mit Professor Brentano führte, habe ich ein Gleichnis angewendet, welches zwar trival, aber zutreffend ist. Wenn man nämlich noch etwas herausbringen will, wo gar nichts mehr herauszubringen ist, so habe ich das, wie früher mit dem begierigen Saugen der Kinder am leeren Kautschuk, so nun verglichen mit dem Brechreiz bei Migräne, wo man auch den Drang hat, etwas herauszubringen, wo gar nichts mehr darinnen ist. Damit kann verglichen werden, wenn man zu bestimmen sucht, ob das Leben einen Wert hat, warum die Dinge gerade so sind wie sie sind usw. Ähnlich sagt Grillparzer:

> Einer Mühle vergleich' ich den Verstand,
> Die mahlt, was an Korn sie geschüttet fand;
> Doch geschehen der Schüttungen keine,
> So reiben sich selber die Steine
> Und erzeugen Staub und Splitter und Sand.

Aufgabe der Philosophie der Zukunft aber ist nach meiner Ansicht, die Grundbegriffe so zu formulieren, daß man in allen Fällen möglichst präzise Anweisungen zu zweckentsprechendem Eingreifen in die Ereigniswelt erhält. Hierzu gehört erstens, daß man niemals auf verschiedenem Wege zu verschiedenen Regeln zum Weiterdenken und Handeln gelangt, also nie auf innere Widersprüche stößt, wie wenn man auf einem Wege zu dem Schlusse kommt, daß die Materie nicht unendlich teilbar sein könne, und auf einem andern dazu, daß sie es sein müsse. Das ist immer ein Beweis, daß den Denkgesetzen noch die letzte Feile fehlt, daß wir die Worte schlecht gesetzt haben. Dann müssen wir eben die zu so absurden Konsequenzen führenden Denkgesetze modifizieren.

Auf gleiche Weise verfährt man in der Algebra. Die Rechnungsoperationen mit den negativen und gebrochenen Zahlen werden so definiert, daß man bei Anwendung der für positive ganze Zahlen geltenden Rechnungsregeln nirgends auf Widersprüche stößt.

Zweitens müssen die Denkgesetze uns überall erfahrungsmäßig zu den gewünschten Eingriffen in die Reihe der Begebenheiten führen.

Drittens muß dem unwiderstehlichen Drang, die Denkgesetze auch noch anzuwenden, wo sie über das Ziel hinausschießen, möglichst entgegengearbeitet werden, so daß er endlich allmählich ganz verschwindet.

Dafür, daß dies nicht absolut unmöglich ist, scheint die Geschichte zu sprechen. Es hat ja einmal eine Zeit gegeben, wo man, wie an ein logisches Denkergebnis, daran glaubte, daß es keine Gegenfüßler geben könne. Man hat immer gesehen, daß die Vertikalrichtung für alle Menschen parallel ist, und wenn einer entgegengesetzt steht, der Kopf auf dem Boden und die Füße in der Luft stehen. Dies wurde durch die fortwährende Erfahrung so zur Denkgewohnheit, daß man sich die Gegenfüßler gar nicht vorstellen konnte. Man hat auch geglaubt, daß es unmöglich ist, daß sich die Erde dreht, weil wir durch alle andern Drehungen, durch die der Erde aber nicht, schwindlig werden. Zur Zeit des Kolumbus und Kopernikus wurde geglaubt, daß das denknotwendig ist, und auch dem Kolumbus und Kopernikus wurde dies eingeredet. Aber heute sind diese Denkgewohnheiten geschwunden, und es begreift schon jeder Gebildete kaum mehr, wie man damals so borniert sein konnte.

Auch das Vorurteil gegen den nicht-euklidischen und vierdimensionalen Raum ist im Schwinden begriffen. Die meisten glauben noch, daß die Geometrie Euklids die einzig mögliche sei, daß die Summe der Winkel eines Dreiecks 180^0 sein müsse; aber es gibt schon verschiedene, welche eingesehen haben, daß dies zur Gewohnheit gewordene Denkvorstellungen sind, von denen man sich befreien könne und müsse.

Alle Denkgesetze müssen wir also so ändern, daß sie überall auf jedem Wege zu demselben Ziel führen, daß sie der Erfahrung entsprechen, und daß hinwiederum das übers Ziel Hinausschießen geziemend eingedämmt wird. Wenn man dieses Ideal auch niemals vollkommen erreichen wird, so kann man sich ihm doch nähern. Es würde dann diese Beunruhigung, dieses peinliche Gefühl aufhören, daß es ein Rätsel ist, daß wir vorhanden sind, daß die Welt überhaupt und daß sie gerade so ist, wie sie ist, daß es unbegreiflich ist, welche Ursache dieser regelmäßige Zusammenhang zwischen Ursache und Wirkung hat, usw. usw. Die Menschen würden von der geistigen Migräne, welche man Metaphysik nennt, befreit werden.

Reise eines deutschen Professors ins Eldorado.

Da ich schon mehrmals in Amerika, einmal in Konstantinopel, Athen, Smyrna und Algier war, so fehlten mir auch nicht Aufforderungen, einige von meinen Reiseerlebnissen drucken zu lassen. Mir erschien alles doch zu unbedeutend; aber meine letzte Reise nach Kalifornien war schon eher etwas Exquisites und so soll denn eine kleine Plauderei darüber gewagt sein.

Ich will beileibe nicht etwa sagen, daß man durchaus nach Kalifornien reisen müßte, um Interessantes und Schönes zu sehen und sich zu freuen. Man kann auch bei einer Tour in den schönen Bergen unseres Vaterlandes so viel Lust und Freude empfinden als in einer Menschenbrust Platz hat. Man kann bei ganz einfachem Mahle so vergnügt sein wie ein König, aber eine Reise nach Kalifornien ist Champagner veuve Clicquot und Austern.

Der erste Teil meiner Reise stand unter dem Zeichen der Eile und in Eile soll er auch erzählt sein. Noch am 8. Juni wohnte ich der Donnerstagssitzung der Wiener Akademie der Wissenschaften in gewohnter Weise an. Beim Fortgehen bemerkte ein Kollege, daß ich nicht wie sonst nach der Bäckerstraße, sondern nach dem Stubenring mich wandte und fragte, wohin ich gehe. Nach San Franzisko antwortete ich lakonisch.

Im Restaurant des Nordwestbahnhofes verzehrte ich noch in aller Gemütlichkeit Jungsschweinsbraten mit Kraut und Erdäpfel und trank einige Gläser Bier dazu. Mein Zahlengedächtnis, sonst erträglich fix, behält die Zahl der Biergläser stets schlecht.

Kein einigermaßen Reisekundiger wird sich wundern, daß ich über das Essen und Trinken spreche. Es ist nicht nur kein unwesentlicher Faktor, es ist vielmehr der Angelpunkt. Das wichtigste auf der Reise ist, den Körper der ganzen Mannigfaltigkeit ungewohnter Einflüsse gegenüber gesund zu erhalten und vor allem den Magen, gar den verwöhnten Wienermagen. Kein Wiener wird ungerührt das letzte Gollasch mit Nockerl essen und konzentriert der Schweizer sein Heimweh in der Erinnerung an den Kuhreihen und die Herdenglocken, so der Wiener an das Geselchte mit Knödel. „Sagt nicht, das Alter machte mich kindisch, es fand mich eben noch als ein wahres Kind."

Als ich mit der Mahlzeit fertig war, kamen meine Frau und meine Kinder mit dem schon vorgerichteten Reisegepäck. Adieu noch und fort ging es, zunächst zu den Akademie-Kartellsitzungen nach Leipzig, welche am nächsten Tag 10 Uhr vormittags begannen. Ich machte mich im Zug noch möglichst rein (da hätte ich die washing rooms der amerikanischen Bahnen brauchen können!), setzte mich nach Ankunft des Zuges in Leipzig sofort in eine Droschke und kam pünktlich zur Sitzung.

Am Tor der Aula traf ich gerade mit Kollegen Credner zusammen, der auch zur Sitzung ging und mir in liebenswürdigster Weise behilflich war, meine Gepäckstücke, die ich nirgends hatte absetzen können, in den Vorsaal des Sitzungszimmers hinaufzutragen.

Ich ging zu diesen Kartellsitzungen nicht ohne Angst; denn es sollte ein Gegenstand zur Sprache kommen, der für mich sehr bitter werden konnte.

Wird es den Leser langweilen, wenn ich ihn kurze Zeit in einer Werkstätte wissenschaftlicher Arbeit herumführe, um ihm die äußere Einrichtung zu zeigen und den Mechanismus etwas zu erklären; ich hoffe nicht. Heutzutage gibt es doch kaum einen Gebildeten, der nicht irgend eine größere, im Baedeker angeführte Eisenwaren- oder Leder- oder Glasfabrik gesehen hätte und ich finde die Befriedigung der Neugierde, wie die Gegenstände unseres täglichen Gebrauches in ihre uns so geläufige Form gebracht werden, ebenso unterhaltend als lehrreich. Warum sollte ich nicht auch einige Neugierde nach dem Mechanismus einer Fabrik voraussetzen, die, ich darf es wohl sagen, für die menschliche Kultur wichtiger ist, als die größte Lederfabrik, hoffentlich nicht lederner. Mehrere deutsche Akademien und gelehrte Gesellschaften haben sich zusammengetan, um jährlich gemeinsame Sitzungen zu halten und dort Gegenstände von allgemeiner Wichtigkeit zu besprechen. Dies ist das Akademie-Kartell. Dasselbe beschloß vor Jahren die materielle Unterstützung eines großen Buchwerkes, der Enzyklopädie der mathematischen Wissenschaften. Die Mathematik hat nämlich im vorigen Jahrhundert enorm an Umfang zugenommen; dabei hat jeder Autor seine besonderen Bezeichnungen und schreibt oft so schwer verständlich, daß nur die nächsten Fachgenossen mit größter Anstrengung folgen können. Doch ist in dieser schwer verständlichen, oft fast unauffindbaren, in der ganzen Welt zerstreuten mathematischen Literatur ungemein viel des Brauchbaren, auch für den Praktiker Nützlichen, ja fast Unentbehrlichen, vergraben.

Die wohlgeordnete Sammlung und möglichst leicht verständliche Darstellung alles dieses Materials ist nun die Aufgabe der besprochenen Enzyklopädie. Sie soll alles in der Mathematik geleistete für den Mathematiker leicht auffindbar machen und zugleich die Brücke zur Praxis bauen, also dem Praktiker die Mathematik, dem Mathematiker die Praxis näherrücken. Das Bedürfnis nach einer solchen enzyklopädischen Zusammenfassung der mathematischen Literatur springt so in die Augen, daß Professor Klein in Göttingen sie als mathematische Bedürfnisanstalt bezeichnet hat.

Ein solches Unternehmen wäre nicht so enorm schwierig, wenn es sich nur darum handelte, die hervorstechendsten Leistungen ohne allzu genaue Kritik anzuführen und das Allerwichtigste, natürlich aber auch Allerbekannteste, zu registrieren. Wenn man aber auf allen Gebieten alles wirklich Nützliche aus dem Verborgenen hervorziehen, alles Unwesentliche ausscheiden, möglichste Vollständigkeit in der Literaturangabe erzielen und dabei alles in übersichtlicher, für den Gebrauch des Lesers bequemer Form darstellen will, so erscheinen die Schwierigkeiten für jeden, der nur einigermaßen in die mathematische Literatur hineingeguckt hat, fast erschreckend. Den schon genannten Professor Klein lockte dies an, die Akademien geben Geld für die Druckkosten, die

Autorenhonorare und Reisediäten, Klein und sein wissenschaftlicher Stab besorgen die Arbeit.

Da gilt es für jedes Spezialgebiet unter allen Nationen des Erdballes denjenigen herauszufinden, der es am besten beherrscht. In der Tat arbeiten Deutsche und Franzosen, Russen und Japaner in Eintracht mit. Der Ausgewählte ist nun oft ein großer Herr, der genug Geld und wenig Zeit, vielleicht auch nicht allzuviel Arbeitslust, aber desto mehr Eigensinn hat. Er muß erstens bewogen werden, daß er einen Beitrag verspricht; dann belehrt und mit allen Mitteln der Überredungskunst dazu vermocht werden, daß er den Beitrag so abfaßt, wie er in den Rahmen des Ganzen paßt und last not least, daß er sein Versprechen auch rechtzeitig hält.

Die Beratungen, ob man einen Artikel, der sich besser später einreihen würde, schon jetzt bringen soll, weil man ihn eben schon hat und die, welche man vorausgehen lassen wollte, noch fehlen, nehmen Stunden in Anspruch. Reisen Kleins selbst und seiner Apostel nach allen Ländern der Welt werden nicht gespart, um den Artikelschuldigen mit der Wucht der persönlichen Rücksprache nicht zu verschonen. Eine Lücke blieb lange offen, weil der dafür Erkorene, ein mathematisch gebildeter russischer Offizier in Port Arthur eingeschlossen war. Ich habe solche Enzyklopädiesitzungen schon oft mitgemacht, von ihrer dramatischen Bewegtheit könnten die deutschen Bühnendichter profitieren.

Nun zu mir zurück. Schon als mir Klein einen Enzyklopädieartikel auftrug, weigerte ich mich lange. Endlich schrieb er mir: „Wenn Sie ihn nicht machen, übergebe ich ihn dem Zermelo. Dieser vertritt gerade die der meinen diametral entgegengesetzte Ansicht. Die sollte doch nicht in der Enzyklopädie die tonangebende werden, daher antwortete ich umgehend: „Ehe der Pestalutz es macht, mache ichs." (Sämtliche Zitate, meist aus Schiller zur Nachfeier des Schillerjahres, sind mit Anführungszeichen versehen; man weise sie nach!)

Jetzt aber ist die Zeit, wo mein Artikel fällig wird. Ich hätte gern mich im September von den Reisestrapazen auf dem Lande erholt, aber ich habe mein Wort gegeben, muß also im September in der Literatur wühlen und mit einer kleinen Kohorte Wiener Physiker zusammen, den Artikel fertigstellen. „Ewigkeit geschworenen Eiden."

Ähnlich scheint es auch Professor Wirtinger ergangen zu sein; denn als Emblem der Enzyklopädie zeichnete er eine Mausefalle; der Speck lockt und der Professor ist gefangen.

Was aber reizt zu dem ganzen Werke so unwiderstehlich? Besonderer Ruhm ist dabei nicht zu holen, mit Ausnahme dessen, etwas Nützliches geleistet zu haben; vom Gelde rede ich gar nicht. Was veranlaßt Klein mit einer psychologischen Kenntnis, um die ihn die Philosophen beneiden könnten, bei jedem, den er auf dem Korn hat, gerade den wunden Punkt zu treffen, wo er überredungsfähig ist? Doch nur der Idealismus, und tun wir die Augen auf, Idealismus finden wir überall bis an das stille Meer. Dort grüßen uns zwei weiße dicke Türme, die Lickstemwarte, das Werk eines Idealisten und hundertfachen Millionärs; später mehr davon. Ich habe lange überlegt, was merkwürdiger ist, daß in Amerika Millionäre Idealisten, oder daß Idealisten Millionäre sind. Glücklich das Land, wo Millionäre ideal denken und Idealisten Millionäre werden! In allen Ehren dabei das Selchfleisch mit Knödel; Idealisten brauchen überall einen guten Magen.

Der Idealismus Kleins und seiner Mitarbeiter trug gute Früchte. Schon nach dem Erscheinen der ersten Hefte mußte die Auflage vermehrt werden; eine französische Übersetzung ist angefangen, eine englische wird bald folgen. Die Akademien haben einen guten Griff und der Buchhändler hat ein gutes Geschäft gemacht.

Die Berliner Akademie der Wissenschaften gehört leider dem Kartell nicht an und beteiligt sich gar nicht an der Sache. Sie war auch auf dem Meteorologenkongreß zu Southport und auf dem Sonnenforschungskongresse in St. Louis gar nicht vertreten. Ich fürchte, durch dieses Prinzip, an allem, was sie nicht selbst angefangen hat, sich nicht zu beteiligen, wird sie mehr noch als die Wissenschaft, sich selbst und Deutschland schädigen. Mich ärgerte es, als in Southport und St. Louis unter den foreigners (Nichtengländern) überall die Franzosen den ersten Platz erhielten. Wir Deutsche hätten es wahrlich nicht nötig, ihnen nachzustehen! Aber was vermochte ich als Österreicher? Wenn bei den Meteorologen noch Hann da gewesen wäre, den alle so vermißten! Aber der ist wieder nicht zum Reisen zu bewegen! Wenn ich schon ins Plaudern komme, dann lasse ich meiner Zunge völlig freien Lauf. So verschweige ich auch nicht, daß ein amerikanischer Kollege überhaupt von einem Rückgang Berlins sprach. In der Tat gingen unter Weyerstraß, Kronecker, Kummer, Helmholtz, Kirchhoff die amerikanischen Mathematiker und Physiker meist nach Berlin studieren, jetzt bevorzugen sie Cambridge und Paris. Dadurch, daß es weniger mehr von den Deutschen lernt, geht wieder Amerika und mit ihm die Welt zurück. Jener Kollege behauptete auch, es wäre manches besser geworden, wenn ich den Ruf nach Berlin nicht abgelehnt hätte. Gewiß am wenigsten durch meine Vorträge; aber ein einziger kann, wenn er mit Kleins Idealismus und Kleins Unverfrorenheit wirkt, bei Berufungsfragen und bei Neuschöpfungen ganz bedeutend ins Gewicht fallen. Mancher, der nicht zu haben war, wäre doch zu haben gewesen, wenn man ihn richtig gewollt hätte. Ein kleines Rädchen, das an der richtigen Stelle immer richtig arbeitet, kann viel leisten.

Wenn ich mich bei allen Städten von der Einwohnerzahl Leipzigs so lange aufhalte, werde ich nicht weit kommen; „aber man muß die Einwohner nicht zählen, sondern wägen." Das heißt natürlich ihre geistige Bedeutung.

Nach einigen höchst gemütlichen intimen Diners und einem offiziellen, bei dem ich den sächsischen Unterrichtsminister Seydewitz, unter dem ich zwei Jahre Professor gewesen war, zum erstenmal persönlich kennen lernte, ging es weiter nach Bremen und dann mit einem Hohenzollernschen Fürsten nach New York. Das ist nicht so zu verstehen, als ob ich gewürdigt worden wäre, der Begleiter dieses Fürsten auf einer Amerikafahrt zu sein, sondern derselbe trug mich einfach auf seinem Rücken. Es war Kronprinz Wilhelm bei der Hinfahrt, Kaiser Wilhelm II. bei der Rückfahrt.

Lieber Leser! Meine Eile ist groß, aber die Meerfahrt von Bremen bis New York mit diesem banalen Witz ganz abzutun, bin ich doch nicht imstande. Die großen Ozeandampfer gehören zu dem Bewunderungswürdigsten, was der Mensch geschaffen hat und die Fahrt damit findet man bei jeder Wiederholung wiederum schöner. Das wundervoll brausende Meer jeden Tag wieder anders und jeden Tag wieder staunenswürdiger! Heute weißschäumend, wild stürmend. Siehe das Schiff dort! Nun ist es von den Wellen verschlungen! Nein! Schon taucht der Kiel wieder siegend empor.

Morgen ist das Wetter ruhig, das Meer glatt aber nebelgrau; nebelgrau auch der Himmel, wie man die Melancholie malt. Dann bricht die Sonne aus dem Nebel, und gelbe und rote Funken tanzen auf den Wellen zwischen den tiefschwarzen Flächen der Wolkenschatten, das goldige Licht vermählt sich der Finsternis. Und dann ist wiederum der ganze Himmel blau, und das Meer, azur in weiß, strahlt von so überwältigendem Glanze, daß man die Augen schließen muß. Nur an auserwählten Tagen schmückt es sich mit dem schönsten, dem ultramarinblauem Kleide, eine Farbe so dunkel und doch so leuchtend, mit milchweißem Schaume wie mit Spitzen eingefaßt! Ich lachte einmal, als ich las, daß ein Maler nach einer einzigen Farbe Tage und Nächte suchte; jetzt lache ich nicht mehr darüber. Ich habe beim Anblick dieser Farbe des Meeres geweint; wie kann uns eine bloße Farbe weinen machen? Dann wieder Mondesglanz oder Meerleuchten in pechschwarzer Nacht! Um von allen diesen Herrlichkeiten einen Begriff geben zu können, müßte man Maler sein und dann könnte man es erst recht nicht.

Wenn eines unserer Bewunderung noch mehr wert sein kann als diese Naturschönheit, so ist es die Kunst des Menschen, welcher in dem seit den Zeiten der Phönizier und noch viel länger geführten Kampf mit diesem unendlichem Meere so vollständig siegte. Wie unbarmherzig der Kiel die Flut durchschneidet, wie der Meergott wild aufschäumt unter der bohrenden Schraube! Fürwahr, das höchste Wunder der Natur, das ist der kunstfertige Geist des Menschen!

Wenn ich wie einst Solon um den Glücklichsten der Sterblichen gefragt würde, ich würde ohne Zagen Kolumbus nennen. Nicht als ob nicht andere Entdeckungen der seinen gleichkämen, schon die des Deutschen, Gutenberg. Aber das Glück ist mitbedingt durch die sinnliche Wirkung und die muß bei Kolumbus am höchsten gewesen sein! Ich kann nie in Amerika landen, ohne ein gewisses Gefühl des Neides gegen ihn oder besser vielleicht der Beseligung, daß ich einen kleinen Teil seiner Freude mitempfinden kann. Freilich fuhr Kolumbus nicht mit dem Kronprinz Wilhelm, er sah auch New York nicht mit dem leiblichen Auge, aber mit dem geistigen hat er vielleicht mehr gesehen als wir, das New York nach 100, 200 Jahren!

Dafür ist auch Kolumbus das Prototyp der Entdecker geworden. Sein „immer, immer nach West" für ihre Ausdauer, sein „Land, Land" für die Freude des Gelingens, und seine ganze Tat für die Überzeugung, daß das Leben der Güter Höchstes nicht ist. „Setzest du nicht das Leben ein, nie kann dir das Höchste gewonnen sein."

Nicht nur der Schönheitssinn, auch alle anderen finden bei der Meerfahrt volle Befriedigung. Eine reichliche und gute Küche sorgt für den Geschmack, ein ganz nettes Orchester für das Gehör. Da marschieren wieder oft unsere Wiener Komponisten auf, freilich nicht die ganz großen, aber Strauß, Ivanovici, Waldteufel u. v. a. Lebhaft beklatscht wurden die „Donauwellen" an den Wellen des atlantischen Ozeans und in der Tat, denken wir an Haydn, Mozart, Schubert, Beethoven, so können wir, wie Schiller von der Ilm auch von der Donau sagen, daß „ihre leiseren Wellen im Vorüberziehen manch unsterbliches Lied erlauscht haben."

So gibt es nichts Behaglicheres, als das Schiffsleben, besonders für den, dem ein Gott gegeben, von der Seekrankheit verschont zu bleiben und ruhigen Gemütes auf so viele Dahingestreckte blicken zu können. Der Spaß erreicht seinen Höhepunkt, wenn vermöge irgend einer hydrodynamischen Zufälligkeit plötzlich unerwartet eine Welle über Bord spritzt und die im Halbschlummer Dahingestreckten unter Gekreisch aufspringen.

Wenn ich dann im Hafen von New York einfahre, so erfaßt mich immer eine Art Rausch. Diese turmhohen Häuser und die alles überragende Statue der Freiheit mit der Fackel! Dabei dieses Pfeifen und Singen der Schiffe durcheinander; das eine schroff warnend, das andere erschreckt aufschreiend, das eine munter pfeifend, das andere in Quarten melancholisch jammernd; dort erschallen gar die unnachahmlichen Töne der Sirenen! Wenn ich ein Musiker wäre, ich würde eine Symphonie komponieren: Der Hafen von New York.

Doch damals hatte ich keine Zeit zur Sentimentalität.

Ich hatte sofort in Hoboken einen Cab engagiert, der mich zuerst in die Office der Southern Pacific Railroad, dann von dort direkt auf den Bahnhof bringen sollte; alles für 3 Dollar. Aber in der Office erfuhr ich, daß der besonders beschleunigte Zug, für den ich ermäßigten Preis hatte, nur zweimal in der Woche fährt und ich zwei Tage in New York warten müsse. So beschied ich denn meinen Wagen ins Westminster-Hotel und hatte Zeit, mich zwei Tage in New York herumzutreiben.

Langweilig ist es dort auch nicht. Welch reichen Stoff der Unterhaltung und Beobachtung bietet nur eine einfache Tramwayfahrt! Fahrkarten werden nicht ausgegeben, Überfüllungsverbote und verschiedene Preise gibt es nicht. Der Kondukteur entdeckt mit Falkenblick jeden neu Einsteigenden; dieser drückt ihm 5 Ct. in die Hand, ein Zug an einer Schnur und die Zahlung ist an einem Zählwerk, das sich oben im Wagen befindet, quittiert. Gleichzeitig ertönt ein Glockenschlag, den alle Anwesenden hören. Wenn man einen Platz in der Nähe des Kutschers hat, so kann man Führergaben bewundern, die unmöglich denen eines Napoleon I. oder Moltke viel nachstehen können. Wie rasend schnell eine freie Strecke durchmessen wird, wie vor einem Automobil sofort gehalten wird (denn diese fahren einfach in scharfem Bogen an den Kutschen und Tramwaycars vorüber), alles das möge man sich in Natur ansehen und noch einiges andere, was in New York sehenswert ist.

Am dritten Tage gings dann um so schneller vorwärts. In vier Tagen und vier Nächten kam ich von New York nach San Franzisko. Man wird einfach fortgeschleudert, gewissermaßen fortgeschossen. Die Püffe, die man beim Gehen durch den endlos langen Zug nach dem Speisewagen, Aussichtswagen usw. erhält, sind nicht gerade angenehm. Die Aussichtswagen sind rückwärts ganz offen, man kann sich auf das Abschlußgitter setzen oder darüber hinausbeugen und hat dann einfach acht zu geben, daß man nicht bei einem jähen Stoße hinunterfällt.

Die Landschaft war freilich meist einförmig, doch ist schon die direkte Beobachtung der Schnelligkeit der Fahrt interessant. Wenn man vom Aussichtswagen aus nach rückwärts blickt, so erscheinen die Eisenbahnschienen wie ein endloses Band, das mit rasender Geschwindigkeit unter dem Wagen hervorgezogen wird. Interessant war auch die Fahrt auf dem riesigen Holzdamm mitten durch den Salzsee und die ausgedehnten von Salzkristallen wie mit Schnee bedeckten Felder vor und nach demselben. Gegen das Ende der Fahrt ist der Übergang über die Sierra-Nevada wunderschön. Er erinnert an den Semmering, freilich nicht ganz so malerisch, aber noch viel großartiger an Länge der Strecke und Höhe der Berge.

Dank meiner Verzögerung in New York kam ich nach Berkeley zu spät. Die Sommerschule begann am 26. und ich traf erst am 26. abends ein. Da freilich dieser Tag bloß mit den einleitenden Reden, Inskriptionen usw. vertändelt worden war, so hätte ich keine einzige Stunde versäumt, wenn ich tags darauf um 9 Uhr morgens begonnen hätte. Allein dazu erklärte ich mich außerstande. Die Wirkung des viertägigen Schüttelns und Schleuderns trat nämlich erst jetzt zutage. Ich konnte auf ruhigem Boden keinen Schritt mit Sicherheit gehen und nachts im Bette erwachte ich fortwährend vor Schrecken, daß ich nicht geschüttelt wurde und doch vom Schütteln träumte.

Nun muß ich gestehen, daß ich ein wenig Lampenfieber immer vor der ersten Vorlesung habe; hier gar, wo ich englisch sprechen sollte. Ich hatte auf der Reise weniger Gelegenheit zur englischen Konversation gehabt, als ich gehofft hatte. Die Deutschen, die englisch gekonnt hätten, sprachen nach einigen englischen Worten wieder deutsch und die echten Engländer sprachen überhaupt gar nichts. Meine englische Konversation ging nach diesem Schema. Ich: When lunch will be served? Er: ieeöö. Ich: I beg you, could you say me, at what hour lunch will be served? Sein Gegurgel ist jetzt um eine gute Quint tiefer: aoouu. Ich begreife das Verfehlte meines Angriffsplanes und schreie verzweifelt: Lönch, lanch, lonch, launch usf. Ich bringe Vokale hervor, die man in Gutenbergs Setzkasten vergebens suchen würde. Jetzt zeigt sein Gesicht einiges Verständnis; Ah, loanch? Nun ist die Brücke der Verständigung geschlagen. Ich: When? at what hour? When o'clock? Er: Half past one! Wir haben uns verstanden. Und nun sollte ich in dieser Sprache dreißig Vorlesungen halten! Ich erklärte mich also Dienstag den 27. Juni außerstande und begann erst Mittwoch. Bei der ersten Vorlesung war ich wohl zaghaft, aber bei der zweiten schon unbefangener und als ich vollends hörte, daß mich die Studenten gut verstehen, ja meine Darstellung sehr übersichtlich und klar finden, da fühlte ich mich bald ganz zuhause.

Ich kann nicht umhin, meiner englischen Sprachlehrerin in Wien Miß May O'Callaghan für diesen Erfolg meinen Dank auszusprechen. Ohne ihre unermüdlichen Bemühungen meiner widerstrebenden Zunge nachzuhelfen, hätte ich ihn nicht erzielt. Mit welchem Stolze wandte ich wie selbstverständlich die Worte Blackboard und Chalk an, als ich mir schreibfähige Kreide und eine ausreichende Schreibtafel verschaffen mußte! Wie gut klappte die Aussprache von Algebra, Differenzialcalculus, Chemistry, natural Philosophy usw.!

Ja auch einen ausgezeichneten Hummersalat verdanke ich meinem Fleiße. Da stand auf der Speisekarte lobstersalad. Ich erinnerte mich sogleich der Lektion, wo ich kaum glauben konnte, daß Hummer lobster heißt; also her mit dem lobster und er mundete ganz vorzüglich.

Die Universität Berkeley, wo ich zu wirken hatte, ist das Schönste, was man sich denken kann. Ein Park von einem Quadratkilometer Fläche, mit Bäumen, die gewiß schon Jahrhunderte sahen, oder sind es Jahrtausende? wer wüßte das so geschwind! Darin schöne, modern eingerichtete Gebäude, freilich schon vielfach zu klein; aber man macht Neubauten, Bauplatz und Geld ist ja da.

Es liegt ein gewisser philosophischer Hauch darüber. Der Name Berkeley ist ja der eines hoch angesehenen englischen Philosophen, dem man sogar nachrühmt, der Erfinder der größten Narrheit zu sein, die je ein Menschenhirn ausgebrütet hat, des philosophischen Idealismus, der die Existenz der materiellen Welt leugnet, also Idealismus in einem anderen Sinne, als ich das Wort gebrauchte. Die Philosophie hat dort ein eigenes Lehrgebäude; nicht ein Lehrgebäude aus Phrasen und Hirngespinsten, Pardon, ich wollte sagen aus logischen Schlüssen und Vernunftbegriffen, sondern ein veritables Gebäude aus Stein und Holz, wo mit Stimmgabeln, Farbenscheiben, Kymographien und Registriertrommeln die Psyche erforscht wird.

Wichtiger war für mich ein anderes Gebäude. Ein spekulativer Wirt hatte nämlich im Konversationslexikon gelesen, daß Berkeley ein englischer Bischof war, dessen Residenz Cloyne Court hieß, und daraufhin ein Professorenwirtshaus gebaut, das er Cloyne Court nannte und wo auch ich wohnte. Auf eine gewisse äußere Ähnlichkeit mit einem alten englischen Bischofsitz hatte er keinen Wert gelegt; es lag ja in der Euklid-Avenue und hatte exakt Parallelepipedform ohne jede Spur von etwas nichteuklidischem. Aber im Innern war es komfortabel. Ich hatte ein kleines Schlafzimmer, ein etwas größeres Arbeitszimmer und ein Badezimmer, alles elektrisch beleuchtet. In den Zimmern konnte man durch einige dicke Röhren warmes Wasser zirkulieren lassen und so eine mäßige Heizung bewirken, was im Juli unter der Breite von Palermo oft willkommen war, so eisig ist manchmal der vom pazifischen Ozean wehende Wind. Dagegen ist in Berkeley der Winter nur wenig kälter als der Sommer; nur reich an Regen, der im Sommer gänzlich fehlt.

Das Essen war gut. Wenigstens von einer der vorgesetzten Speisen konnte man in der Regel etwas hinunterwürgen. Gedruckte Speisekarten gab es nicht. Das Menu wurde von den meist Augengläser tragenden Kellnerinnen vor jeder Mahlzeit herabgeleiert, so daß es mehr wie ein monotones mit gedämpfter Stimme gesungenes Lied klang.

„Doch des Lebens ungemischte Freude ward keinem Irdischen zuteil", auch nicht auf einer Reise nach Berkeley. Zuerst soll der Magen das Wort behalten. Ich hatte bisher weder aus offenen noch aus den mit Flußwasser und Kohlensäure gefüllten verschlossenen Flaschen Wasser getrunken, und so meinen Magen trotz der — ungewohnten Nahrung gesund erhalten. Aber Berkeley ist abstinent; Bier und Wein zu trinken oder auszuschenken ist strengstens verboten. Verdursten wollte ich doch nicht; ich versuchte also das Wasser, aber ohne Eis, vielleicht ist es in Berkeley gesünder als in New York und St. Louis. Leider nicht! Mein Magen revoltierte, und als ich einmal die ganze Nacht die Kleider anbehalten mußte, um sie nicht zu oft aus- und wieder anziehen zu müssen, wagte ich an einen Kollegen die Frage nach einer Weinhandlung. Die Wirkung erinnerte mich an eine Szene im Rauchkoupé der Eisenbahn zwischen Sacramento und Oakland. Es hatte sich zu uns ein Indier gesellt, welcher ganz naiv nach einem — weil es ein Indier war, sagen wir Bajaderenhaus in San Franzisko fragte. Die meisten im Rauchkoupé waren aus San Franzisko und Mädchen mit der Devise: „give me money, I give you honey" gibt es in San Franzisko gewiß; aber alle machten verdutzte, verlegene Gesichter. Ein ganz gleiches Gesicht machte mein Kollege auf die Frage nach einer Weinhandlung. Er sah sich ängstlich um, ob niemand zuhöre, maß mich, ob er mir ganz trauen dürfe und rückte endlich mit einer ausgezeichneten Handlung kalifornischen Weines in Oakland heraus. Es gelang mir richtig, eine ganze Batterie Weinflaschen einzuschmuggeln und der Weg nach Oakland wurde mir seit dieser Zeit sehr geläufig. Auch mein Magen sagte Amen dazu und erholte sich bewunderungswürdig schnell, obwohl meine Kost sonst dieselbe blieb. Aber mein Glas Wein nach Tisch mußte ich sorgfältig versteckt trinken, so daß ich fast selbst das Gefühl bekam, einem Laster zu fröhnen. Die Temperenz ist also auf dem besten Wege, die Heuchelei, deren es doch auf der Welt schon genug gibt, um eine neue Spezies zu vermehren.

Kaum war mein Magen beschwichtigt, so stellten sich andere Übel ein. Mein lästiges Asthma verschwand bisher immer, sobald ich den Fuß auf den Dampfer setzte und blieb verschwunden, bis ich wieder europäischen Boden betrat. So auch diesmal, bis ich nach Kalifornien kam; aber, was man an dessen Klima rühmt, die feuchte Kühle, das lockte mir den ungebetenen Gast, das Asthma, wieder auf den Hals.

Dann bekam ich unter dem Arme eine Beule (ich glaube infolge eines neu gekauften Hemdes, das ich ungewaschen angezogen hatte). Ich mußte sie mir im Roosevelt-Hospital aufschneiden lassen. Es war von höchstem Interesse, das amerikanische Hospital so gründlich kennen zu lernen, das an Eleganz dem Kaiser Wilhelm II. (ich meine natürlich das Dampfschiff) nicht nachsteht, aber kostete 35 Dollar. Es war dieses der kostspieligste Luxus, den ich mir auf der ganzen Reise erlaubte, und raubte mir ein weniger zweifelhaftes Vergnügen.

Dienstag den 4. Juli war nämlich independence-day, der größte amerikanische Feiertag, und da ich Samstag und Sonntag keine Vorlesung hatte, so brauchte ich nur die am Montag auszulassen oder später nachzuholen, um vier Tage für einen eiligen Besuch des Yosemite-Tales zu erübrigen. Das mußte ausfallen; dafür hörte ich Sonntag den 2. Juli die half hour of music, die wie jeden Sonntag im griechischen Theater gratis zum besten gegeben wurde. Dieses Theater ist eine getreue Kopie des Sophokleischen Theaters in Athen, nur, wie mir schien, noch vergrößert. Da es in Berkeley im Sommer nie regnet und doch auch wegen des häufigen Nebels die Sonne wenig scheint, so tut das vollständig unbedeckte Theater gute Dienste. Nur die Musik war in dem architektonisch wunderschönen, rings von Eukalyptus und lifeoaks umrahmten Raume unendlich dünn. Da hätte Mahler mit den Philharmonikern hingehört, die dritte Symphonie spielend, so daß die Bäume vor Wonne gezittert hätten und der stille Ozean aufhorchend noch stiller geworden wäre; die Menschen dort hätten es ja doch nicht verstanden.

Am Dienstag sah ich vom Dache des Cloyne-Court aus die großartigen Feuerwerke an, die, wie alljährlich, zur Feier des independence-day abgebrannt wurden. Cloyne-Court liegt nämlich auf der Anhöhe und gewährt eine Aussicht auf die Bai von San Franzisko, das goldene Tor, den Mount-Tamalpais usw., wie sie der alte englische Bischof von seinem Cloyne-Court aus kaum schöner hatte.

Der liebe Gott selbst schien an der Feier sein Wohlgefallen zu haben; denn er ging bei Sonnenuntergang mit einem Feuerwerke voran, seiner eigenen Größe und der seiner Schöpfung würdig. Da hatte ich wieder, wie schon oft auf der Amerikareise, den Wunsch, malen zu können!

Als die letzten Strahlen des Abendrotes verschwunden waren und die Lichter von San Franzisko hell über die Bai herübergrüßten, begannen die Feuerwerke der Menschen. Bald flammte wunderbar zu unseren Füßen ein buntes Licht auf, bald erstrahlte weit am Horizont ein glühender Stern. Wo soll man hinsehen? In Berkeley und San Franzisko leuchtet und flammt es; aber dort in Oakland, welch schöner

Effekt! Kaum sieht man hin, hat man einen noch schöneren in Alameda versäumt. Ich nahm mir vor, jeden Abend des 4. Juli in meinem Garten ein kleines Feuerwerk abzubrennen. Der Kampf Washingtons und seiner Schar hat doch nicht bloß lokalpatriotische, sondern vielmehr welthistorische Bedeutung.

Schiller sagt einmal: „Noch ein paar tausend solche Kerle wie ich, und aus Deutschland soll eine Republik werden, gegen die Rom und Sparta Nonnenklöster waren." Das blieb freilich aus. Ein paar tausend Kerle wie du? Die Welt hat nicht einen mehr gezeugt. Aber Ideen sterben nicht. Die Republik, im Vergleich mit der Rom und Sparta Nonnenklöster waren, existiert, freilich jenseits des Ozeans, und wie kolossal ist sie und wächst sie! „Die Freiheit brütet Kolosse aus."

In der Folgezeit war ich jeden Samstag und Sonntag irgendwo eingeladen. Das erste Mal bei Mrs. Hearst auf ihrem prachtvollen Landsitze in der Nähe von Livermore. Wer ist Mrs. Hearst? Es ist nicht ganz leicht, das einem Europäer klar zu machen. Am nächsten würde man der Wahrheit kommen, wenn man sagte, sie ist die Universität Berkeley. In Europa ist die alma mater eine antike Idealgestalt, in Amerika ist es eine wirkliche Dame und, was am wichtigsten ist, mit wirklichen Millionen, von denen sie alljährlich so etliche zur Erweiterung der Universität hergibt; auch meine Amerikareise wurde natürlich aus ihrem Gelde bezahlt. Der Präsident der Universität (was wir den Rektor nennen würden, er ist es aber lebenslänglich) ist nur das ausführende Organ der Trustees, an deren Spitze Mrs. Hearst steht. Der gegenwärtige mußte sich bei seiner Ernennung eine Reihe von Freiheiten ausbedingen, um doch einiges aus eigener Machtvollkommenheit für die Universität tun zu können.

Noch schlimmer — doch wie kann ich sagen schlimmer? wer, wie ich der Gastfreundschaft Mrs. Hearsts so schöne Stunden verdankt, wie sollte der behaupten, daß eine solche alma mater etwas schlimmes wäre? Also noch schroffer sind die Verhältnisse an der Leland Stanford junior University in Palo Alto, welcher ich einen eintägigen Besuch abstattete.

Mr. Leland Stanford senior hatte den Bau der ersten Pazificbahn geleitet, das heißt der ersten Bahn, welche die kontinuierliche Bahnverbindung zwischen dem atlantischen und stillen Ozean herstellte. Er wußte im Kongresse, wo er auch einflußreich war, die Wichtigkeit des Unternehmens ins rechte Licht zu setzen und zu veranlassen, daß dieser beschloß, die Hälfte der Baukosten zu tragen, wofür er sich gewisse Hoheitsrechte vorbehielt, die Einnahmen aber im Wesen dem Bahnunternehmer überließ. Herr Stanford gründete nun eine Gesellschaft von ganz anderem Namen, deren Haupt er wieder war, welche der Eisenbahnbaugesellschaft alle Materialien und Arbeitskräfte zu liefern hatte. Da er das Haupt der einen und anderen Gesellschaft war, so erreichte er leicht, daß die erste von der zweiten alles um den doppelten Preis kaufte und der Staat nominell die Hälfte, faktisch das ganze bezahlen mußte, er aber die ganzen Einnahmen hatte.

Als er enorm reich geworden war, raffte ein plötzliches Unglück seinen einzigen Sohn, für den er alles gesammelt hatte, hinweg. Er und besonders Mrs. Stanford verfielen in eine Art religiösen Wahnsinn. In Europa, wenn eine alte Dame etwas überschnappt, kauft sie sich ein Dutzend Katzen oder einen Papagei; hier ließ sie Baumeister ersten Ranges berufen (was bekommt man nicht um Geld) und erbaute eine Universität, die sicher noch der Segen künftiger Geschlechter sein wird.

Während die Universität Berkeley im Pavillonsystem erbaut ist, so ist die Stanford-Universität nach einem einheitlichen, architektonisch schön wirkenden Plane angelegt, der mir freilich für den Unterricht unzweckmäßig vorkommt. Die Architekten sind eben überall gleich. Besonders prachtvoll ist die Universitätskirche mit Wand- und Deckengemälden, Glasmalereien und Kunstwerken der Plastik reich geschmückt. Die Orgel, die in meiner Gegenwart gespielt wurde, klang so wundervoll, daß ich bei diesen Tönen gerne andächtig war.

Nach dem Tode ihres Gemahls war Mrs. Stanford lange allein die Universität. Nun starb auch sie, nicht ohne vorher in ihrem Testamente für die Universität ausgiebig gesorgt zu haben.

An der Stanford-Universität soll einmal ein Professor der Nationalökonomie in seinen Vorlesungen gegen den Gründerschwindel losgezogen haben; der Präsident glaubte sich bei Mrs. Stanford ein Blatt einzulegen, wenn er diesen Professor sofort entließ; aber Mrs. Stanford selbst war so hochherzig, ihn zurückzuberufen und den übereifrigen Präsidenten zu tadeln.

Daß an solchen Universitäten das männliche und weibliche Element unter den Studenten und im Lehrkörper gleichberechtigt ist, versteht sich von selbst, und ich will nur einen drastischen Beleg für die weitgehende Herrschaft des Weiblichen anführen. Eine meiner Kolleginnen im Lehramte, ich behielt ihren Namen, Miß Lilian Seraphine Hyde, eine nicht unebene Dame, las ein ganz in gleicher Weise wie das meine angekündigtes, wie wir sagen würden, zweistündiges Kolleg über die Zubereitung von Salaten und Dessert. Ich kann den Lektionskatalog noch heute vorzeigen.

Alle Räume der Universität wimmeln von Damen, die an Zahl den männlichen Studenten nicht viel nachstehen dürften. Besonders fällt es auf, daß in jedem Raume ein Damenhut deponiert zu sein pflegt. Im Professorenzimmer ein Damenhut, in dem Raum, der als Waschzimmer, Telephonkammer und noch etwas dient, ein Damenhut, in der Dunkelkammer ein Damenhut; ja als ich nach der schon erwähnten Operation etwas geschwächt und konfus fortging, hätte ich in der Zerstreutheit bald statt meines Hutes einen dort deponierten Damenhut aufgesetzt.

Doch nun zurück zu Mrs. Hearst, der alma mater berkeleyensis. Sie hatte mich, wie schon erwähnt, mit einer Reihe anderer an der Sommerschule lehrenden Professoren nach ihrem Landsitze in der Nähe von Livermore geladen, einem Juwel, wie es Luxus, Reichtum und guter Geschmack nur in so verschwenderisch ausgestatteter Natur zu schaffen vermögen. Auf der Bahnstation empfingen uns die Kutschen und bald ging es durch ein stark phantastisches aber nicht unschönes Eingangstor nach einem Parke von fabelhafter Baumpracht und Blumenschönheit. Der Reichtum setzt sich hier in Wasser um, und wo dieses nicht gespart wird, ersteht in Kalifornien ein Blumenflor, der Sommer und Winter gleichmäßig fortblüht. Lange, doch für mich noch zu kurz, durchqueren wir den Park, der auch die schönsten Aussichtspunkte nach dem Mount Diable und Mount Hamilton bietet.

Endlich erreichten wir das Wohnhaus. Es ist in portugiesisch-mexikanischem Stile erbaut, ein Kranz von Gebäuden rund um einen durch schwere eiserne Tore verschlossenen Hof; offenbar eine Art Festung. Den Mittelpunkt des Hofes bildet ein antiker Marmorbrunnen, den die Besitzerin selbst in Verona kaufte und bis ans stille Meer hatte transferieren lassen. Nach ihm heißt der ganze Landsitz „Hazienda del pozzo di Verona".

Mein Nachbar im Wagen erklärte mir, daß die Besitzerin eigens einen deutschen Architekten namens Schweinfurt berufen hatte, der nach dem Studium aller alten spanischen und portugiesischen Gebäude in Mexiko dieses geschaffen hat. Ich bemerkte: „Der muß einen guten Geschmack gehabt haben!" worauf mein Begleiter erwiderte: „Ja, er ist auch daran gestorben." Ich frug: „Wie ging denn das zu?" Darauf er: „Die kalifornischen Weine schmeckten ihm zu gut und da trank er fort, bis er starb." Diese Kalifornier haben eine entsetzliche Idee von ihren, allerdings sehr starken Weinen. Am Ende war es nicht einmal so arg. Ich werde ja auch einmal sterben und dann zu trinken aufhören, so daß ich also auch fortsaufen werde, bis ich sterbe.

Das Innere der Hazienda ist ein Schatzkästlein voll der herrlichsten Kunstwerke und Seltenheiten, die die Besitzerin in allen Gegenden der alten und neuen Welt zusammengekauft hat, die originellste Mischung griechischer und römischer, mittelalterlicher, mexikanischer, chinesischer, japanischer und indischer Seltenheiten.

Bei Tisch saß ich, als einziger anwesender Europäer zur Rechten der Mrs. Hearst. Das erste Gericht waren Brombeeren. Ich dankte. Dann kam eine Melone, welche die Hausfrau eigenhändig für mich recht appetitlich gesalzen hatte. Ich dankte wieder. Dann kam oat-meal, ein unbeschreiblicher Kleister aus Hafermehl, mit dem man in Wien vielleicht die Gänse mästen könnte; ich glaube aber eher nicht, denn Wiener Gänse würden das kaum fressen. Ich hatte aber schon beim Abweisen der Melone einen etwas ungnädigen Blick der alma mater bemerkt. Auf ihre Küche ist ja auch eine alma mater stolz. Ich würgte also mit abgewandtem Gesicht und danke Gott, daß mir nichts Menschliches dabei passierte. Das ist das Unangenehme bei Einladungen in Amerika; in Gasthäusern darf man, was man nicht essen kann, stehen lassen; aber was macht man gegenüber einer Hausfrau, die auf die Güte der amerikanischen Küche im allgemeinen und der ihren im besonderen stolz ist? Glücklicherweise kam dann noch Geflügel, Kompott und manches, womit ich den Geschmack wieder decken konnte.

Nach Tisch ging man in das Musikzimmer, ein Raum, wenn ich recht schätze, ungefähr so groß, wie der Bösendorfer Saal, aber welche phantastisch-barocke Ausschmückung! An Schönheit wüßte ich ihm keinen der kleineren Wiener Konzertsäle zu vergleichen. Die Kunde von meinem armseligen Klavierspiel war bis in die Hazienda gedrungen. Ich wurde aufgefordert, das Konzert zu eröffnen. Nach einigem Sträuben setzte ich mich an den Flügel, einen Steinway von der allerhöchsten Preislage. Ahnungslos griff ich in die Tasten; einen Flügel von solcher Klangschönheit hatte mein Ohr vielleicht schon in einem Konzerte gehört, nie mein Finger berührt. Wenn mich je die Strapazen meiner kalifornischen Reise gereut hätten, von jetzt an nicht mehr. Ich spielte eine Sonate von Schubert, anfangs freilich war mir die Mechanik etwas fremd, aber wie leicht gewöhnt man sich an das Gute! Schon der zweite Teil des ersten Satzes ging gut und im zweiten Satze, einem Andante, vergaß ich mich selbst; nicht ich spielte die Melodie, sondern diese lenkte meine Finger. Ich mußte mich mit Gewalt zurückhalten, nicht auch noch das Allegro zu spielen und das war gut, denn dort wäre meine Technik abgefallen. Nach mir spielte eine Schülerin Barths in Berlin mit ebensoviel Technik als Musikverständnis. Unter den Anwesenden war auch ein Professor der Musik in Milwaukee, eine martialisch männliche Gestalt, sicher ein vortrefflicher Bärenjäger; aber auch musikalisch gründlich gebildet. Er hatte ebenfalls bei Barth Klavierspiel betrieben, man kann nicht sagen, gelernt. Er wußte, daß Beethoven neun Symphonien geschrieben hat und daß die neunte davon die letzte ist. Mir tat er unverdiente Ehre an; denn gelegentlich einer Debatte, ob Musik auch humoristisch sein könne, ersuchte er mich, das Scherzo aus der neunten vorzuspielen. Sollte ich sagen, ich kann es nicht, einem Professor in Milwaukee gegenüber? Da ward auch ich humoristisch und sagte: „Gerne, nur bäte ich ihn, die Pauke zu spielen, es nimmt sich besser aus, wenn die ein zweiter hineinspielt." Darauf wurde er mit seiner Bitte still.

Die Nacht schlief ich in der Hazienda in einem wundervollen Schlafzimmer, verbunden mit Badezimmer, mit einem Mohren zu meiner ausschließlichen Bedienung, der auch die Stiefel putzte. Gerade über meinem Bette hing das Bild eines Schutzengels von idealer Schönheit. Ich liebe die Kunst besonders, wenn sie zugleich einer Idee dient. Was soll mir in Wohnräumen ein noch so schönes Bild der Schlacht von Abukir? Aber ein Schutzengel zu Häupten der Ruhestätte spricht gewissermaßen den Wunsch des Hauswirts aus, daß ich bei ihm gut schlafen möge. Ja, ich bin abergläubisch. Gerade damals litt ich stark an Asthma und hatte schon Bedenken, nach der Hazienda zu fahren. Dieser Schutzengel tröstete mich und wirklich war die Tücke des Asthma von dieser Nacht an gebrochen.

Am nächsten Tage hatte es erst mit dem Besehen von Merkwürdigkeiten in Haus und Hof, Wald und Feld kein Ende. Wir fuhren unter anderem zu riesigen life oaks mit ungeheuren weitausgebreiteten Ästen. Über den Zweigen einer derselben war eine ganze Hütte gebaut, zu der eine Stiege hinaufführte, eine Art Hundinghütte im ersten Stockwerke. Erst nachmittags fuhr ich zurück und gelangte spät abends nach Berkeley, um am nächsten Tage wieder rechtzeitig im Hörsaale erscheinen zu können.

Der nächste Samstag und Sonntag war der Licksternwarte gewidmet. Ich fuhr schon Freitag Nachmittag nach dem freundlichen Städtchen San-José, in dem manche Straßen Palmenalleen sind. Dort wandelt man nicht nur unter Palmen, man fährt unter Palmen Tramway, Bicykle und Automobil. Nächsten Tag um sieben Uhr morgens trat ich in der etwas defekten Postkutsche die Fahrt auf den Mount-Hamilton an, der etwa die Meereshöhe des Semmering hat, aber höher erscheint, da der Ausgangspunkt der Fahrt nur wenig oberhalb des Meeresniveaus liegen dürfte. Die Straße ist sehr gut und führt in Serpentinen durchaus langsam und gleichmäßig ansteigend zwischen Wein- und Obstgärten, auch Wald und Wiesen hinan. Auf letzteren steht aber um diese Jahreszeit nur Heu. Dort fressen die Kühe im Sommer Heu und im Winter frisches Gras.

Mein Kutscher, ein knorriger, brummiger Alter, ist zugleich Postbeamter. Gleich nach Verlassen des Gasthofes werden mit viel Gebrumm die Postsendungen sortiert, die in einigen Säcken vor unseren Füßen liegen. Bald sind wir außerhalb der Stadt. Draußen vor dem Tor eines großen umzäunten Anwesens begrüßt uns ein hübscher Hund mit munterem Bellen. Mein Kutscher steckt ein paar Briefe in ein Zeitungspaket und wirft dieses geschickt dem Köter ins Maul, der damit sofort unter dem Zaune hinwegschlüpft. Diese Art Postdienst wiederholt sich bei sehr vielen Anwesen. Bei anderen ist eine Holzstange mit einem großen Nagel aufgepflanzt. Mein Kutscher nimmt geschickt, ohne den Wagen anzuhalten, die für die Absendung bestimmten Postsachen herab und hängt die angekommenen darauf. Nur zweimal, wo Körbe mit Eßwaren oder andere große Pakete aufzugeben waren, warteten Mägde, deren Menschenrasse anzugeben ich zu wenig Anthropologe bin. Wir hatten zweimal Pferde gewechselt und einmal geluncht (aber fragt mich nur nicht wie?).

Etwa um $1/_2 2$ Uhr kamen wir oben bei der Sternwarte an. Nur die jüngeren Astronomen, an der Spitze Dr. Tucker, waren anwesend, da Direktor Campbell mit den älteren schon in Spanien die Beobachtung der totalen Sonnenfinsternis vorbereitete. Da ich damals selbst noch willens war, mir diese anzusehen, fragte ich Dr. Tucker, wo die Finsternis beobachtet werde. „In Daroca-Ateca-Almazan", antwortete er. Ich erschrak ein wenig und sagte unwillkürlich, das ist für mich ein spanisches Dorf. Er aber entgegnete ruhig, es ist in der Tat ein spanisches Dorf nordöstlich von Madrid. Ich weiß nicht, der Name machte keinen günstigen Eindruck auf mich, Spanien fing doch an, mir etwas spanisch vorzukommen.

Drauf zeigte man mir alle die Hilfsmittel der herrlich eingerichteten Sternwarte, welche wegen der günstigen Lage derselben auch auf das Fruchtbarste ausgenützt werden können. Das großartigste ist das Riesenteleskop mit der von Alvan Clark geschliffenen 28 zölligen Linse, (the big glass sagen sie einfach), mit dem eine der interessantesten astronomischen Entdeckungen der Neuzeit, die der beiden Marsmonde, gemacht wurde. Im Innern des riesigen Pfeilers, der das Teleskop trägt, ist der Bürger Lick begraben, der die ganze Sternwarte aus seinen Privatmitteln erbauen ließ. Ist das nicht idealistisch? Ich durchschaue ihn. Er wußte gewiß, daß es für ihn gleichgültig ist, wo seine Gebeine ruhen; aber der Welt wollte er ein sinnfälliges Zeichen geben, was das letzte Ziel eines Millionärs sein soll. Fürwahr! Er hat sich für sein Geld die Unterblichkeit gekauft.

Wenn ich ein Dichter wäre, ich möchte unter dem Titel „Zwei Idealisten" das Zusammentreffen Schillers und Licks im Himmel schildern. Schiller läßt die Weisheit zum Reichtume sagen: Ich brauch' dich nicht. Lick beweist das Gegenteil. Freilich die Begeisterung, die man um Geld bekommt, ist nur eine Begeisterung zweiter Güte; die Liebe, die man um Geld bekommt, nicht einmal dritter Güte; aber einen Steinwayflügel bekommt man um Geld, eine Amatigeige, einen Böcklin und nun auch die Unsterblichkeit.

Ich will hier noch eine Geschichte erzählen, die an Idealismus und Gelderwerb anknüpft. Der große amerikanische Physiker Rowland hatte eine Rede gehalten, daß der Gelehrte nicht nach Gelderwerb streben dürfe. Ein Jahr darauf wird er unwohl, läßt sich ärztlich untersuchen und erfährt, daß er höchstens mehr drei Jahre zu leben habe. Er hatte eine Frau und vier unversorgte Kinder. Im Widerstreite der Pflichten siegt die Familienliebe. Er erfindet einen Typendrucktelegraphen, läßt ihn patentieren und erringt so, als er wirklich bald darauf starb, seiner Witwe ein Vermögen von 200000 Dollar, also etwa eine Million Kronen; aber das Prinzip seiner Rede straft er selbst Lügen. Weißt du, lieber Leser, was ich an Rowland am meisten bewundere? Daß er gleich eine so einträgliche Entdeckung bei der Hand hatte. Möge er im Himmel auch Schillern die Hand reichen!

Der amerikanische Kaufmann freilich ist beim Gelderwerbe streng realistisch. So konnte es ein sehr verständiger Kaufmann, dem ich meinen Reisezweck auseinandersetzte, absolut nicht begreifen, warum ich bis San Franzisko reise, wenn meine Einnahmen nur die Reisekosten decken.

Ich hatte vor dem Pfeiler, der auf seinem Scheitel das Riesenfernrohr, in seinem Bauche die Gebeine des Bürgers Lick trägt, geträumt. Nun ging's weiter durch alle Räume der Sternwarte. Ein reiches Material wird hier bestens ausgenützt. Jede Zone des Himmels hat ihren eigenen Kasten, in diesem jeder Stern seine eigene Schublade, damit alle Beobachtungen gleich wiedergefunden und benutzt werden können; der Inhalt der Laden wächst rapid an. Es ist kein Wunder, daß den Astronomen bei so viel Arbeit in dieser Bergeseinsamkeit die Zeit nicht lang wird; zudem sind selbstredend auch hübsche Astronominnen dabei.

Nachdem ich noch abends den Mars durch das große Fernrohr gesehen hatte, groß und leuchtend, fast wie die Mondscheibe, ging es in der Nacht wieder zu Tal. Merkwürdig war dabei die Abgrenzung des Nebels. Wir hatten den Sternenhimmel über uns und unter uns wie eine ebene Meeresfläche den Nebel. Mit einem Ruck kam der Wagen in den Nebel, die Sterne waren verschwunden und das Licht der Wagenlaterne drang nur noch wenige Schritte nach vorwärts.

Den nächsten Tag (Sonntag) benutzte ich, um mir San José anzusehen, kehrte aber schon zeitig nachmittags zurück, um zum Schlaf und zur Vorbereitung für die Vorlesung reichlich Muße zu haben.

Nicht weniger des Interessanten bot mein nächster Sonntagsausflug, der nach den Seebädern Monterey, Pacific-Grove und Santa Cruz am stillen Ozean ging. Ich war schon einmal von San Franzisko aus soweit hinausgefahren, daß ich den Ausblick auf den Großen Ozean voll genießen konnte; aber jetzt hatte ich Gelegenheit, in weiter Ausdehnung die Felsenufer und das Wellenspiel dieses Meeres zu bewundern. Aber weit mehr als alles dieses, interessierte mich ein kleines Häuschen in Pacific-Grove, wo Professor Löb sein Laboratorium hat.

Wie groß ist doch der Unterschied zwischen den Riesenwerken der Industrie und den Werkstätten der Wissenschaft! Welch imponierende Kolosse sind die Ozeandampfer! Aber wenn man öfter fährt, wird es klar, daß die Seeoffiziere, die Maschinisten und Matrosen immer den gleichen Dienst tun. In den Passagierräumen sprechen immer die gleichen Menschen über die gleichen Dinge, dehnen sich auf den gleichen Sesseln, werfen auf dem Oberdeck mit denselben Scheiben nach denselben Zielen. Riesige Massen, aber kein neuer Gedanke! In der Wissenschaft wurde allerdings auch schon manches durch Massenentwicklung geleistet (wir sahen es an der Licksternwarte); aber das wahrhaft Große (freilich unser Unterrichtsminister darf das nicht hören), wird immer mit den kleinsten Mitteln hervorgebracht. Es muß groß sein, über Millionen zu verfügen zum Besten eines großen Volkes, an der Spitze von Hunderttausenden Schlachten zu gewinnen. Noch größer aber dünkt es mich, im bescheidensten Raume mit den bescheidensten Mitteln Wahrheiten zu entdecken, die noch das Fundament unseres Wissens bleiben werden, wenn die Erinnerung an jene Schlachten nur mehr mühsam in der Geschichte aufbewahrt wird. Was erhielt sich vom ganzen griechischen und römischen Volke heute noch in voller Lebensfrische und wirkt reicher und mächtiger fort als je? Die Marathonkämpfer wurden bei Vionville und Liaojang überboten. Die Leute, die zu ihrem Vergnügen Homer oder Sophokles lesen, sterben aus; aber der pythagoreische Lehrsatz, das archimedische Prinzip sind wirklich unsterblich.

Das sind meine allgemeinen Ansichten; wie weit sie auf Pacific-Grove anwendbar sind, wird erst die Zukunft zeigen. Die dort gemachte Entdeckung brachte mich schon vor Jahren, als sie noch ganz neu war, in große Verlegenheit. Voll Feuereifer setzte ich sie in einer Gesellschaft auseinander, nicht ahnend, daß etwas so rein Sachliches, das so gar nicht auf die Absicht, Wollustgefühle zu erregen, ausging, ja gar nicht dazu fähig ist, unanständig sein könne. Erst der plötzliche, etwas auffällige Abgang meiner Tischnachbarin ließ mich das ahnen. Später sang dieselbe Dame ein sehr zweifelhaftes Lied von Aletter. Ich konnte mich der Bemerkung nicht enthalten, daß ich mich wundere, daß man dies für anständig, mein Thema aber für unanständig halte. Ja, Ihr Thema verstehen wir nicht, sagte die Dame und unwillkürlich antwortete ich: „Den Aletter aber verstehen Sie." Es ist das eine unserer alten Heucheleien, der die Temperenzler nun noch eine neue beifügen wollen. Ich werde mich gehörig winden müssen, um das Objekt der Löbschen Forschung klar zu machen, ohne Anstoß zu erregen.

Man glaubte lange, daß alle chemischen Verbindungen, welche für die lebenden Organismen charakteristisch sind, die sogenannten organischen Verbindungen, nur durch eine besondere Kraft, die Lebenskraft, erzeugt werden können. Heute weiß man, daß sich zahlreiche organische Verbindungen aus ihren chemischen Elementen durch gewöhnliche chemische Reaktionen ohne jede Spur von Lebenskraft zusammensetzen lassen. Aber viele glauben doch, daß das Leben selbst etwas ganz Besonderes, total von den begleitenden chemischen Prozessen verschiedenes sei und daß die speziellen Wirkungen des Lebens nie durch unbelebtes hervorgerufen werden können. Diese Ansicht ist durch die Forschungen Löbs zwar lange noch nicht widerlegt, aber es ist doch wieder ein neues Gewicht zu ihren Ungunsten in die Wagschale geworfen worden.

Es gibt bekanntlich Tiergattungen, bei denen sich unter Umständen das Ei des weiblichen Individuums ohne alle Befruchtung entwickeln kann. (Parthenogenesis.) Löb arbeitete nun mit Tiergattungen, wo dies niemals vorkommt, mit Seeigeln und Seesternen und zeigte, daß auf deren Eier die gleichen Wirkungen, die sonst nur der männliche Samen erzeugt, durch vollkommen leblose Säuren ausgeübt werden können, so daß sich die der Wirkung von Kohlensäure, Buttersäure oder Propylessigsäure unter passenden Umständen ausgesetzten Eier gerade so entwickeln, wie normal befruchtete.

Man begreift, wie wichtig die Entdeckung ist, daß sich ein Prozeß, der bisher nur als Folge einer besonderen Lebenstätigkeit angesehen wurde, auch durch rein chemische Reagentien herbeiführen läßt, und wenn dasselbe nicht bloß für die Seeigel, sondern auch für höhere Lebewesen bis zum Menschen hinauf gilt, welche sozialen Umwälzungen werden daraus folgen! Eine Frauenemanzipation, wie sie die heutigen Frauenrechtlerinnen nicht einmal träumen. Der Mann wird einfach überflüssig; ein Fläschchen, mit geschickt gemischten Chemikalien gefüllt, ersetzt ihn vollständig. Dabei kann noch die Vererbung viel rationeller betrieben werden, als jetzt, wo sie so vielen Zufälligkeiten unterworfen ist. Nicht lange und man findet, welche Mischung Knaben, welche Mädchen liefert, und da die ersteren vollkommen überflüssig sind, werden davon nur wenige Exemplare für die zoologischen Gärten erzeugt. Dann freilich wird auch der Wein überflüssig sein.

Von Pacific-Grove fuhr ich nach dem Seebade Santa Cruz, welches besonders dadurch bemerkenswert ist, daß eine große

Zahl von Badegästen nicht in Häusern, sondern in Leinwandzelten mit kleinen Leinwandfenstern wohnt, die wie Landwohnungen vermietet werden. Andere wohnen in kleinen Holzhäusern, welche auf Schiffen erbaut sind und in den seichten Buchten und ins Meer mündenden Flüssen bald da, bald dort hin gerudert werden können.

Überhaupt ist allenthalben die Kleinheit der fast ausschließlich aus Holz erbauten Häuser überraschend. In Berkeley gibt es viele Häuser, die lebhaft an das des Schnitzelbauern in der Umgegend von Graz erinnern, das sich dieser auf seinem kleinen Grunde selbst aus Holzbrettern gezimmert und geschnitzt hatte.

Dann sah ich mir noch die sogenannten big-trees an, deren Alter nach Jahrtausenden zählt. Ein allerdings nicht mehr lebender Stamm wird gezeigt, aus dessen Ringen man genau erkennen kann, wie viel Jahrtausende alt er wurde. Ich habe es wieder vergessen.

Die übrigen Wochentage außer Samstag und Sonntag waren der Arbeit gewidmet, aber doch auch keineswegs ohne jede Unterhaltung. Es gab viele Gesellschaften, darunter auch ein paar ganz feierliche. Bei einer derselben hatte mich mein Kollege, der mich abholen wollte, schon vorher mit echt englischer Sorgsamkeit für die Toilette ermahnt, evening-dress anzulegen. Als er eintrat, rief ich ihm entgegen: Bin ich nicht schön? Aber nein, o weh! Ich hatte das Stiefelputzen vergessen. Doch mein Kollege wußte Bescheid. Er führte mich in einen Raum im Souterrain, legte Rock, Weste und Manschetten ab, fand die erforderlichen Utensilien in einem Schranke und putzte mir eigenhändig mit Virtuosität die Stiefel. Dann trank er noch aus dem Glase, aus dem er früher Wasser auf die Wichse geträufelt hatte. Amerikanisch!

Auch Damen fehlten im geselligen Kreise nicht. Den Frauen der Berkeley-Professoren schlossen sich solche der Zugereisten an, ferner die Wirtin mit ihren liebenswürdigen Töchtern, von denen eine reizend sang, und andere Freundinnen. Unter solchen Verhältnissen werde ich öfters und wurde damals von einer noch nicht aufgezählten Krankheit, der Dichteritis, befallen. Da ich es schon bei den andern Krankheiten tat, so suche ich auch von ihrem Grade hier einen Begriff zu geben und lasse eines ihrer Produkte hier folgen:

An meine Frau.

Soll ich mit fremden Fraun in der Ferne mich nicht unterhalten?
Sind sie von Allem, was hier, dir denn am ähnlichsten nicht?
Oft schon küßt' ich dein Bild auf Pappe: Oh so verzeihe,
Wenn ich dein Bild auch geküßt, fand ichs in Fleisch und in Blut!
Zudem bin Theoretiker ich von der Zeh' bis zum Scheitel
Und so vertrau', daß ich auch nur theoretisch geküßt.

Also Verzeihung von allen Seiten und auch wegen des Küssens. Es war nichts als eine poetische Notwendigkeit. Den möchte ich sehen, der mit bloßem Zusammenspazierengehen, Konversieren, Tennisspielen und Musizieren ein Gedicht fertig bringt!

Die Frauen sind übrigens in Kalifornien auffallend groß und stark gebaut und da auch die Bartentwicklung manchesmal nichts zu wünschen übrig läßt, mußte ich einem Kollegen recht geben, als er sagte: Finden Sie nicht, daß die Frauen in Amerika etwas Männliches haben? Dagegen wollte er mir nicht recht geben, als ich entgegnete: Und die Männer etwas Weibisches. Letzteres gilt übrigens nur bezüglich ihrer Bartlosigkeit; an Willensstärke, Mut, Unternehmungsgeist und Charakterfestigkeit stellen sie ihren Mann.

Zu den Dingen, die an Wochentagen Abwechslung brachten, gehörte auch der Besuch des amerikanischen Kriegsministers, der über San Franzisko nach den Philippinen ging. In seiner Begleitung soll Miß Roosevelt gewesen sein, sie kam mir aber nicht zu Gesicht. Der Kriegsminister besuchte eine Volksversammlung im großen Life-oak-Walde der Universität Berkeley. Da hätte man die naive Derbheit, Unternehmungslust und Begeisterung der Reden hören sollen! Nur ein Muster. Der Major von Berkeley stellte den Kriegsminister nach einer kurzen Ansprache mit folgenden Worten vor: Das ist Mr. Taft! ein guter Kriegsminister, ein guter Bürger und überhaupt in jeder Hinsicht ein guter, alter Kerl. Im Englischen klingt es noch vertraulicher: A good old fellow.

Ja, Amerika wird noch Großes leisten, ich glaube an dieses Volk, obwohl ich es bei einer Beschäftigung sah, die ihm am wenigsten gut lag, im theoretisch-physikalischen Seminare beim Integrieren und Differenzieren. Da schickten sie sich ungefähr so an, wie ich beim Springen über die Gräben oder Herablaufen über die Hügel, die man auf dem Grunde der Berkeley-Universität so zahlreich passieren muß. Endlich kam der Abend, wo ich zum letzten Male dem eintönigen Gesange der bebrillten Kellnerinnen lauschte. Als ich die letzte Omelette zerschnitten hatte, überblickte mein Kollege neben mir mit Falkenblick die Anzahl der Stücke und sagte: Zu jedem Stück ist noch eine halbe Minute Zeit. Dann packte mich die Eisenbahn und riß mich fort, zuerst nach Portland (zwei Nächte im Zug). Obwohl dort eine Ausstellung lockte, fuhr ich sofort durch nach Livingstone (wieder zwei Nächte im Wagen). Die Fahrt war wunderschön, wenn es nur immer Tag gewesen wäre! Das Herrlichste ist der Mount Shasta mit seinem hohen schneebedeckten Haupte in der subtropischen Vegetation. An manchem See fuhr ich vorüber, bergumragt, waldumkränzt, gegen den der Gmundner- und Attersee unbedeutend erscheinen. Hier sieht man kein Haus an dessen Ufer, ich weiß nicht einmal, ob alle schon Namen haben. Über den Yellowstonepark sage ich nichts. Er ist ein Wunder, wie es schwerlich in der Welt noch irgendwo existiert. Man lese das im Baedeker nach oder betrachte gute Bilder davon oder am besten, man sehe es sich in der Natur an, wenn man ausreichend Zeit, Geld und guten Humor hat. Aber man mache es nicht so wie ich. Man gehe anfangs Juni hin, wo die Hitze noch nicht so groß ist, und widme dazu 14 Tage oder besser einen Monat, daß man alles mit Muße ansehen kann und vom Staunen auch zum Genießen kommt.

Ich hatte mir zuviel des Guten aufgeladen. Jetzt sollte ich wieder vier Nächte in der Eisenbahn zubringen und war mit meiner Genußfähigkeit ebenso, wie mit meiner Wäsche zu Ende. Dazu die fürchterliche Hitze. Ich hatte immer ein Handtuch in der Hand, die man glücklicherweise in den amerikanischen Bahnen in beliebiger Menge bekommt, um mir den Schweiß abzuwischen. Ich begreife jetzt, was ein Schweißtuch ist. Zudem lieben es die Amerikaner, ihre Eisenbahnwagen hermetisch zu verschließen, nicht aus Furcht vor dem Luftzug, die sie nicht kennen, sondern vor dem Ruß. Die schönen Aussichtswagen ganz hinten, wo weniger Ruß ist, gibt es auf dieser Strecke nicht. Ich ließ einmal in meinem Abteil, das mehr vorne war, längere Zeit das Fenster offen, wurde aber dann so schwarz, daß ich mich nicht wundern würde, wenn im künftigen Jahrhundert ein Gelehrter einmal die Hypothese aufstellte, die Neger seien dadurch so schwarz geworden, daß sie immer als Eisenbahnpersonal benutzt wurden.

Nun kehrte auch noch mein Magenkatarrh wieder. Man bekommt in dem Speisewagen zwar Wein, aber nur ungern; erst nach dem Essen, wenn die meisten Gäste, besonders die Damen, schon fortgegangen sind. Das erste, was man bekommt, ist ein Glas Eiswasser und ein Zettel, auf den man gleich alles, was man will, auf einmal aufschreiben muß. Nun dauert es eine Ewigkeit, bis nur der Zettel abgeholt wird und man sitzt mit vor Hitze vertrocknetem Gaumen immer neben dem Eiswasser. Ich unterlag der Versuchung (Engel wären erlegen) und trank von dem Gift.

Ja auf einmal bekam ich gar keinen Wein mehr. Das klärte sich so auf: Der ganze Staat Nord-Dakota ist abstinent und während der Zug durch denselben fährt, darf kein Wein verzapft werden. Ich protestierte: Was geht mich der Staat Nord-Dakota an! Ich will nichts weiter als nach Wien kommen. Führt mich meinetwegen durch das Land, wo der Pfeffer wächst! O, Pfeffer wird hier sehr viel angebaut, antwortete man mir. Zum Teufel! hier werden selbst unsere kräftigsten Flüche zuschanden. Freilich gegen Trinkgeld und noch mehr versteckt bekam ich doch Wein; aber er mußte unter der Hand bezahlt werden und durfte nicht auf der bill of fare stehen.

Die amerikanischen Bahnverwaltungen hängen gewöhnlich erst einen neuen Wagen an, wenn die vorhandenen gefüllt sind, und trotzdem haben die Züge enorme Länge. Die Einzelwagen haben Namen wie die Schiffe, sonst würde man sich gar nicht mehr zurechtfinden. Ich fuhr der Reihe nach in den Wagen Sant Jesabel, Pembina und Vernedal. Sie wimmeln von Publikum von allen Nationalitäten und Menschenrassen, die bei der großen Hitze oft etwas degagiert angekleidet sind. Ein Säugling lag immer vollkommen nackt auf dem Sammetfauteuil und erinnerte mich an die Bilder vom Christuskinde, das freilich in keinem Pullmancar lag. Ich wollte dies der Mutter als Schmeichelei sagen, aber wie

unschön klingt alles im Englischen: äs de tscheild tschises kreist!
Es ist ein Glück, daß ich nicht als Engländer geboren wurde. Ich hätte nie eine Braut heimgeführt. Man kann sich denken, daß ich bei der Liebeserklärung etwas verlegen war. „Der schaut drein, als müßt' er in den Hörsaal hinein" sagt Mephisto. Ja, wenn ich nur nichts weiter hätte müssen, als in den Hörsaal hinein, wenn nichts weiter als Frau Physik und Metaphysika vor mir gestanden wären! Aber vor mir stand ein liebliches, junges Mädchen. Da ging es schwer mit der Rede; doch als ich zum punktum saliens kam, da half mir die Weisheit und der gute Geschmack unserer Ururahnen, die für das höchste der Gefühle auch das wohlklingendste Wort gefunden haben, das Wort Liebe. Wie am Steinwayflügel die Musik, so regierte jetzt nicht ich die Sprache, sondern die Sprache riß mich hin und ich erzielte einen vollen Erfolg. Aber wenn ich in echt englischer Aussprache hätte sagen müssen: „Ei lowff ju", meine Auserkorene wäre davongelaufen, wie die Hühner vor dem Atemholen des sie lockenden kropfigen Steirers.

Die ganze bunte Menge der Fahrgäste muß nun abends in die Betten gedrängt werden. Die Einrichtung der amerikanischen Schlafwagen ist folgende: Durch die Mitte des ganzen Wagens läuft ein ziemlich schmaler Gang. Zu beiden Seiten sind gepolsterte Bänke, auf deren jeder zwei Personen sitzen können. Jeder Fahrgast bekommt eine solche Bank zugewiesen. Abends wird der Raum über je zwei auf derselben Seite des Ganges liegenden Bänken, die immer gegeneinander schauen, in zwei übereinanderliegende Betten verwandelt, die durch herabhängende Vorhänge gegen den Gang abgeschlossen sind. Die Längsrichtung der Betten ist parallel der Fahrtrichtung. Man kann wohl auch zwei übereinanderliegende Betten für sich haben — ein ganzes Kompartiment — das kostet aber das Doppelte. Da man keine Schublade hat, so muß man Nachtwäsche, Pantoffel und was man sonst braucht, in die Handtasche packen, die dann der Mohr ins Bett stellt. Dann hat man sich hinter dem Vorhange auszukleiden, im Bette selbst aber die Kleider und Handtasche unterzubringen und dann zu schlafen, ohne zu ersticken.

Jeder Raum hat nur eine kleine, durch ein feines Gitter bedeckte Öffnung, die ins Freie führt und wird bei heißem Wetter so dunstig, daß ich im Kostüme jenes Säuglings schlief, wodurch ich auch die Mühe des Auspackens der Wäsche ersparte. Einmal ließ ich ein ganzes Fenster bei Nacht offen, da sagte aber dann nach dem Aufstehen der Mohr zu mir: Herr Kollege.

Um Uhr, Geldtasche, Augengläser usw. nicht zu verlieren, gab ich in das weitmaschige Netz, den einzigen Aufbewahrungsort im ganzen Bettraume, zuerst den Hut und in diesen dann all die Kleinigkeiten. Der Mohr aber hängte den Hut beim Bettmachen immer oben in unerreichbarer Höhe auf und es war komisch, wie perplex er darüber war, daß ich im Bette den Hut brauchte.

Die kritischste Zeit ist nun die der Umwandlung der Bänke in die Betten. Man kann in den Bänken nicht mehr sitzen und auch das Bett ist noch nicht fertig. Ich flüchte mich in einen Waschraum; allein da bürstet ein Passagier Wolken Staubes aus seinen Kleidern, ein anderer spritzt beim Waschen Wasser nach allen Windrichtungen. Ich versuche den Salonwagen zu erreichen, der übrigens bei vielen Zügen fehlt; allein da müßte ich die Gänge von sieben bis acht Wagen passieren, alle mit Bettvorhängen zu beiden Seiten abgeschlossen, diese sind lebendig; aus ihrer Verborgenheit versetzt uns bald ein Arm, bald ein Fuß, bald ein weicherer Gegenstand einen Stoß. Zudem stolpert man fortwährend über die unten vorstehenden Gepäckstücke. Endlich finde ich Platz in einem Kompartiment, das noch unversehrte Bänke hat. Auf der anderen Seite des Ganges ist schon ein Bett, dessen Vorhang in steter Bewegung begriffen ist. Es hat doch etwas auf sich mit dem ewig Weiblichen. Beim Indextestieren in der Wiener Vorlesung sehe ich immer nur die Hände der Studenten, aber ich erkenne sofort jede Frauenhand. So war ich auch überzeugt, daß dieser Vorhang weibliche Glieder birgt und bald lüftete er sich auch, durch eine unvorsichtige Bewegung beim Auskleiden und ich sah, daß ich recht hatte.

Vielen Unbequemlichkeiten der Morgenstunden entging ich durch meine Gewohnheit, zeitlich aufzustehen. So war ich beim Anziehen und Waschen allein und rief den später sich im Waschraume Drängenden die schon von Bismarck zitierten Worte aus Mozarts Entführung zu „Mich zu hintergeh'n, müßt ihr früh aufsteh'n".

Ich war durch die Hitze und den Ruß, durch Magenkatarrh und Durst schließlich so reisemüde geworden, daß ich nicht nur auf die Sonnenfinsternis verzichtete, sondern noch den Anschluß an den Kaiser Wilhelm II. zu gewinnen suchte, welcher mich am raschesten heimbrachte. Nun war aber gerade ein Streik der Telegraphisten ausgebrochen, infolgedessen wir sechs Stunden Verspätung hatten. Ich geriet darüber in Wut; aber da sollte man das Phlegma der Amerikaner sehen! Sie blicken den Schimpfenden fast mitleidig an, als ob sie sagen wollten, der gute Mann meint, das hülfe etwas. In meinem Falle sagte der Kondukteur kurz: Wir wollen keinen Zusammenstoß riskieren.

In Chicago hatte ich nur zwölf Minuten Zeit und sollte noch von der Canalstreet Union Station zur Nickelplate-Station gelangen. Mit Gepäck beladen eilte ich planlos hin und her. Zwei, die ich um Auskunft gebeten hatte, hatten nicht geantwortet. Da bemerkt dies eine junge Dame und fragt mich zuvorkommend, was ich wünsche. Sie kann mir freilich auch keine Auskunft erteilen, vielleicht verstand sie nicht einmal meine Frage, aber sie zeigt mir einen Schutzmann, den ich in meiner Aufregung, so groß er war, nicht bemerkt hatte. Als ich ihr nicht aus Schmeichelei, sondern aus vollem Herzen zurief: „You are an Angel", da seh' ich erst, es war Zug für Zug der Schutzengel vom pozzo di Verona. Sollte der Schutzengelglaube kein bloßes Märchen sein? Und wie paßt Märchenstimmung in die Hallen der Canalstreet Union Station in Chicago? Also fort vom Schutzengel zum Schutzmann, der mir rasch die gewünschte Auskunft erteilte, so daß ich noch rechtzeitig zum andern Bahnhof kam.

In New-York hatte ich noch eine Überraschung. Der schöne Pier, der von der Eisenbahn zur Überfuhr geführt hatte, war abgebrannt, und ich mußte, immer mit meinem Gepäck beladen, über verkohlte Holzstücke stolpern.

Trotz aller Hindernisse erreichte ich den Kaiser Wilhelm II. noch rechtzeitig. Als ich samt allem großen und kleinen Gepäck an Bord war, wie schlug da mein Herz freudig!

> „Stimmet an die frohen Lieder,
> Denn dem väterlichen Herd
> Ist das Schiff nun zugekehrt
> Und zur Heimat geht es wieder."

Die Rückfahrt war von dem herrlichsten Wetter begünstigt. Die gute Schiffskost stellte auch meinen Magen wieder vollständig her. Ich trank keinen Tropfen Wasser, auch nicht viel Bier, aber desto mehr edlen Rüdesheimer. Auf dem Schiffe ist das so günstig; wenn man ein wenig wackelt, schreibens alle der Schiffsbewegung zu.

Nun noch die winzige Eisenbahnfahrt von Bremen bis Wien, eine fesche Fahrt in einem Wiener Fiaker und ich bin zu Hause. Ja so eine Reise hat viel Interessantes und Großartiges, Kalifornien ist schön, der Mount Shasta ist herrlich, der Yellowstonepark wundervoll; aber weitaus das Schönste an der ganzen Reise, das ist doch der Moment, wo man wieder daheim ist.

Stephen G. Brush

Kinetische Theorie I+II

Band I: Die Natur der Gase und der Wärme. (Aus d. Engl. übers. von Dr. R. Hofmann und Dipl. Phys. Th. Görnitz.) WTB — Wissenschaftliche Taschenbücher/Texte, Bd. 65. Hrsg. von Dr. Günter Eisenreich. 1970. 11 X 18 cm. 257 Seiten mit 6 Abb. Paperback
Der erste Band bestätigt die Ansicht, daß der beste Weg zum tieferen Verständnis der Ziele und Methoden einer Wissenschaft das Studium ihrer historischen Entwicklung ist. Der Herausgeber hat die zur Entwicklung der Gastheorie und Herausarbeitung des Wärmebegriffes entscheidenden Originalarbeiten für den Wiederabdruck ausgewählt. Dem Studenten oder Forscher in der Physik ist es durch das Lesen der relativ kurzen Auszüge mögliche, schnell einen guten Einblick in die Werke der Klassiker und die dem wissenschaftlichen Denken ihrer Zeit zu Grunde liegenden Strömungen zu bekommen. Das Verständnis der Beiträge wird dabei durch einen einleitenden Kommentar erleichtert.

Band II: Irreversible Prozesse. (Aus d. Engl. übers. von Dr. G. Eisenreich.) WTB — Wissenschaftliche Taschenbücher/Texte, Bd. 67. Hrsg. von Dr. Günter Eisenreich. 1970. 11 X 18 cm. 314 Seiten mit 7 Abb. Paperback
Der zweite Band grundlegender Arbeiten über die kinetische Gastheorie bringt an Hand zweier ausführlicher Arbeiten von Maxwell und Boltzmann die Begründung der Theorie der Transportvorgänge in Gasen mit den Originalherleitungen der Boltzmannschen Transportgleichung und des Boltzmannschen H-Theoremes. Studenten der Physik erhalten somit einen Überblick über die Weiterentwicklung der kinetischen Theorie nach 1865. Der berühmte Widerstreit über die Irreversibilität (Loschmidtscher Umkehreinwand, Zermeloscher Wiederkehreinwand) wird am Ende des Buches aufgezeigt. Der einleitende Kommentar erleichtert das Verständnis der Originalarbeiten.

L. Marder
Reisen durch die Raum-Zeit
Das Zwillingsparadoxon — Geschichte einer Kontroverse. (Time and the Space-Traveller, dt.) (Aus dem Engl. übers. von Johanna Aichelburg.) Mit 41 Abb. 1979. 190 S. DIN A 5. Kart.

Inhalt: Einleitung — Grundlegendes zur Relativitätstheorie — Das Zwillingsparadoxon — Die Zweifler — Experimentelle Beweise — Das Uhrenparadoxon in der allgemeinen Relativitätstheorie — Anhang — Bibliographie — Namen- und Sachwortverzeichnis.
Das Buch ist eine zusammenfassende Darstellung der Kontroverse über die Zeitdilatation und das Uhrenparadoxon. Der Leser erhält einen sofort verständlichen und gut illustrierten Überblick über die Problematik, wobei ihm die zahlreichen und z.T. schwer zugänglichen Originalveröffentlichungen erschlossen werden.

Außerdem im Programm:
Albert Einstein, **Über die spezielle und die allgemeine Relativitätstheorie**
Nachdruck der 21. Auflage 1977, 130 S. Pb.

Robert L. Weber und Eric Mendoza
Kabinett physikalischer Raritäten
Eine Anthologie zum Mit-, Nach- und Weiterdenken. Eingerichtet von Robert L. Weber, hrsg. von Eric Mendoza. (A Random Walk in Science, dt.) (Aus dem Engl. übers. von H. Kühnelt.) Mit vielen Abb. 1979. XIX, 210 S. DIN C 5. Kart.

Es ist verblüffend zu lesen, wieviel Witz, Humor und Schalk in der Physik und in den Physikern steckt, wenn man ihnen einmal im Kabinett des freischöpferischen Gedankenfluges begegnet, und nicht wie üblich im Labor, im Hörsaal oder im Lehrbuch. Da physikalische Beiträge über die „Trägheit eines Besenstiels" oder über das Problem des „rotierenden Hundes" rar sind, schien es angebracht, dieser Anthologie den Titel „Kabinett physikalischer Raritäten" zu geben. Jeder, dem die Zeit nicht zu schade ist, in aller wissenschaftlichen Strenge mit-, nach- und weiterzudenken und dabei immer auch über die ernste Wissenschaft hinauszudenken, sei zu einem regelmäßigen Lesebesuch in dieses Kabinett eingeladen.